Pragmatic TDD

使用 C# 和.NET的工具與函式庫

以DDD寫出鬆散耦合、文件化和高品質的程式碼

Pragmatic Test-Driven Development in C# and .NET

Adam Tibi 著

莊志弘(軟體主廚) 譯

博碩文化

Pragmatic TDD

使用 C# 和 .NET的工具與函式庫

以DDD寫出鬆散耦合、文件化和高品質的程式碼

Pragmatic Test-Driven Development in C# and .NET

Adam Tibi 著
莊志弘(軟體主廚) 譯

本書如有破損或裝訂錯誤，請寄回本公司更換

作　　者：Adam Tibi
譯　　者：莊志弘 (軟體主廚)
責任編輯：盧國鳳

董 事 長：陳來勝
總 編 輯：陳錦輝

出　　版：博碩文化股份有限公司
地　　址：221 新北市汐止區新台五路一段 112 號 10 樓 A 棟
　　　　　電話 (02) 2696-2869　傳真 (02) 2696-2867

發　　行：博碩文化股份有限公司
郵撥帳號：17484299　戶名：博碩文化股份有限公司
博碩網站：http://www.drmaster.com.tw
讀者服務信箱：dr26962869@gmail.com
訂購服務專線：(02) 2696-2869 分機 238、519
(週一至週五 09:30 ～ 12:00；13:30 ～ 17:00）

版　　次：2023 年 09 月初版一刷

建議零售價：新台幣 720 元
I S B N：978-626-333-570-7
律師顧問：鳴權法律事務所 陳曉鳴律師

國家圖書館出版品預行編目資料

Pragmatic TDD：以 DDD 寫出鬆散耦合、文件化
和高品質的程式碼 / Adam Tibi 著；莊志弘 (軟體
主廚) 譯 . -- 初版 . -- 新北市：博碩文化股份有限
公司 , 2023.09
　面；　公分
譯自：Pragmatic test-driven development in C# and .net

ISBN 978-626-333-570-7(平裝)

1.CST: 電腦程式設計 2.CST: 軟體研發

312.2　　　　　　　　　　　　　112012586

Printed in Taiwan

歡迎團體訂購，另有優惠，請洽服務專線
博碩粉絲團 (02) 2696-2869 分機 238、519

貢獻者

作者簡介

Adam Tibi 是一位居住在倫敦的軟體顧問，他在 .NET、Python、Microsoft 產品方案（技術堆疊）以及 Azure 等領域，擁有超過 22 年的豐富經歷。此外，他在團隊指導、架構設計、推廣敏捷以及良好的軟體開發實踐，當然還有寫程式等方面，也有深厚造詣。他曾在 Shell、Lloyds Bank、Lloyd's of London、Willis Towers Watson 等藍籌公司（blue-chip firm）和多家新創公司擔任顧問。身為一位顧問，他面對多樣化的產業客戶組合，深刻體會到 TDD 的紛亂難懂之處，他把這些寶貴的知識和經驗融入到了這本著作當中。

我要感謝我親愛的另一半 Elvira，在寫書的旅途中一直給予我鼓勵與支持，讓我的工作得以進展順利，沒有你就無法完成這本書。同時，也要感謝我可愛的兒子們，Robin 及 Charlie，感謝他們能夠理解為什麼爸爸那麼忙碌。

此外，我還要感謝信任我並激發我熱情的人，我的老師，Jaber M. Jaber 博士，以及我一直以來最欣賞的技術作家 Charles Petzold，他簡明易懂的寫作風格給了我靈感。

我要感謝出版社的編輯，Nithya Sadanandan 和 Yashi Gupta，感謝他們對我的耐心及給我的意見。

最後，我要感謝書籍的審閱人，Ahmed Ilyas，感謝他的評論及對每一章給予的高度評價，這使我能夠保持熱情持續前進。

審閱者簡介

Ahmed Ilyas 在軟體開發領域擁有 18 年的專業經驗。

在離開 Microsoft 之後，他創立了自己的顧問公司，為眾多產業提供最佳解決方案，並針對這些客戶的問題，提供符合現實情況的解決辦法。他只使用 Microsoft 產品方案（技術堆疊）來搭建這些技術，向他的客戶提供最佳的實踐、模式、軟體，以求在日新月異的軟體產業中，協助客戶長期保持穩定及合乎法規，同時還幫助全世界的開發人員不斷進步，並挑戰技術的極限。

他曾經三度獲選為 C# 領域的 Microsoft MVP，加上累積的良好聲譽，他的顧問公司 Sandler Software LLC 客群非常龐大，其中包括來自不同產業的客戶。客戶把他列入「已認可廠商／顧問」的清單當中，視他為值得信賴的供應商和合作夥伴。這也促成了他再次加入了 Microsoft 的機緣。

他過去曾經參與 Packt Publishing 的書籍審閱工作，再次感謝他們提供這次絕佳的機會。

譯者簡介

莊志弘是「軟體主廚的程式料理廚房」部落格（https://dotblogs.com.tw/supershowwei）及「軟體廚房」粉絲團（https://www.facebook.com/appcookhouse）的經營者，至今（2023 年）連續七次當選微軟最有價值專家。軟體開發的生涯從 .NET 1.1 開始，在 .NET 生態圈的開發經驗將近 20 年，曾經服務於國際貿易、系統整合、傳播媒體、投資顧問等行業。2021 年創辦了「主廚的軟體廚房有限公司」，提供軟體專案開發、顧問等服務，懷抱著為各種問題找出 Best Practice 的夢想持續地在 IT 這條路上摸索著，同時也是敏捷開發的信仰者。

目錄

Part 2：使用 TDD 建立應用程式

Chapter 7：領域驅動設計的實務觀點

前言

身為一位顧問，我與多個企業組織內的許多團隊一起工作過。我曾經見過，有一些團隊實踐 TDD，有一些團隊則沒有 TDD、只有單元測試。我也曾經見過，有一些團隊認為他們在做單元測試，但實際上是在做整合測試。也有團隊什麼都沒做！身為一個普通人，我開始產生一種信念，這個信念建立在「TDD 團隊是最成功的」經驗證據之上，但這並不是因為 TDD 團隊使用了 TDD！而是源自於對 TDD 的熱情。

TDD 是「單元測試」加上「熱情」。單元測試在某些團隊中是被強迫的，因此開發人員必須一定得做，但 TDD 是強迫不來的，完全仰賴開發人員自己願意動手去實踐。所以，毋庸置疑，擁有熱情的開發人員會帶來有品質的專案成果，而有品質的專案成果則會帶來更多成功的可能性。

TDD 通常與**領域驅動設計（domain-driven design，DDD）**架構的某些方面，甚至所有方面相結合，所以我確定會將 TDD 及 DDD 結合起來，以便能夠提供真實的例子。我還想要藉此展示一下當今二分天下的兩大資料庫類別，即「關聯式資料庫」與「文件式資料庫」，因此我特地為這兩大類別各安排了一個範例章節，藉由單元測試的實作來顯示這兩者的不同之處，以符合本書標榜實用性（pragmatic）的目標。

不要被書的厚度給騙了，書會厚是因為圖表跟程式碼片段的關係。我努力將陳舊且不切實際的理論從書中抽離，以減少篇幅、保留重點。

TDD 與單元測試在大部分現代的職位需求中都被視為必要的項目，是面試測試專案（interview test project）時的要求，而且這個題材是常見的面試題目。如果你想要了解更多關於這些主題的資訊，成為一名 TDD 開發者的話，那麼你看對書了。

有很多其他關於 TDD 的好書，一樣也是針對 .NET 開發者所寫的，那麼為什麼要選擇這本書呢？在本書中，我藉由深入 DDD、關聯式資料庫、文件式資料庫等領域，展示了具實用性的實作（practical implementations）。我還展示了 TDD 的實踐者在使用TDD 時，整個思維脈絡的決策樹。我也對 SOLID 和 TDD 之間的關係進行說明，而且我還介紹了一整套值得銘記的最佳實踐，我稱之為「TDD 的 FIRSTHAND 準則」。

我寫這本書的目的是希望你能成為一名有自信的 TDD 實踐者，或至少是一名單元測試的實踐者，我希望我能實現我的初衷。

目標讀者

打從一開始，測試驅動開發（test-driven development，TDD）就是設計、測試、文件化你的應用程式的主流方式。作為一名開發者，希望藉由在技術方面持續成長，往更高階的職位前進，那麼 TDD 與其相關的單元測試、測試替身、相依注入等主題，都是必須要學習的。

本書適合那些希望借助 TDD 的力量，來開發高品質軟體的中高階 .NET 開發者。假設你已經掌握 OOP（物件導向程式設計）及 C# 程式設計概念的基礎知識，可是你對 TDD 或單元測試並不了解，本書將深入介紹並探討所有 TDD 與單元測試的觀念。對於想要從頭開始建置以 TDD 為基礎的應用程式，或計畫要在自己的組織內部引入單元測試的開發者來說，本書會是非常實用的指南。

本書內容

本書涵蓋了 TDD 及其 .NET 生態系統的 IDE 與函式庫，並且介紹了開發環境的設定。本書會先從實踐 TDD 的先決條件開始講起，即相依注入、單元測試、測試替身。接著會進入本書的主題，即 TDD，以及它的最佳實踐。之後的內容會深入到使用 DDD 為架構，從頭開始建置一個應用程式。

本書還涵蓋了「建置一個持續整合流程」的基礎知識，以及處理沒有「可測試性思維」所寫出來的舊有程式碼（legacy code，遺留程式碼），並且在結尾時，會提出將 TDD 推廣到你的組織的構想。

「第 1 章，撰寫你的第一個 TDD 實作」，本章沒有長篇大論的介紹或理論，而是直接深入到 IDE 的選擇，以及開始撰寫你的第一個 TDD 實作，讓你稍稍地體驗一下本書的內容。

「第 2 章，藉由實際例子了解相依注入」，為了讓讀者了解相依注入的概念，本章複習了所需要的進階 OOP 原則，並且提供了多種範例。

「**第 3 章,單元測試入門**」,本章簡單地介紹了 xUnit,以及單元測試的基礎知識。

「**第 4 章,實際在單元測試中使用測試替身**」,本章介紹了 stubbing、mocking,以及 NSubstitute 套件,還探討了更多的測試類型。

「**第 5 章,解說測試驅動開發**」,本章說明如何以 TDD 的風格撰寫單元測試,並且討論 TDD 的優點及缺點。

「**第 6 章,TDD 的 FIRSTHAND 準則**」,本章詳細介紹單元測試與 TDD 的最佳實踐。

「**第 7 章,領域驅動設計的實務觀點**」,本章介紹 DDD、服務和資源庫。

「**第 8 章,設計一個服務預訂應用程式**」,本章概略性地介紹了一個「真實的服務預訂系統」的規格,後續會使用 DDD 架構及 TDD 風格來實作它。

「**第 9 章,使用 Entity Framework 和關聯式資料庫建置服務預訂應用程式**」,本章展示一個「後端」是使用「關聯式 DB」的 TDD 應用程式的範例。

「**第 10 章,使用資源庫和文件式資料庫建置服務預訂應用程式**」,本章展示一個使用「文件式 DB」和「資源庫模式」的 TDD 應用程式的範例。

「**第 11 章,使用 GitHub Actions 實作持續整合流程**」,本章說明如何使用 GitHub Actions 為「**第 10 章**」的應用程式打造一個 CI 流程。

「**第 12 章,處理棕地專案**」,本章概略性地敘述了「當你考慮為舊有專案加上 TDD 和單元測試」時的思考過程。

「**第 13 章,推行 TDD 的紛雜繁擾之處**」,本章說明「當你想要讓你的組織採納 TDD」的思考過程。

「**Appendix A,單元測試相關的常用函式庫**」,附錄 A 展示了一些 MSTest、NUnit、Moq、Fluent Assertions、Auto Fixture 等能快速上手的範例。

「**Appendix B，進階的 Mocking 使用情境**」，附錄 B 使用 NSubstitute 展示了一個更為複雜的 mocking 使用情境。

閱讀須知

本書假定你熟悉 C# 語法，並且至少有一年使用 Visual Studio 或類似 IDE 的工作經驗。雖然本書中會回顧 OOP 原則的進階觀念，但還是假定你熟悉相關的基礎知識。

書中包含的軟體	作業系統需求
Visual Studio 2022	Windows 或 macOS
Fine Code Coverage	Windows
SQL Server	Windows、macOS (Docker) 或 Linux
Cosmos DB	Windows、macOS (Docker) 或 Linux (Docker)

函式庫與框架	作業系統需求
.NET Core 6、C# 10	Windows、macOS 或 Linux
xUnit	Windows、macOS 或 Linux
NSubstitute	Windows、macOS 或 Linux
Entity Framework	Windows、macOS 或 Linux

為了充分利用本書，你需要一個 C# 的 IDE。本書使用 Visual Studio 2022 Community Edition，而且我們在本書「第 1 章」的開頭為你準備了替代方案。

如果你閱讀的是電子書版本，我們建議你親自輸入程式碼，或者從書中提供的 GitHub 儲存庫裡面存取程式碼（下一節會有連結），這樣做可以幫助你避免任何因複製貼上程式碼而發生的非預期錯誤。

下載範例程式碼檔案

你可以從 GitHub 下載本書的範例程式碼檔案：https://github.com/PacktPublishing/Pragmatic-Test-Driven-Development-in-C-Sharp-and-.NET。如果程式碼有更新，筆者也會直接更新在這份 GitHub 儲存庫上。

在 https://github.com/PacktPublishing/，我們還為各類專書提供了豐富的程式碼和影片資源。讀者可以去查看一下！

下載本書的彩色圖片

我們還提供你一個 PDF 檔案，其中包含本書使用的螢幕畫面截圖及彩色圖表，可以在此下載：https://packt.link/OzRlM。

本書排版格式

在這本書中，你會發現許多不同種類的排版格式。

段落間的程式碼（Code In Text）：在內文中的程式碼、資料庫的資料表名稱、資料夾名稱、檔案名稱、檔案的副檔名、路徑名稱、網址、使用者的輸入和 Twitter 帳號等。舉例來說：「上述的程式碼違反了這條規則，因為在執行 UnitTest1 之前先執行 UnitTest2 的話會導致測試失敗。」

程式碼區塊，會以如下方式呈現：

```
public class SampleTests
{
    private static int _staticField = 0;
    [Fact]
    public void UnitTest1()
    {
        _staticField += 1;
        Assert.Equal(1, _staticField);
    }
    [Fact]
    public void UnitTest2()
    {
        _staticField += 5;
        Assert.Equal(6, _staticField);
    }
}
```

當我們希望你將注意力放在程式碼區塊的特定部分時，相關的文字段落或元素會以粗體字呈現：

```
public class SampleTests
{
    private static int _staticField = 0;
    [Fact]
    public void UnitTest1()
    {
        _staticField += 1;
        Assert.Equal(1, _staticField);
    }
    [Fact]
    public void UnitTest2()
    {
        _staticField += 5;
        Assert.Equal(6, _staticField);
    }
}
```

任何命令列的輸入或輸出會如下所示：

GET https://webapidomain/services

粗體字：新的技術名詞和重要的關鍵字會以粗體字顯示。你在螢幕上看到的字串，如功能選單或對話視窗當中的字詞，也會以**粗體字**顯示。舉例來說：「在安裝了本機模擬器之後，你需要取得連線字串，你可以透過瀏覽 https://localhost:8081/_explorer/index.html，然後從 **Primary Connection String** 欄位中複製連線字串。」

Tip、 Note

小提醒、小技巧或警告等重要訊息，會出現在像這樣的文字方塊中。

讀者回饋

我們始終歡迎讀者回饋。

一般回饋：如果你對本書的任何方面有疑問，請發送電子郵件到 customercare
@packtpub.com，並在郵件的主題中註明書籍名稱。

提供勘誤：雖然我們已經盡力確保內容的正確性與準確性，但錯誤還是可能會發生。
若你在本書中發現錯誤，請向我們回報，我們會非常感謝你。勘誤表網址為 www.
packtpub.com/support/errata，請瀏覽它並填寫回報表單。

侵權問題：如果讀者在網路上有發現任何本公司的盜版出版品，請不吝告知，並提供下
載連結或網站名稱，感謝您的協助。請寄信到 copyright@packt.com 告知侵權情形。

著作投稿：如果你具有專業知識，並對寫作和貢獻知識有濃厚興趣，請參考 http://
authors.packtpub.com。

讀者評論

我們很樂意聽到你的想法！當你使用並閱讀完這本書時，何不到 Packt 官網和本書的
Amazon 頁面分享你的回饋？

對於我們和技術社群來說，你的評論非常重要，它將幫助我們確保我們提供的是優質的
內容。謝謝您！

Part 1

TDD的基礎入門

在 Part 1 中，我們將逐步介紹組成「測試驅動開發」的所有觀念──從相依注入開始，到測試替身，然後是 TDD 的準則及最佳實踐。

讀完 Part 1，你會掌握必要的知識，能夠使用 TDD 來開發應用程式。Part 1 包含了以下內容：

- 第 1 章：撰寫你的第一個 TDD 實作
- 第 2 章：藉由實際例子了解相依注入
- 第 3 章：單元測試入門
- 第 4 章：實際在單元測試中使用測試替身
- 第 5 章：解說測試驅動開發
- 第 6 章：TDD 的 FIRSTHAND 準則

1

撰寫你的第一個TDD實作

我一直都很喜歡那種在深入細節之前,先針對所提出來的主題,快速展示一個端到端範例(end-to-end demo)的書籍,這樣能讓我意識到「我將學會什麼」。我想要藉由一個微小的應用程式切入本書,來與你分享相同的經驗。

在這邊,我們會模擬一些最小的商業需求(business requirements),在實作它們的時候,我們會涉及到**單元測試**(**unit testing**)與**測試驅動開發**(**test-driven development,TDD**)的觀念。如果這些觀念不清楚或者需要更進一步解釋,請不用太擔心,因為本章節是刻意略過這些內容的,只會概略提及,讓你稍稍了解一下。讀完這本書時,我們將完整涵蓋所有之前略過的觀念。

另外,請注意我會交替使用「單元測試」及「TDD」這兩個名詞。當下它們沒有太大的區別,而它們兩者的不同會在「**第 5 章,解說測試驅動開發**」有比較大的差異。

在本章中,你會學到下列這些主題:

- 選擇適合你的 **IDE**(**integrated development environment,整合開發環境**)
- 使用單元測試建立方案的結構(a solution skeleton)
- 使用 TDD 來完成需求

讀完本章,你將學會熟練地使用 **xUnit** 撰寫基本的單元測試,而且對 TDD 會有更清晰的了解。

技術需求

讀者可以在本書的 GitHub 儲存庫找到本章的範例程式碼：`https://github.com/PacktPublishing/Pragmatic-Test-Driven-Development-in-C-Sharp-and-.NET/tree/main/ch01`。

選擇適合你的 IDE

就單獨從 TDD 這件事情來看，不同的 IDE 會對你的工作效率有不同程度的影響。擁有豐富的程式碼重構（code refactoring）及程式碼產生（code generation）功能的 IDE，可以加快 TDD 的實作，而且「對的 IDE」可以減少重複（甚至是枯燥乏味）的工作。

在接下來的小節中，我會介紹三個支援 C# 的常見 IDE：**Visual Studio（VS）**、**VS Code**、**JetBrains Rider**。

Microsoft VS

本章和本書的其他部分將使用 VS 2022 Community Edition ——同樣應該也適用於 Professional 及 Enterprise 版本。個人開發者可以免費使用 VS Community Edition 來建立屬於自己的免費或付費應用程式。公司企業一樣也可以在一定的限制下使用它。完整的授權及產品的詳細資訊，請參考：`https://visualstudio.microsoft.com/vs/community/`。

如果你已經安裝了之前版本的 VS 而不想要升級，其實 VS 2022 Community Edition 是可以與之前已安裝的版本同時存在的。

Windows 和 Mac 版本的 VS 2022 都有包含建置程式碼與執行測試所需的工具。我是使用 Windows 版本來完成本書中所有的專案、截圖和說明。你可以從這個網址下載 VS：`https://visualstudio.microsoft.com/downloads/`。

在安裝 VS 的過程中，你至少得勾選 **ASP.NET and web development** 安裝選項，這樣才有辦法跟著本書的說明一起操作，如**圖 1.1** 所示：

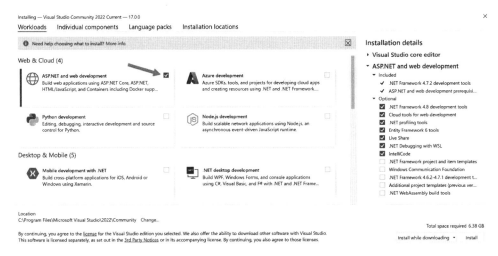

圖 1.1：VS 的安裝畫面

如果你之前已經安裝了 VS，你可以按照以下步驟檢查 **ASP.NET and web development** 是否已經安裝：

1. 前往 Windows 的 **Settings | Apps | Apps & features**。
2. 在 **App list** 搜尋 `Visual Studio`。
3. 點選垂直的刪節號（垂直的三個點）。
4. 在**圖 1.2** 出現的畫面中，點選 **Modify**：

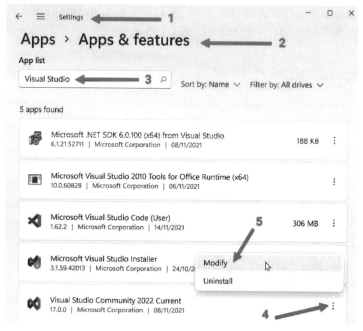

圖 1.2：變更 VS 的安裝

VS 很大，因為它包含了大量要安裝的元件。此外，在安裝完成之後，與 Rider 和 VS Code 相比，它的啟動速度最慢。

ReSharper

JetBrains ReSharper 是 VS 一套相當受歡迎的商業擴充套件。ReSharper 增加了很多功能到 VS 裡面；不過，站在 TDD 的角度而言，我們感興趣的是以下這幾種功能：

- **重構**：ReSharper 增加了很多重構的功能，在你接觸到 TDD 重構這個部分的時候，它會非常地方便。
- **程式碼產生器**：當你是先建立單元測試，隨後才撰寫程式碼的情況下，使用 ReSharper 來產生程式碼特別好用。
- **單元測試**：ReSharper 在 VS 中增強了單元測試的工具，而且支援多種單元測試的框架。

ReSharper 是訂閱制的產品，有 30 天的試用期，但是我會建議你先從沒有安裝 ReSharper 的 VS 開始，當你熟練 VS 的功能之後，才把 ReSharper 安裝進來，這樣你就能體會到 ReSharper 帶來的好處。

> **Note**
>
> 每一個新發佈的 VS，都會增加類似在 ReSharper 才有的程式碼重構及程式碼產生功能。儘管如此，到目前為止 ReSharper 還是略勝一籌，擁有更多進階的功能。

在本書中，關於 ReSharper 的討論就到這一節為止。你可以從這個網址下載 ReSharper：`https://www.jetbrains.com/resharper/`。

JetBrains Rider

JetBrains 是開發 Rider 的公司，跟熱門的 VS 擴充套件 ReSharper 背後的開發公司是同一家。如果你選擇了 **JetBrains Rider** 作為你的 .NET 開發工具，那麼你就擁有本書需要的所有功能。以下是 Rider 擁有的功能：

- 一個能與 VS 的 **Test Explorer（測試總管）** 相互較勁、強大的**單元測試執行器（unit test runner）**。
- 超越 VS 2022，功能更豐富、更進階的程式碼重構及程式碼產生功能。

上述提到的幾點，對於「以 TDD 風格來建置一個系統」來說是非常重要的；儘管如此，在本書中我還是選擇了 VS 而不是 Rider。雖然本書的操作說明都是為 VS 2022 量身打造的，但是這些都可以應用在 Rider，然而，要注意的是 Rider 有不同的選單及快捷鍵。

> **Note**
>
> **VS .NET**（支援 .NET 的 VS 發行版本）是在 2002 年 2 月發佈第一個版本，而 Rider 則是最近才興起的，它的第一個版本是在 2017 年 8 月發佈的；所以 VS 在 .NET 開發者之間更能夠被認可，因此，我為這本書選擇 VS 而不是 Rider 作為開發工具。

你可以從這個網址下載 Rider：`https://www.jetbrains.com/rider/`。

VS Code

如果你是 VS Code 的粉絲,知道以下這個消息你應該會感到開心,那就是 Microsoft 已經在 2021 年 7 月發佈的 1.59 版本中,加入了對視覺化單元測試工具的原生支援(這對 TDD 來說是不可或缺的)。

VS Code 是一個輕量化的 IDE ──它擁有良好的原生重構設定,以及一大堆第三方的重構外掛套件。VS Code 的簡單跟優雅吸引了很多 TDD 的實踐者,但是可用在 C# 上的功能──特別是用在 TDD 上──卻不如 VS 或 Rider 來得先進。

我將會在本書中使用 VS,不過你可以用 VS Code 改寫這些範例。要下載 VS Code,你可以造訪這個網址:`https://visualstudio.microsoft.com/downloads/`。

.NET 和 C# 版本

支援 **.NET 6** 和 **C# 10** 的 VS 2022,這就是我們在本章及本書其餘部分會使用到的 VS 版本。

我在我的 LinkedIn 群組內發起一場小型的投票活動,收集一些公眾的意見,**圖 1.3** 是投票結果:

圖 1.3:「積極使用單元測試和/或 TDD 的 C# 開發人員,什麼是你們日常開發使用的 IDE ?」這是我在 LinkedIn 上得到的投票結果。

如你所見,VS 擁有 58% 的高使用率,而安裝了 ReSharper 擴充套件的 VS 只有 18% 的使用率,Rider 則有 24% 的使用率,位居第二,第三名是 VS Code 的 18%。然而,有鑑於這場投票只有 45 票,表示這個結果只能給你一個象徵性的參考意義,毫無疑問是無法反映整個市場的。

在開發者之間，「選擇正確的 IDE」是一個很能夠引起討論的話題。我知道，每當我跟一位實踐 TDD 的開發者問到「他們所選擇的 IDE」時，他們都會對天發誓地說，他們的 IDE 有多麼優秀！總之，選擇一個能提升你工作效率的 IDE 吧。

使用單元測試建立方案的結構

現在我們已經解決了技術上需求，是時候開始建立第一個實作了。就這一章的內容而言，以及為了專注在 TDD 的觀念上，讓我們從簡單的商業需求（business requirements）開始吧。

假設你是一名開發人員，在虛構的公司 UQS（Unicorn Quality Solutions Inc.）工作，該公司主要是開發高品質的軟體。

商業需求

UQS 的軟體開發團隊使用敏捷開發方法，並且用**使用者故事（user story）**來描述商業需求。

你正在開發一個可以提供給其他開發人員使用的數學函式庫。你可以想像成你是在 **NuGet 套件管理系統**中建置一個函式庫的功能，提供給其他應用程式使用。你挑選了一個使用者故事要來實作，需求描述如下：

故事主題：

整數相除

故事描述：

身為一位數學函式庫的使用者，我想要有一個可以將兩個任意整數相除的方法

驗收條件：

- 支援輸入型別為 Int32 的參數且輸出型別為 decimal 的結果
- 支援高精度的回傳結果，無四捨五入或些微可忽略誤差的四捨五入
- 支援可整除與不可整除的整數相除
- 當遇到除以 0 的情況時，拋出 DivideByZeroException 例外錯誤

建立專案結構

針對這個故事，你會需要兩個 C# 專案。第一個是包含了產品程式碼（production code）的**類別庫（class library）**，第二個類別庫是用於單元測試類別。

> **Note**
>
> 類別庫能讓你將功能函式模組化，讓它們可以被多個應用程式使用。編譯完成後，會產生出 **DLL（dynamic-link library，動態連結函式庫或動態連結程式庫）**檔案。類別庫無法單獨執行，但是它可以作為應用程式的一部分被呼叫執行。

如果你在此之前都沒有使用過類別庫，那麼就本書的內容而言，你可以將其視為是主控台應用程式（console app）或是網頁應用程式（web app）。

建立類別庫專案

我們將以兩種方式建立相同的專案結構——透過 **GUI（graphical user interface，圖形使用者介面）**以及透過 .NET CLI（**command-line interface，命令列介面**）。請選擇你喜歡或熟悉的方式。

透過 GUI

在 VS 建立類別庫的步驟，如下所示：

1. 從工具選單中選擇 **File | New | Project**。
2. 搜尋 Class Library (C#)。
3. 點選「方框」框住的 **Class Library (C#) | 點擊 Next**，然後 **Add a new project** 的對話視窗就會像**圖 1.4** 這樣顯示出來：

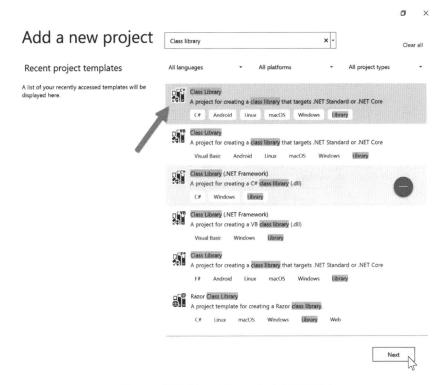

圖 1.4：搜尋 Class Library (C#) 的專案範本

Note

請確認你可以在方框中看到 **C#** 的標籤，並且不要選取到 **Class Library (.NET Framework)** 的項目。我們使用的是 .NET（而不是傳統的 .NET Framework）。

---

4. 在 **Configure your new project** 的 對 話 視 窗 中，於 **Project name** 欄 位 輸 入 `Uqs.Arithmetic`，以 及 **Solution name** 欄 位 輸 入 `UqsMathLib`，然 後 點 擊 **Next**。過程如以下截圖所示：

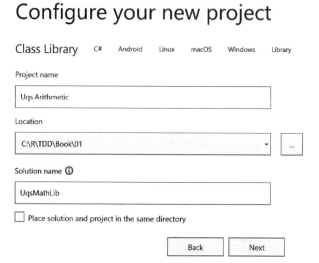

圖 1.5：Configure your new project 對話視窗

5. 在 **Additional information** 的 視 窗 中， 選 擇 .NET 6.0 (Long-term support)，並且點擊 **Create**。過程如以下截圖所示：

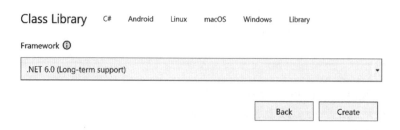

圖 1.6：Additional information 視窗

現在，我們成功地操作 VS 的 GUI，建立了裡面有一個類別庫專案（class library project）的方案。

透過 CLI

如果你比較喜歡透過 CLI 建立專案，底下是所需的指令：

1. 建立一個名稱為 UqsMathLib 的目錄（`md UqsMathLib`）。
2. 透過你的終端程式將目錄切換至 UqsMathLib（`cd UqsMathLib`），如以下截圖所示：

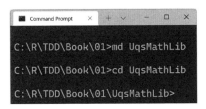

圖 1.7：顯示在 Command Prompt 的指令

3. 執行下列指令將會建立一個與目錄名稱同名的方案檔（solution file），即 UqsMathLib.sln：

`dotnet new sln`

4. 在同一個目錄下，建立一個名稱為 Uqs.Arithmetic 的類別庫專案，使用的是 .NET 6.0，下面是需要執行的指令碼：

`dotnet new classlib -o Uqs.Arithmetic -f net6.0`

5. 執行下面的指令，將剛剛新增的專案加到方案內：

`dotnet sln add Uqs.Arithmetic`

現在，我們成功地操作 CLI，建立了裡面有一個類別庫專案的方案。

建立單元測試專案

目前為止，我們已經建立了裡面有一個類別庫專案的方案。下一步，我們想要將「單元測試類別庫」加到這個方案裡面，為此，我們將使用 **xUnit Test Project**。

xUnit.net 是一套完全免費、開放原始碼的 .NET 單元測試工具。它根據 Apache 2 來授權，VS 原生就支援加入和執行 xUnit 專案，因此，不需要特別的工具或外掛程式就能使用 xUnit。

我們會在「**第 3 章，單元測試入門**」討論更多有關於 xUnit 的細節。

我們會遵循一個單元測試專案常見的命名慣例：`[ProjectName].Tests.Unit`，所以我們的專案名稱會是 `Uqs.Arithmetic.Tests.Unit`。

我們會使用兩種方式建立單元測試專案（unit test project），所以你可以選擇你覺得最合適的方式。

透過 GUI

前往 VS 的 **Solution Explorer**，透過下列的步驟建立單元測試專案：

1. 在方案檔（`UqsMathLib`）上按右鍵。
2. 滑鼠移到 **Add | New Project...**，如以下截圖所示：

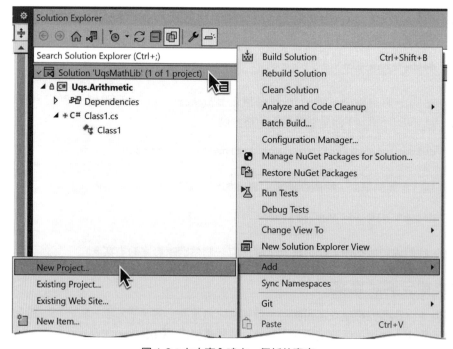

圖 1.8：在方案內建立一個新的專案

3. 搜尋 **xUnit Test Project** | 點擊 **Next**。
4. 在 **Project name** 欄位輸入 `Uqs.Arithmetic.Tests.Unit`。
5. 點擊 **Next** | 選擇 **.NET 6.0** | 點擊 **Create**。

你已經成功透過 VS 的 GUI 建立專案，但是我們仍然需要在單元測試專案內，加入一個類別庫的參考，要這樣做，請按照下列的步驟：

1. 請到 VS 的 Solution Explorer，請在 Uqs.Arithmetic.Tests.Unit 的 **Dependencies** 上按右鍵。
2. 選擇 **Add Project Reference...**。
3. 勾選 Uqs.Arithmetic 並點擊 **OK**。

現在，我們已經透過 VS 的 GUI 完整地將方案給建立起來。你也可以選擇使用 CLI 來完成與 GUI 相同的步驟。在下一個小節中，我們就要來做這件事情。

透過 CLI

目前為止，我們已經建立了裡面有一個類別庫專案的方案。下一步，我們想要將「單元測試類別庫」加到這個方案裡面。

在同一個目錄下，建立一個名稱為 Uqs.Arithmetic.Tests.Unit 的 xUnit 專案，使用的是 .NET 6.0。下面是需要執行的指令碼：

```
dotnet new xunit -o Uqs.Arithmetic.Tests.Unit -f net6.0
```

透過執行下面的指令，將剛剛新增的專案加到方案內：

```
dotnet sln add Uqs.Arithmetic.Tests.Unit
```

現在我們的方案中已經有兩個專案，由於「單元測試專案」會測試「類別庫」，因此專案中應該要有類別庫的參考。

你已經成功透過 CLI 建立專案，但是我們仍然需要在單元測試專案內，加入一個類別庫的參考，要這樣做，請從 Uqs.Arithmetic.Tests.Unit 加入 Uqs.Arithmetic 的專案參考，如下所示：

```
dotnet add Uqs.Arithmetic.Tests.Unit reference
    Uqs.Arithmetic
```

現在，我們已經透過 CLI 完整地將方案給建立起來。

完成方案

無論你使用哪一種方式建立方案（VS GUI 或 CLI），你應該都會產生相同的檔案。現在，你可以在 VS 打開方案，然後你會看到：

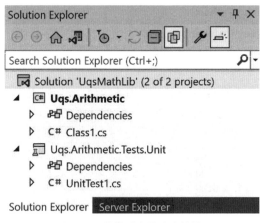

圖 1.9：最終建立的方案結構

請刪除 Class1.cs 檔案，我們不會使用到它，它是由專案範本所產生的檔案，讓我們從乾淨的專案結構開始。

我們的兩個專案在邏輯上的結構看起來就像下圖這樣：

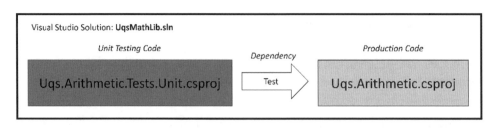

圖 1.10：專案邏輯上的結構

目前為止，我們建立了兩個專案：一個（Uqs.Arithmetic）會在專案開發的某個階段被發佈到正式環境（production），而另一個（Uqs.Arithmetic.Tests.Unit）會負責測試前述所說的專案。方案檔則會將這兩個專案連結起來。

現在，我們已經完成了建立專案結構和設定專案相依關係其中一部分比較無聊的工作，我們可以開始來做有趣一點的部分，是直接和單元測試相關的工作。

熟悉內建的測試工具

我們已經來到需要理解如何找到和執行「測試」的階段，為此，我們必須知道有哪些可利用的工具。

我們已經有 xUnit 範本協助我們自動產生的測試程式碼，讓我們看一下 UnitTest1.cs 裡面的程式碼，如下所示：

```csharp
using Xunit;
namespace Uqs.Arithmetic.Tests.Unit;

public class UnitTest1
{
    [Fact]
    public void Test1()
    {
    }
}
```

這是一個正常的 C# 類別。Fact 是 xUnit 提供的其中一個標記，它只是告訴任何與 xUnit 相容的工具：被 Fact 裝飾的方法是一個**單元測試方法**（**unit test method**）。像是 **Test Explorer** 和 **.NET CLI Test Command** 這類與 xUnit 相容的工具，應該都能夠從你的方案中找到這個單元測試方法並且執行它。

依照前面小節的做法，我們將會利用兩種可用的工具：VS GUI 和 CLI。

透過 GUI

VS 本身有一個 GUI 工具作為測試執行器，用來尋找和執行「測試」——它就是 **Test Explorer**。讓我們看看測試執行器是如何尋找測試方法的。你可以從工具選單中，前往 **Test | Test Explorer**，你會看到如**圖 1.11** 所示的畫面：

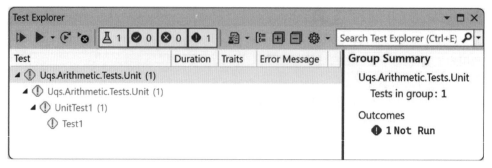

圖 1.11：Test Explorer 顯示未被執行的測試

如你所見，它偵測到我們方案中所有的測試方法，並且用專案名稱 (Project Name) >
命名空間 (Namespace) > 類別 (Class) > 方法 (Method) 樹狀的方式顯示這些測試方
法。你還可以看到測試方法的樹狀圖中，每一個節點呈現灰色並且顯示驚嘆號。這個驚
嘆號表示測試方法從未被執行過。你可以點擊左上角的 **Run** 按鈕（快捷鍵：Ctrl + R,
T，即按住 Ctrl 之後，按下 R，再快速地從 R 切換到 T），來執行此測試，這個動作將
會建置你的專案，然後執行被 Fact 裝飾的方法內的程式碼。執行結果如**圖 1.12** 所示：

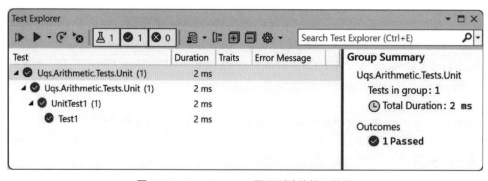

圖 1.12：Test Explorer 顯示測試的執行結果

現在我們有的只是一個空的專案，所以不要有任何過多的期待，不過至少測試的結果是
「綠燈」，表示你的設定是成功的。同樣地，你也可以使用 CLI 來尋找和執行測試。

透過 CLI

你一樣可以在 Command Prompt（命令提示字元）執行相同的測試，請前往方案的目
錄，並且執行下列的指令：

```
dotnet test
```

你將會得到如**圖 1.13** 所示的結果：

圖 1.13：用 .NET Test 指令尋找並執行測試

當我們在未來要做自動化的測試時，執行像這樣的指令會非常方便。

使用 TDD 來完成需求

在開始撰寫任何程式碼之前，有必要了解一些專業術語和約定慣例，以便讓我們的大腦能專注在與「單元測試」相關的關鍵字。因此，我們將簡要地介紹 **SUT（system under test，受測系統）**、**紅綠燈測試（red/green tests）** 以及 **AAA（Arrange-Act-Assert，又稱 3A）**。關於這些專業術語，更詳細的內容會在後續的章節中再討論。但現在，為了讓一些測試能順利執行，我們只會介紹最低限度的內容。

在我們學習這些專業術語及約定慣例的同時，我們會感覺實作起來愈來愈輕鬆。你可能會發現一件新的、跟過去習慣不一樣的事情，那就是「先寫單元測試，之後才寫產品程式碼」，這是 TDD 主要的特點之一，而且你馬上就會在本章節中第一次體驗到它。

SUT

我們通常將你為了打造產品而撰寫的程式碼稱為**產品程式碼（production code）**。典型的**物件導向（object-oriented，OO）**產品程式碼看起來會像下面這樣：

```
public class ClassName
{
    public Type MethodName(...)
```

```
    {
        // Code that does something useful
    }
    // more code
}
```

當我們測試這一段程式碼時，單元測試將會呼叫 MethodName，並且評估這個方法的行為。當 MethodName 執行的時候，它可能還會呼叫同一類別中其他部分的方法，還可能會使用或呼叫其他的類別。被 MethodName 執行到的程式碼稱為 SUT 或 **CUT（code under test，受測程式碼）**，但是 SUT 這個詞彙是比較常被使用的。

SUT 會有一個給單元測試執行的進入點，通常這個進入點是我們從單元測試呼叫的方法。下面這張截圖應該足夠說明 SUT 及其概念：

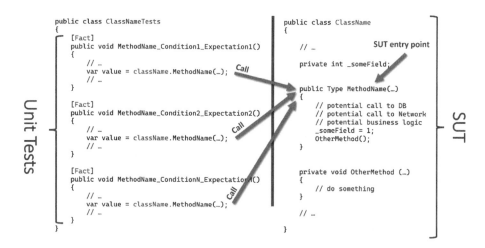

圖 1.14：一個 SUT 上的單元測試作業

在上面的截圖中，你可以看到多個單元測試呼叫同一個 SUT 進入點（SUT entry point）。關於 SUT，我們會在「**第 3 章，單元測試入門**」有更深入的討論。

測試類別

按照慣例，一個典型的單元測試類別（unit testing class）使用與 SUT 相同的名稱，它看起來會像下面這樣：

```
public class ClassNameTests
{
    [Fact]
    public void MethodName_Condition1_Expectation1()
    {
        // Unit Testing Code that will call MethodName
    }
    // Other tests...
    [Fact]
    public void MethodName_ConditionN_ExpectationN()
    {
        // Unit Testing Code that will call MethodName
    }
    ...
}
```

請注意，前面這兩個程式碼片段中的 ClassName 和 MethodName 不是碰巧相同。遵循慣例，我們希望它們是一致的。要開始塑造我們的測試類別（test class），我們需要對類別名稱（class name）及方法名稱（method name）進行設計。

類別名稱

根據需求，我們需要一個類別來包含所有相除的方法，所以我們簡單把這個類別叫做 Division；如果我們要建立一個單元測試類別來測試 Division 類別，我們的單元測試名稱會叫做 DivisionTests。下一步，我們會將 UnitTest1 類別重新命名為 DivisionTests，並將檔案名稱也重新命名為 DivisionTests.cs。

> **Tip**
> 你可以將文字游標停在原始碼中「類別名稱」內的任意位置（在上面的例子中，它是 UnitTest1），並且敲擊 Ctrl + R, R（按住 Ctrl 然後快速敲擊 R 鍵兩次），接著輸入新的名稱 DivisionTests，然後敲擊 Enter。如果 **Rename symbol's file** 的勾選框有勾選的話，這個也會將檔案名稱重新命名。

方法名稱

幸運的是，需求很簡單，所以我們也可以將我們的方法名稱簡單命名成 Divide。Divide 將接受兩個整數（int32）參數，根據需求，將回傳一個 decimal 的結果。接下來，我們繼續將既存的單元測試 Test1 重構成 Divide_Condition1_Expectation1。

> **Note**
> **算術運算專業術語命名提醒**：如果我們遇到一個算式 10 / 5 = 2，那麼 10 是被除數（dividend），5 是除數（divisor），2 是商數（quotient）。

條件和預期

當我們在測試的時候，我們是在設定一個測試條件，並且定義「符合測試條件時」預期會得到的結果。我們會從核心案例（core case）開始，核心案例也被稱為正向路徑（positive path）或樂觀路徑（happy path）。在進入其他的案例之前，我們會先完成所有的正向路徑。總結來說，我們在單元測試中的任務就是決定測試條件（condition）及預期結果（expectation），並為每一個情境組合都提供一個單元測試。

為了顯示「我們正在測試的方法」（SUT 內的方法）與「關聯的測試條件和預期結果」之間的關係，我們會採用一種經常使用的慣例，如下面的程式碼片段所示：

```
[Fact]
public void MethodName_Condition_Expectation()
{
...
```

以下有幾個隨機的「單元測試方法名稱」範例，讓你熟悉一下剛剛提供的慣例：

- SaveUserDetails_MissingEmailAddress_EmailIsMissing
- ValidateUserCredentials_HashedPasswordDoesntMatch_False
- GetUserById_IdDoesntExist_UserNotFoundException

我們將會在設計我們的單元測試時，看到更多的範例。

核心需求（core requirement）是將兩個整數相除。最簡單、最直截了當的做法是將兩個可整除的整數做相除，並獲得一個整數。我們的測試條件是「可整除的整數」，預期的結果是「得到一個整數」。現在，我們應該將我們單元測試的方法簽章（signature）更新為 Divide_DivisibleIntegers_WholeNumber，並撰寫測試方法的主體部分，如下所示：

```
[Fact]
public void Divide_DivisibleIntegers_WholeNumber()
{
    int dividend = 10;
    int divisor = 5;
    decimal expectedQuotient = 2;

    decimal actualQuotient = Division.Divide(dividend,
        divisor);

    Assert.Equal(expectedQuotient, actualQuotient);
}
```

這段程式碼在這個階段還不能編譯成功，因為 Division 類別還不存在，我們已經從 Division 下面出現的波浪線知道了這一點。這是一個少數「由於缺少類別而不能編譯成功」的情況之一，這是好事。這表示「我們的測試失敗了」，也是好事！

儘管「由於缺少 Division SUT 類別導致測試失敗」看起來很笨，但是這也表示我們還沒撰寫 SUT 程式碼，在**「第 5 章，解說測試驅動開發」**中，就這個不編譯的案例，我們將會了解到其背後的原因。

Assert 是 xUnit 套件提供的一個類別。Equal 靜態方法有多個多載（overload），我們在這裡使用其中一個：

```
public static void Equal<T>(T expected, T actual)
```

執行此方法時，如果我們預期的結果與實際的結果相符，則此方法會向 xUnit 框架下標記。當我們執行測試的時候，如果推斷（assertion）的結果為 true，那麼這個測試就會通過。

紅綠燈

失敗正是我們要尋找的東西，在後面的章節中，我們會討論其原因。現在，我們只要知道是從一個失敗的建置（編譯）或失敗的測試（錯誤的推斷）開始，然後把它修改到成功通過，這樣就夠了。失敗／通過（fail/pass）也被稱為**紅綠燈重構法（red/green refactor technique）**，它是模仿壞／好（bad/good）和停／走（stop/go）的概念。

我們需要新增 Division 類別和 Divide 方法，並且撰寫最低限度的程式碼，足以通過測試即可。在 Uqs.Arithmetic 專案中建立一個名為 Division.cs 的檔案，如下所示：

```
namespace Uqs.Arithmetic;

public class Division
{
    public static decimal Divide(int dividend, int divisor)
    {
        decimal quotient = dividend / divisor;
        return quotient;
    }
}
```

> **Tip**
> 你可以將文字游標停在類別名稱的任意位置上（在上面的例子中，它是 Division），並且敲擊 Ctrl + .（按住 Ctrl 鍵然後再按 .），接著選擇 **Generate new type...**，然後在 **Project** 的下拉式選單中選擇 Uqs. Arithmetic，最後點擊 **OK**。如果要產生方法，則將文字游標停在 Divide 上，然後敲擊 Ctrl + .，接著選擇 **Generate method 'Division. Divide'**，就會在 Division 內產生一個空的方法，等著你編寫程式碼。

有一件重要的事要記住，那就是「在 C# 中，兩個整數相除會回傳整數」。我曾經看過資深的開發人員忘記了這一點，導致了嚴重的後果。在我們撰寫的程式碼裡面，我們只處理了回傳整數的整數除法運算，這個應該可以滿足我們的測試。

我們現在已經準備好用 Test Explorer 來執行我們的測試，所以請敲擊 Ctrl + R, A，這個快捷鍵將會建置你的專案，然後執行所有測試（目前只有一個測試）。你會注意到 Test Explorer 顯示為綠色，而且在測試名稱與 Fact 標記（attribute）之間，有一個綠色勾勾的項目符號，點擊它的時候，會顯示一些與測試相關的選項，如**圖 1.15** 所示：

圖 1.15：VS 的單元測試對話框

為了內容完整起見，詳細的概念名稱為**紅燈／綠燈／重構（red/green/refactor）**，但是我們不會在這裡解說重構的部分，而會保留到「**第 5 章，解說測試驅動開發**」再來說明。

AAA 模式

單元測試的實踐者有注意到，測試程式碼的格式遵循著某種結構模式。首先，我們宣告一些變數，做一些事前的準備。這個階段稱為 **Arrange（準備）**。

第二個階段是我們呼叫 SUT 的當下。在上面的測試當中，它指的就是呼叫 Divide 方法的那一行。這個階段稱為 **Act（執行）**。

第三個階段是我們驗證假設的部分──即我們使用 Assert 類別的位置。可想而知，這個階段稱為 **Assert（推斷）**。

開發人員通常用註解（comment）將每一個單元測試分成三個階段，所以如果我們將這個模式套用到前面的單元測試，這個方法看起來就會像這樣：

```
[Fact]
public void Divide_DivisibleIntegers_WholeNumber()
{
    // Arrange
    int dividend = 10;
    int divisor = 5;
    decimal expectedQuotient = 2;

    // Act
    decimal actualQuotient = Division.Divide(dividend,
        divisor);

    // Assert
    Assert.Equal(expectedQuotient, actualQuotient);
}
```

你可以在「**第 3 章，單元測試入門**」中了解到更多有關於 **AAA** 模式的知識。

更多測試

我們還沒完成需求的實作。我們需要透過新增一個測試、檢查它是否失敗、撰寫滿足需求的程式碼、使測試通過,重複這樣的過程,逐步地實作需求!

我們將會在接下來的幾個小節當中增加更多測試,來實作所有的需求,而且我們還會增加其他的測試,來提升品質。

相除兩個不可整除的數字

我們需要涵蓋到兩個數字無法整除的情況,所以我們在第一個單元測試的下面新增另一個單元測試的方法,就像這樣:

```
[Fact]
public void Divide_IndivisibleIntegers_DecimalNumber()
{
    // Arrange
    int dividend = 10;
    int divisor = 4;
    decimal expectedQuotient = 2.5m;
    ...
}
```

這個單元測試的方法與前一個是類似的,但是方法的名稱已經改變,反映出新的測試條件及預期結果。此外,數字也改變了,以適應新的測試條件及預期結果。

利用下面任何一個方式來執行測試:

- 點擊出現在 Fact 下方的藍色項目符號,然後點擊 **Run**。
- 開啟 **Test | Test Explorer**,點選新增加的測試名稱,然後點擊 **Run** 按鈕。
- 按下 Ctrl + R, A,將會執行所有的測試。

你會發現測試失敗——好事一樁!我們還沒有實作會產生 decimal 回傳值的除法運算。我們現在可以繼續撰寫下面的程式碼:

```
decimal quotient = (decimal)dividend / divisor;
```

> **Note**
>
> 在 C# 中做兩個整數相除會回傳一個整數，但是將 decimal 除以整數會回
> 傳一個 decimal，因此你幾乎必須要一直地將除數或被除數（甚至是兩者）
> 轉換（cast）成 decimal。

再次執行測試，這次測試應該會通過。

除以零的測試

是的——當你除以零的時候，會有不好的事情發生。讓我們來檢查一下，我們的程式碼
是否能處理這個情況，如下所示：

```
[Fact]
public void Divide_ZeroDivisor_DivideByZeroException()
{
    // Arrange
    int dividend = 10;
    int divisor = 0;

    // Act
    Exception e = Record.Exception(() =>
        Division.Divide(dividend, divisor));

    // Assert
    Assert.IsType<DivideByZeroException>(e);
}
```

Record 類別是 xUnit 框架提供的另一項工具。Exception 方法記錄 SUT 是否引發了
任何 Exception 物件的出現，如果沒有，則回傳 null 值。下面是該方法的簽章：

```
public static Exception Exception(Func<object> testCode)
```

IsType 是一個可以做類別比較的方法，比較「角括號內的類別」與「我們傳入的物件
參數的類別」是否相符，如下面這段程式碼所示：

```
public static T IsType<T>(object @object)
```

當你執行這個測試的時候，它通過了！我的第一個想法是「這好像有點問題」。有問題的地方在於它沒有撰寫明確的程式碼，卻通過了測試。我們仍舊不知道是真的通過測試，還是碰巧通過而已——偽真誤報（false positive）？有很多方法可以驗證這次通過是否是偶然的；目前最快的方式是對 Divide_ZeroDivisor_DivideByZeroException 的程式碼進行偵錯。

點擊測試的項目符號，然後點擊 **Debug** 的連結，如**圖 1.16** 所示：

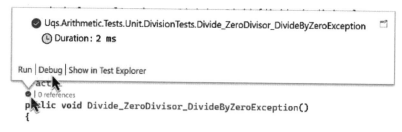

圖 1.16：在單元測試對話框中的 Debug 選項

你將會直接碰到例外狀況，如**圖 1.17** 所示：

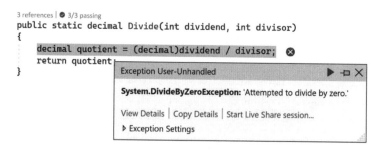

圖 1.17：例外狀況（Exception）的對話視窗

你會發現，例外狀況出現在執行除法運算那一行程式碼的正確位置，所以這才是實際上我們想要的結果。雖然這個方法違反了「紅綠燈」的初衷，但是像這樣「測試會立即通過」的情況，仍然是在日常的程式設計工作中會遭遇到的真實狀況。

測試極端情境

使用者故事中沒有提供極端的情況，但是身為開發人員，你一定了解大多數軟體的錯誤都來自於**邊界案例**（**edge cases**）。

你要對既有的程式碼提升信賴度，並且確保程式碼能如你預期的那樣處理極端的狀況。

int 型別的極端值（extreme value）可以透過 int 型別的兩個常數欄位（constant field）來取得：

- int.MaxValue = **2147483647 = 2^31 – 1**
- int.MinValue = **–2147483648 = –2^31**

我們需要做的事是測試下列案例（請注意，我們只會測試到小數點後 12 位）：

- int.MaxValue / int.MinValue = -0.999999999534
- (-int.MaxValue) / int.MinValue = 0.999999999534
- int.MinValue / int.MaxValue = -1.000000000466
- int.MinValue / (-int.MaxValue) = 1.000000000466

因此，我們需要 4 個單元測試來涵蓋每一個案例。然而，包含 xUnit 在內，大多數的測試框架都有一個技巧可以用，我們不需要寫 4 個單元測試——可以這樣做：

```
[Theory]
[InlineData( int.MaxValue,  int.MinValue, -0.999999999534)]
[InlineData(-int.MaxValue,  int.MinValue,  0.999999999534)]
[InlineData( int.MinValue,  int.MaxValue, -1.000000000466)]
[InlineData( int.MinValue, -int.MaxValue,  1.000000000466)]
public void Divide_ExtremeInput_CorrectCalculation(
    int dividend, int divisor, decimal expectedQuotient)
{
    // Arrange

    // Act
    decimal actualQuotient = Division.Divide(dividend,
        divisor);

    // Assert
    Assert.Equal(expectedQuotient, actualQuotient, 12);
}
```

請注意，我們現在使用的是 Theory 而不是 Fact，這是 xUnit 定義用來將單元測試參數化的方法。另外，我們用了 4 個 InlineData 的標記（attribute）；你應該已經看明白了，每一個 InlineData 對應一個測試案例。

我們的單元測試方法和 `InlineData` 標記各自有 3 個參數。當執行單元測試的時候，每個參數將會按照相同順序對應到單元測試方法中的參數。**圖 1.18** 顯示了 `InlineData` 標記中的每個參數是如何對應到 `Divide_ExtremeInput_CorrectCalculation` 方法中的參數：

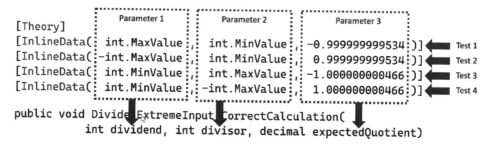

圖 1.18：InlineData 的參數對應到「所裝飾的方法」中的參數

在推斷（assertion）中，我們使用了有支援輸入**小數點精確位數（decimal precision）**作為參數的其中一個 `Equal` 方法的多載，如下面的程式碼片段所示：

```
static void Equal(decimal expected, decimal actual,
    int precision)
```

執行測試後，你會發現 Test Explorer 將這 4 個標記視為「單獨的測試」來處理，如**圖 1.19** 所示：

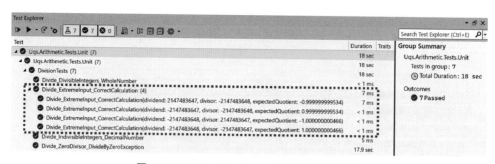

圖 1.19：VS Test Explorer 顯示分組後的測試

> **還有更多的測試**
>
> 為了保持內容簡潔，以及考慮到本章節的篇幅有限，我們沒有探索所有可能的測試情境，例如：int.MaxValue÷int.MaxValue、int.MinValue÷int.MinValue、0÷ 任何數、0÷0。

所需要測試的範圍，連同其優點和缺點，將在後續的章節再進行討論。

在撰寫產品程式碼之前先撰寫測試程式碼，這件事情不是合每一個開發人員的胃口，而且在剛開始嘗試的時候，可能不是那麼地直覺。但是現在你已經擁有這整本書了，你可以自己決定要不要實踐。在「**第 5 章，解說測試驅動開發**」中，我們將會更深入地探討實作的方式與最佳實踐。

小結

儘管本章主旨是快速地實作出成果來，但是我相信你已經對 TDD 有了一些理解，而且學會了一些技能，像是 xUnit、Test Explorer、測試先行（test first）、紅綠燈，以及些許的約定慣例。

為了能儘快邁出一步，我們選擇簡單的範例，想當然，我們沒有使用 **DI（dependency injection，相依注入，又譯依賴注入）**，也沒有使用 mocking（模擬物件），更沒有使用任何花式的手法，因為接下來才是有趣的部分。所以，我希望這一章的內容能啟發你，並對閱讀本書其餘部分感到興奮。

如果你是第一次接觸到 TDD，那麼你可能會像我一樣，有這些疑問：『為什麼要測試先行？這樣不會寫太多單元測試的程式碼嗎？單元測試是有用的嗎？單元測試和 TDD 有什麼區別？我應該要寫多少測試才夠？』你可能還有其他的問題——這些問題將會在你繼續閱讀本書的過程中，逐一得到解答，而且我保證盡可能地將問題的答案回答得足夠清楚。

在下一章中，我們將會接觸到一種名為 DI 的設計模式（design pattern），這是要實踐 TDD 的必要條件。

延伸閱讀

如果讀者想要了解更多，可以參考以下資源：

- .NET class libraries：https://learn.microsoft.com/en-us/dotnet/standard/class-libraries
- xUnit：https://xunit.net/

2

藉由實際例子了解相依注入

DI（dependency injection，**相依注入，又譯依賴注入**）是一種存在於現代軟體架構中的設計模式。然而，你可能會感到疑惑，為什麼這個設計模式會走進「以**測試驅動開發（TDD）**為主題的書籍」的「第 2 章」之中呢？

在閱讀這本書的過程中，我們將會發現，DI 這個設計模式有一些好處。不過，最關鍵的好處是「DI 讓應用程式對單元測試保持開放」。我們如果沒有對這個設計模式有紮實的理解，就無法運用單元測試，而如果我們不會單元測試，就無法實踐 TDD。因此，考慮到這一點，對 DI 的理解就成為了「**Part 1：TDD 的基礎入門**」與「**Part 2：使用 TDD 建立應用程式**」的基石，這就說明為什麼我們要儘快介紹了。

我們將會建立一個應用程式，並且在學習觀念的同時，將其修改到支援 DI，而本章中的知識將會在本書中不斷地重複出現及運用。

在本章中，你會學到下列這些主題：

- **天氣預報應用程式**（weather forecaster application，**WFA**）
- 了解什麼是相依
- 介紹 DI
- 使用 DI 容器

讀完本章，應用程式將會是實作好「必要的 DI 需求變更」，且準備好「進行單元測試」的狀態。你會對相依（dependency）有更清晰的認識，並且對於「將程式碼重構

成支援 DI」會更有信心。不只如此，屆時，在「撰寫第一個正確的單元測試」這件事情上，你已經完成了一半。

技術需求

讀者可以在本書的 GitHub 儲存庫找到本章的範例程式碼：https://github.com/PacktPublishing/Pragmatic-Test-Driven-Development-in-C-Sharp-and-.NET/tree/main/ch02。

在那裡，你會發現 4 個目錄，每一個都是實作過程中專案狀態的備份。

WFA（天氣預報應用程式）

在本章中，我們會在學習過程中使用 **ASP.NET Web API** 應用程式。為了讓應用程式能夠使用 DI，我們將重構應用程式中所有的程式碼，然後在「**第 3 章，單元測試入門**」中，我們會在重構好的應用程式上套用單元測試。

當一個新的 ASP.NET Web API 應用程式被建立起來之後，專案中會內建一個隨機產生天氣預報資訊的範例。本章中的應用程式將會建立在原本天氣預報的範例之上，並且對既有的「天氣預報資訊隨機產生器」增加真實的天氣預報能力。我們為應用程式取了一個富有創造力的名稱，即 WFA。

首先，第一步是建立 WFA 應用程式，並且確定它能夠執行起來。

建立天氣預報的範例專案

要建立範例應用程式，請在你的指令碼介面之中，切換到你想要建立應用程式的目錄底下，然後執行下列的指令：

```
md UqsWeather
cd UqsWeather
dotnet new sln
dotnet new webapi -o Uqs.Weather -f net6.0
dotnet sln add Uqs.Weather
```

上面這一段指令碼會建立一個名為 UqsWeather 的 **Visual Studio（VS）**方案，並且在方案中加入一個 ASP.NET Web API 專案。這會產生類似於下圖命令提示字元中的輸出資訊：

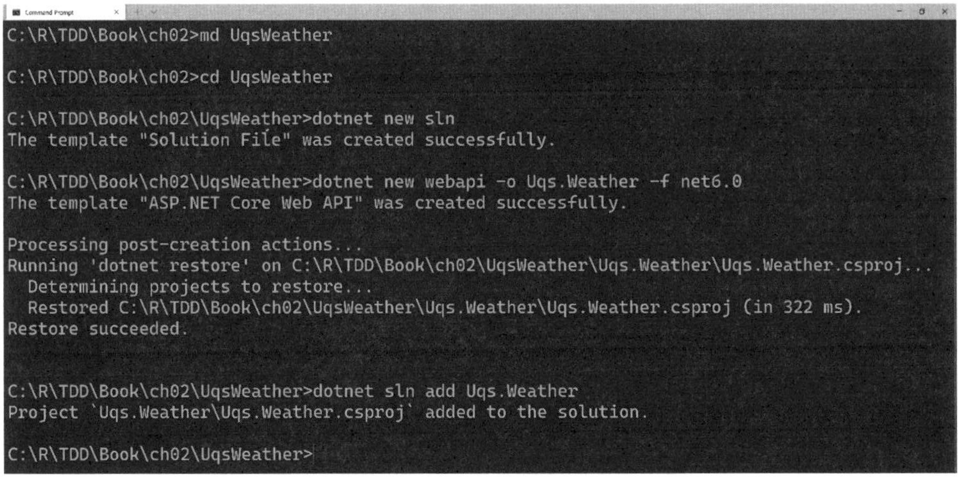

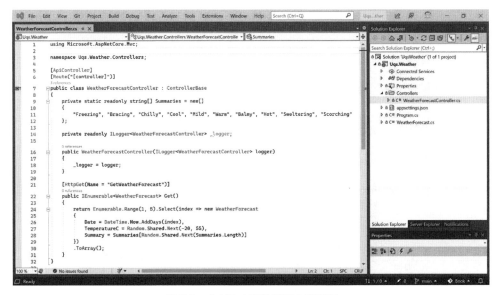

圖 2.1：透過命令列介面（CLI）建立天氣預報應用程式的輸出資訊

要檢查我們建立了什麼，請前往方案所在的目錄底下，使用 VS 開啟方案，然後你就會看到下圖中的內容：

圖 2.2：在 VS 中開啟新建立的專案

這裡有趣的是自動產生的範例檔案：`WeatherForecastController.cs` 及 `WeatherForecast.cs`。

這是預設的範本；雖然我們還沒有做任何的修改，但是現在來檢查「應用程式是否能正確啟動」是有其意義的。你可以執行應用程式，接著，它會啟動預設的瀏覽器，並且開啟 Swagger UI 介面。我們可以看到唯一可用的 GET **應用程式介面（application programming interface，API）**，`WeatherForecast`，如**圖 2.3** 所示：

圖 2.3：Swagger UI 顯示可用的 GET API

要手動呼叫這個 API 並檢查它是否能產生輸出結果，請從 Swagger UI 的頁面，/ **WeatherForecast** 的右邊，點擊「向下的箭頭」展開更多資訊。接著，點擊 **Try it out**，然後點擊 **Execute**。你將會得到類似下面這樣的回應：

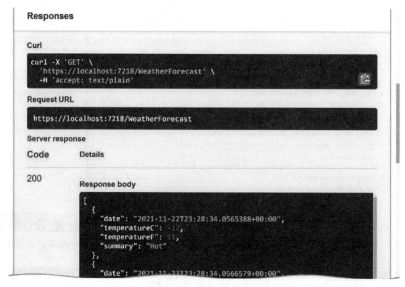

圖 2.4：Swagger API 呼叫後的回應訊息

你可以在 GitHub 儲存庫內的 Ch02 目錄中找到這個範例，就在一個名為 01-UqsWeather 的資料夾裡面。現在是時候增加真實的天氣預報功能，把應用程式變得逼真一點。

增加真實的天氣預報

這個範本應用程式已經有一個天氣預報資訊隨機產生器（random weather generator）的範例，我決定為應用程式增加真實的天氣預報。為此，我要使用一個名為 OpenWeather 的天氣服務。OpenWeather 提供免費的 RESTful API 天氣服務（這裡的 **REST** 指的是 **REpresentational State Transfer**，即**表現層狀態轉換**），能讓範例起到更真實的作用。

我也發佈了一個公開的 NuGet 套件來輔助此章節，這個套件主要是用來作為 OpenWeather RESTful APIs 的客戶端（client）。所以，你不用處理 REST API 的呼叫，只要改呼叫 C# 的方法，方法的背後就會負責處理 RESTful API 的呼叫工作了。在後續的章節當中，我們將會取得 API 金鑰，並且將金鑰寫到 GetReal API 裡面。

取得 API 金鑰

無論是從本書儲存庫的原始碼，或是自己從頭開始建立一個應用程式，你都需要一組 API 金鑰。你可以到 https://openweathermap.org 註冊一個帳號並且取得 API 金鑰。在註冊帳號之後，你可以前往 **My API keys** 的設定畫面，點擊 **Generate** 來產生一組金鑰，如下所示：

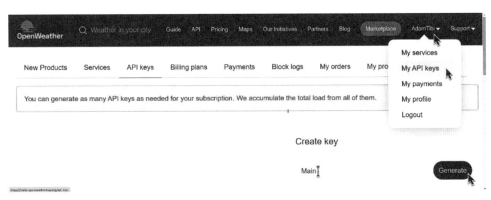

圖 2.5：產生一組 API 金鑰

一旦你獲得了金鑰，請把它儲存在你的 `appsettings.json` 檔案之中，如下所示：

```
{
  "OpenWeather": {
    "Key": "yourapikeygoeshere"
  },
  "Logging": {
  ...
```

已經成功取得 API 金鑰了，接下來，我們要取得客戶端的函式庫來存取 API。

取得客戶端的 NuGet 套件

有很多的 OpenWeather API 客戶端函式庫；然而，我選擇了一個為本章內容而特別建立的函式庫。套件的原始碼及如何測試它的相關討論內容放在「**Appendix B，進階的 Mocking 使用情境**」。如果你對原始碼有興趣，想看一下，你可以造訪這個 GitHub 儲存庫：https://github.com/AdamTibi/OpenWeatherClient。

你可以透過 VS 的 **GUI（graphical user interface，圖形使用者介面）**來安裝 NuGet 套件。前往 **Manage NuGet Packages...**，然後搜尋 `AdamTibi.OpenWeather`，或者也可以透過 .NET CLI，切換到專案的目錄底下，執行下列的指令：

```
dotnet add package AdamTibi.OpenWeather
```

這樣安裝就完成了。現在，我們可以開始修改程式碼了。

將感受對應到溫度

下面有一個範例方法，是將「以 °C 顯示的溫度」對應到一個詞，用來描述這個溫度所帶來的感受（feeling）：

```
private static readonly string[] Summaries = new[]
{
    "Freezing", "Bracing", "Chilly", "Cool", "Mild",
    "Warm", "Balmy", "Hot", "Sweltering", "Scorching"
};
private string MapFeelToTemp(int temperatureC)
{
    if (temperatureC <= 0) return Summaries.First();
    int summariesIndex = (temperatureC / 5) + 1;
```

```
    if (summariesIndex >= Summaries.Length) return
        Summaries.Last();
    return Summaries[summariesIndex];
}
```

溫度小於等於 0 則輸出 Freezing，大於 0 小於 5 則輸出 Bracing，然後每升高 5 度輸出就會改變，大於等於 45 度則一律輸出 Scorching。請對我剛剛描述輸出結果的這段話保持質疑——因為我們將會對它進行單元測試。請想像一下，如果我們不去做呢？

隨機天氣預報 API

我保留了隨機天氣預報的 API，但是我在裡面使用前面的 MapFeelToTemp 字串，如下所示：

```
[HttpGet("GetRandomWeatherForecast")]
public IEnumerable<WeatherForecast> GetRandom()
{
    WeatherForecast[] wfs = new
        WeatherForecast[FORECAST_DAYS];
    for(int i = 0;i < wfs.Length;i++)
    {
        var wf = wfs[i] = new WeatherForecast();
        wf.Date = DateTime.Now.AddDays(i + 1);
        wf.TemperatureC = Random.Shared.Next(-20, 55);
        wf.Summary = MapFeelToTemp(wf.TemperatureC);
    }
    return wfs;
}
```

這是一個簡單的 API，它會隨機產生一個溫度，然後根據產生的溫度製作摘要資訊。我們現在指定 FORECAST_DAYS = 5，也就是要產生 5 天的資料量，日期就從隔天開始起算。

啟動這個專案，並且點擊 Swagger UI 的輸出結果，我們會得到下列資料：

```
[
  {
    "date": "2021-11-26T22:23:38.6987801+00:00",
    "temperatureC": 30,
    "temperatureF": 85,
```

```
      "summary": "Hot"
    },
    {
      "date": "2021-11-27T22:23:38.7001358+00:00",
      "temperatureC": -15,
      "temperatureF": 6,
      "summary": "Freezing"
    },
  ...
```

你可以看到這個輸出的結果有多麼隨機，第二天還是熱的，第三天就變得很冷。

真實的天氣預報 API

真實的天氣預報 API 應該會更合理一點。下面這個是新加入的 API：

```
[HttpGet("GetRealWeatherForecast")]
public async Task<IEnumerable<WeatherForecast>> GetReal()
{
    ...
    string apiKey = _config["OpenWeather:Key"];
    HttpClient httpClient = new HttpClient();
    Client openWeatherClient =
      new Client(apiKey, httpClient);
    OneCallResponse res = await
      openWeatherClient.OneCallAsync
        (GREENWICH_LAT, GREENWICH_LON, new [] {
            Excludes.Current, Excludes.Minutely,
            Excludes.Hourly, Excludes.Alerts },
            Units.Metric);
    ...
}
```

在這個方法中，實體化了一個 HttpClient 類別作為參數，然後與取得的 API 金鑰一
起傳遞給 OpenWeather Client 類別，建立了 OpenWeather Client 類別的實體。而
且還限制了地區的範圍，它只會提供倫敦格林威治（Greenwich）的天氣預報資訊。

> **Note**
>
> 上面這段程式碼並不是那麼整潔，在本章裡面它將會被修改，變得稍微整潔一點。如果你現在就想知道原因，那就是在 Controller 裡面，實體化（new）HttpClient 和 Client 類別的那一段程式碼，這不是一個良好的實踐。

我們正在呼叫一個 OpenWeather 的 RESTful API，名稱為 **OneCall**。這個 API 會回傳今天的天氣，以及未來連續 6 天的預報；這對「我們只需要連續 5 天的預報資料」來說是件好事。Swagger UI 的輸出結果如下：

```
[
  {
    "date": "2021-11-26T11:00:00Z",
    "temperatureC": 8,
    "temperatureF": 46,
    "summary": "Chilly"
  },
  {
    "date": "2021-11-27T11:00:00Z",
    "temperatureC": 4,
    "temperatureF": 39,
    "summary": "Bracing"
  },
...
```

透過範例來解釋觀念是最好的方式，因此，請思考關於測試方面的問題，它將會給你最直接的感受，告訴你什麼是 DI。

攝氏轉華氏的 API

為了適用於全世界，並且讓每個人都感到輕鬆愉快，我們將再加入一個把攝氏 °C 轉換成華氏 °F 的方法。我們的 Controller 上會多一個名為 ConvertCToF 的 API，它看起來就像下面這樣：

```
[HttpGet("ConvertCToF")]
public double ConvertCToF(double c)
{
    double f = c * (9d / 5d) + 32;
    _logger.LogInformation("conversion requested");
```

```
    return f;
}
```

這個 API 會將溫度從攝氏轉換成華氏，並且在 API 每次接收到請求的時候記錄下來，以供統計使用。你可以像之前一樣從 Swagger UI 來呼叫這個 API，或是從瀏覽器來呼叫它，像下面這樣：

https://localhost:7218/WeatherForecast/ConvertCToF?c=27

輸出的結果像下面這樣：

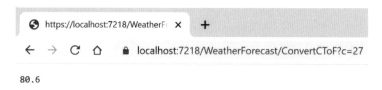

圖 2.6：從瀏覽器呼叫 ConvertCToF API 的結果

這是一張 **UML（Unified Modeling Language，統一塑模語言）**的圖表，顯示我們目前實作的進展：

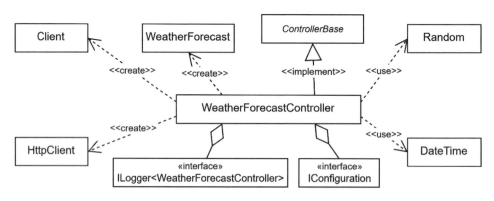

圖 2.7：WFA 應用程式的 UML 圖表

你可以在 WeatherForecastController.cs 中看到所有的變更；它會一直存放在 GitHub 儲存庫裡面，Ch02 底下一個名為 02-UqsWeather 的資料夾。

應用程式已經準備好接受評測了，而且我現在就可以告訴你，你剛才看到的程式碼是無法被單元測試的。儘管在本章結束時，它將變成可以被單元測試，但是此時此刻，我們

可以執行其他類型的測試，但不是單元測試。我請你在 VS 開啟專案，跟隨我們一起來實作這令人興奮且重要的概念。

現在，專案已經準備就緒，我們需要先確認一些基本概念，而首先第一步是要了解**相依**（**dependency，又譯依賴關係**）。

了解相依

如果你的程式碼做了一些有用的事情，那麼很有可能你的程式碼會相依其他程式碼或其他元件，而這些元件又相依其他元件。對於「相依」這個專業術語有清楚的理解，應該會讓你對「單元測試」有更好的領會，並且一定能夠幫助你與你的同事有更清楚的溝通。

本小節的計畫是讓你熟悉相依的觀念，讓你更容易理解 DI 設計模式。理解相依和 DI 是撰寫更嚴謹的單元測試的先決條件。接下來，我們將來探討什麼是相依。不過，當實際運用在單元測試上時，我們不在乎所有相依到的物件，所以，我們會定義什麼是具相關性的相依物件。

在我們深入研究相依之前，我們要先來定義抽象型別（abstraction types）和具象型別（concrete types）。

抽象型別和具象型別

為了讓你跟我在同一個頻率上，我會定義使用到的專業術語。

具象類別（concrete class）是可以被實體化（instantiated）的類別；它可能看起來像這樣：

```
FileStream fileStream = new FileStream(...)
```

FileStream 是一個具象型別，可以直接在程式碼中實體化並使用。

抽象型別可以是抽象類別或介面。抽象類別（abstract class）的例子有 Stream、ControllerBase、HttpContext。介面的例子則有 IEnumerable、IDisposable、ILogger。

我會在本書中大量使用這些專業術語，因此在這裡定義它們是值得的。

什麼是相依？

首先，什麼不是相依？它不是 UML 中所說的相依。

在本書的討論中，以及在單元測試的範圍內與其他開發者交談的時候，它可以這樣定義：如果類別 A「使用」到一個型別 B，B 是一個抽象型別或具象類別，那麼可以說 A 對 B 形成了依賴，即 A 相依於 B。

關於「使用」（use）這個詞彙的定義，可以被簡略為以下的描述：

- B 作為參數傳遞給 A 的建構式（constructor）。來自 WFA 的範例：logger 傳遞給 Controller 的建構式，使得與 ILogger<WeatherForecastController> 形成依賴，如下所示：

```
public WeatherForecastController(
    ILogger<WeatherForecastController> logger, ...)
```

- B 作為參數傳遞給 A 的一個方法，如下所示：

```
public void DoSomething(B b) { ...
```

- B 有一個靜態方法（static method），是從 A 的一個方法中呼叫。來自 WFA 的範例：DateTime.Now 從 GetRandom 方法中被呼叫，使得與 DateTime 形成依賴，如下所示：

```
wf.Date = DateTime.Now.AddDays(i + 1);
```

- B 在 A 的任何地方都可以被實體化，無論是在方法（method）、欄位（field），還是屬性（property）中實體化。在下面這個範例中，HttpClient 在程式碼中被實體化：

```
HttpClient httpClient = new HttpClient();
```

根據這個定義，我們在 WeatherForecastController 中有以下所有的相依關係：

- Random
- DateTime
- Client
- HttpClient
- ILogger<WeatherForecastController>
- IConfiguration
- WeatherForecast

資料傳輸物件（data transfer objects，DTOs）不被認為是相依物件，雖然它們看起來像是具象類別，但是它們只是扮演資料從一個地方傳遞到另一個地方的媒介。我們將在「**WeatherForecast 類別相依物件**」小節中展示 DTO 的範例。

請留意 record、record struct、struct 通常遵循著與 DTO 相同的概念。

在「**Part 1：TDD 的基礎入門**」和「**Part 2：使用 TDD 建立應用程式**」的討論中，我們會有更多關於相依的分析。對於一個經驗豐富的 TDD 實踐者來說，識別出相依關係是很自然的事。

相依物件的相關性

相依物件使我們的類別與程式碼外部的元件進行互動。如果相依物件有一個方法或屬性，它在被觸發時可能會引起副作用（side effect），或者引發與「受測試的類別」不太相關的其他行為，那麼在單元測試的整個情境中，相依物件與 DI 是相關的（relevant）。

這個定義可能有些深奧，我並不期望你此刻就能完全理解。從現在開始到「**Part 2**」結束，我們會提供範例來說明「相依物件何時具有相關性」。

如果我們想在測試的時候改變相依物件的行為，我們會在意與它確切的相依關係。例如，_logger.LogInformation 是將日誌寫入到磁碟中，有時候，我們會想要改變這個行為，尤其是在測試的時候。像往常一樣，透過舉例來說明清楚，是最好的方式，因此在本章中，我們會展示多個範例，並解釋為何它們具有相關性。

日誌相依物件（logging dependency）

請仔細思考一下 `_logger` 這個欄位：

```
private readonly ILogger<WeatherForecastController>
    _logger;
```

在應用程式的生命週期當中，`_logger` 欄位可能會被觸發去寫入日誌。根據日誌記錄器（logger）的設定，它可能會將日誌寫入到記憶體、偵錯的時候顯示在主控台畫面中、寫入到磁碟機的日誌檔案中、寫入到資料庫中，或者寫入到像是 **Azure Application Insights** 或 **Amazon CloudWatch** 等這類的雲端服務中。我們在 `ConvertCToF` 方法中做記錄時使用 `_logger` 欄位，如下所示：

```
_logger.LogInformation("conversion requested");
```

它是具相關性的，因為在系統中將會出現蔓延到其他元件的副作用，所以稍後在做單元測試的時候，我們希望能消除這個副作用。

組態相依物件（configuration dependency）

在類別中還有另一個欄位，即 `_config`，如下所示：

```
private readonly IConfiguration _config;
```

`_config` 欄位是用來從設定當中取得 API 金鑰的。它作為參數傳遞給 Controller 類別的建構式，跟 `_logger` 欄位類似。

在執行時期，`_config` 能從組態中載入設定。你的組態可以被存放在雲端、appsettings，或是一個自訂的格式。在下面，我們可以看到這個相依物件正在被使用：

```
string apiKey = _config["OpenWeather:Key"];
```

它是具相關性的，因為我們需要透過組態來讀取 API 金鑰。存取組態也會引起副作用。

HTTP 相依物件（HTTP dependency）

深入看一下程式碼，你會發現我們已經實體化 `HttpClient`，並且在程式碼當中使用它：

```
HttpClient httpClient = new HttpClient();
```

很明顯的，我們與 **HTTP（HyperText Transfer Protocol，超文本傳輸協定）**有了相依關係。每一次，只要有方法呼叫到 `GetReal` API，就會發出一個 HTTP 請求。

不像日誌和組態相依物件那樣，是以抽象型別（`IConfiguration` 和 `ILogging<>`）來建立的，`httpClient` 是在程式碼中被實體化的——這個會形成所謂的**強制相依關係（hard dependency）**或**具體相依關係（concrete dependency）**。

我們會關注「相依物件是在程式碼內被實體化的」，還是「從外部透過建構式傳遞進來的」，這兩者是有區別的，稍後我們會清楚明白為什麼。

它是具相關性的，因為我們不希望在測試的時候與網路形成依賴。

OpenWeather 客戶端相依物件（client dependency）

OpenWeather 客戶端是一個相依物件，不過它還相依於另一個相依物件，它相依於由 `httpClient` 所代表的 HTTP 相依物件。你可以從下面這一段程式碼中看到：

```
Client openWeatherClient = new Client(apiKey, httpClient);
```

此外，這也是以行內實體化的方法形成「具體相依關係」的另一個範例。

它是具相關性的，因為我們不希望在測試的時候與 HTTP（或者網路）形成依賴。

時間相依物件（time dependency）

請仔細思考一下這行程式碼：

```
wf.Date = DateTime.Now.AddDays(i + 1);
```

在這裡，重要的是 Now 這個屬性。Now 屬性裡面有能夠呼叫**作業系統（operating system，OS）**的程式碼，這是一個相依物件，它在跟作業系統索取現在時間（current time）。Now 屬性是靜態的，我們從下面可以看到：

```
public static DateTime Now { get; }
```

由於靜態屬性的關係，對於 DI 而言，處理起來會略微增加一點困難度，這是我們即將會看到的事實。

它是具相關性的，因為我們希望在測試的時候，時間是可以被預測的。取得現在時間並不會帶來一致的結果，因為時間是變動的。

隨機值相依物件（randomness dependency）

這是與一個隨機值產生演算法形成依賴的範例：

```
wf.TemperatureC = Random.Shared.Next(-20, 55);
```

Next 方法也是一個靜態方法，它在背後取得現在時間來產生亂數種子；此外，它還與一個隨機演算法（randomization algorithm）形成依賴。我們希望可以控制產生的結果，以便我們可以進行測試。

它是具相關性的，因為我們想要可預測的輸出結果。

WeatherForecast 類別相依物件

我們把這個類別實體化成 DTO，因為我們想要將資料從我們的方法傳輸到客戶端。這個資料結構將會被序列化成 **JSON（JavaScript Object Notation，JavaScript 物件標記法）**，如以下程式碼所示：

```
WeatherForecast[] wfs = new WeatherForecast[FORECAST_DAYS];
```

它不具相關性，因為這個物件不會引起副作用，它只會傳輸資料而已。

如果程式碼相依於抽象型別，而且相依物件沒有在類別中（前面例子中的 Controller）被實體化，這樣的程式碼整體上來講是好的。如果程式碼相依於在類別中被實體化的具象類別，這表示我們沒有遵循最佳實踐，因為我們違反了一個良好的 **OOP（object-**

oriented programming，**物件導向程式設計**）習慣：相依於抽象，而不是具象
（depend on abstraction, not concrete）。這是我們下一個小節的主題。

相依於抽象，而不是具象

這個標題在 OOP 最佳實踐當中是個常見的建議，這個建議適用在兩個地方：方法簽章
（method signature）和方法內的程式碼。我們會在這一小節中探討以此延伸的兩個例
子。

方法簽章中的抽象參數

當你設計一個方法時，包括類別的建構式，這裡的建議是檢查你的方法是否能夠接受抽
象型別，而不是只能接受具象型別。如往常一般，我們用範例說明這一點。

舉一個抽象類別的範例，用一個 .NET 裡面大家都知道的 Stream 類別，如以下程式碼
片段所示：

```
public abstract class Stream : ...
```

一個 Stream 物件代表一個連續位元組的資料，但是該類別不在乎位元組資料的實際來
源——無論是來自檔案、記憶體，或其他來源。這是讓它成為「抽象類別」背後最關鍵
的地方。

我們有一個繼承自 Stream 的 FileStream，用它來當作「具象類別」的範例，如下所
示：

```
public class FileStream : Stream
```

FileStream 懂得從磁碟機的檔案中讀取位元組串流資料的規格要求。

我們還有 MemoryStream，也一樣繼承自 Stream，它是「具象類別」的另一個範例，
如下所示：

```
public class MemoryStream : Stream
```

這裡有一張 UML 的圖表來總結關係：

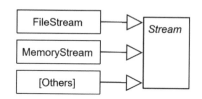

圖 2.8：Stream 以及它的子類別

因為 Stream 是抽象類別的關係，這為實作**解耦（decoupling）**和使程式碼簡單化開啟了一扇方便之門。請看一下這個接受 Stream 型別為參數的方法，它來自 System.Text.Json.JsonSerializer 類別：

```
public static void Serialize (Stream utf8Json, object?
    value, ...);
```

這個方法將傳入的 value 轉換成**萬國碼轉換格式 8（Unicode Transformation Format 8，UTF-8）**編碼的 JSON 文字，並將它寫入到傳進來的 Stream 類別參數中。

因為這個方法並不在乎 Stream 類別如何處理底層物理的持久化（persistence），所以它接受了 Stream 父層級的抽象類別作為參數。如果沒有抽象化，你將會有**多個（multiple）**相同方法的多載方法，每一個方法接受不同的 stream 型別，就像下面這樣（我們只是假設一下，實際上這些多載方法並不存在）：

```
public static void Serialize (FileStream utf8Json, ...);
public static void Serialize (MemoryStream utf8Json, ...);
public static void Serialize (SqlFileStream utf8Json, ...);
public static void Serialize (BufferedStream utf8Json, ...);
More Stream overloads...
```

前面所講的是「用抽象型別作為參數」的好處的其中一個例子，下面是另外一個，請看這段程式碼：

```
public static int Sum(int[] elements)
{
    int sum = 0;
    foreach (int e in elements) sum += e;
```

```
    return sum;
}
```

這個方法接收一個陣列，並回傳其元素的總和。乍看之下，該方法的簽章沒有什麼問題，但是如果你仔細思考一下，這個方法強迫呼叫端在呼叫該方法之前，將所有的集合轉換為陣列，這是不需要的動作，而且浪費效能，因為這個方法並不相依於陣列才有的特性。它只是執行了一個 foreach 迴圈，這意味著它只是循序地存取陣列中的元素。那麼它真的需要用陣列作為參數嗎？

將傳入方法的參數改成 IEnumerable<int>，這是一個抽象類別，將允許該方式接受相當多數量的具象類別，如下所示：

```
public static int Sum(IEnumerable<int> elements)
```

該方法最初只能用 int[] 陣列作為參數傳入進行呼叫；現在，它可以傳入任何實作了 IEnumerable<int> 的物件，而且這類型的物件有很多，下面舉其中幾個例子：

```
int[] array = new int[] { 1, 2 };
List<int> list = new List<int> { 1, 2 };
Queue<int> queue = new Queue<int>();
queue.Enqueue(1);
queue.Enqueue(2);
// More collections
Sum(array);
Sum(list); // new benefit
Sum(queue); // new benefit
```

回到 WFA 應用程式，我們的 Controller 建構式已經相依於抽象了，如以下程式碼片段所示：

```
public WeatherForecastController(
  ILogger<WeatherForecastController> logger,
    IConfiguration config)
```

請始終考慮那種能滿足需求的共通抽象型別，來讓你的方法盡可能地具有開放性。

直接實體化的相依物件

我們剛剛討論了，在我們的方法簽章中，當條件允許的時候，要盡量使用抽象。這會減少耦合及增加方法的可用性。在這一小節中，我們將會把這個建議延伸到程式碼。

如果我們直接在程式碼中實體化類別，我們將相依於具象物件。如果我們相依於具象物件，我們就無法在執行時期改變它們的行為。舉一個在 WFA 應用程式中的例子，從下面這一段程式碼可以看到，我們在方法中實體化了 Client 類別：

```
Client openWeatherClient = new Client(apiKey, httpClient);
```

然後，每當我們使用 openWeatherClient 物件，像是呼叫 OneCallAsync 方法時，我們將會透過網路向 OpenWeather 端的一個 RESTful API 發送一個 HTTP 請求。這對於產品程式碼來說沒什麼問題，但是卻不利於測試這段程式碼；當我們要測試的時候，希望能消除這種行為。

> **隔離**
>
> 在這個例子當中，我們可以避免使用 HTTP，並且在測試的時候使用隔離框架（isolation framework）來解決此問題。不過，這只是作為最後的手段。我們將會在「**第 3 章，單元測試入門**」說明什麼是隔離框架。

當我們測試這段程式碼的時候，我們有眾多的原因，不希望發送 HTTP 請求，包括：

- 我們每次能夠呼叫的次數是有限制的——是有配額（quota）的。
- 我們的測試環境在防火牆後面，禁止輸出流量。
- 網路另一端的 REST 服務暫時性停機，因此我們會得到一個測試失敗的偽假誤報（false negative）。
- 與 CPU 及記憶體的處理速度相比，透過網際網路呼叫服務比較慢。

接下來，你能預見我們要做什麼嗎？這段程式碼雖然能執行，但是它沒辦法將 HTTP 隔離開來進行測試。

> **Note**
>
> 有一些測試種類是應該要發送 HTTP 到服務的一端，例如：整合測試（integration test）。而之前的內容中，我所說的是「驗證商業邏輯，不測試連線能力」的測試——它們其中一種是單元測試。

如果我們想要進行單元測試，實體化具象類別就無法達到效果。我們想要做的是在單元測試的期間，去檢查是否有「做個樣子發送請求，但實際上沒有執行」，這樣就夠了。所以說了這麼多，結論就是「直接在程式碼中實體化具象類別」跟「DI」是沒辦法相容的，而且，按照這個結論，它也沒辦法跟「單元測試」相容。

避免在商業邏輯（business logic）中實體化類別的主要解決方案是「使用 DI」，這個我們稍後會看到。

回顧最佳實踐

我們在「**相依於抽象，而不是具象**」小節中的討論可以簡化為兩個範例：「做」與「不做」。我們先從不好的，也就是「不做」的例子開始，如下所示：

```
public class BadClass
{
    public BadClass() {}
    public void DoSometing()
    {
      MyConcreteType t = new MyConcreteType();
      t.UseADependency();
    }
}
```

下面是好的，也就是「做」的例子：

```
public class GoodClass
{
    private readonly IMyClass _myClass;
    public GoodClass(IMyClass myClass)
        { _myClass = myClass; }
    public void DoSometing()
    {
      _myClass.UseADependency();
    }
    public void DoSometingElse(SecondClass second)
    {
      second.UseAnotherDependency();
    }
}
```

以下則是良好的實踐：

- 將抽象型別當作參數，有助於解耦，並且使方法開放，能接受更多型別。
- 相依於抽象，允許在類別中「不修改程式碼的情況下」改變物件的行為。

有一個你可能會提出的問題，那就是：『如果我不在執行時期實體化那些被傳遞到建構式或方法中的物件，那麼誰來實體化它們呢？當然，很可能有一些程序在我不知道的情況之下，已經實體化相依的物件，並且將它們作為參數傳遞給我的類別了。』你會在下一個小節中找到這個問題的答案。

介紹 DI

當我第一次學習如何在程式碼中使用 DI 的時候，我感到欣喜若狂，好像我發現了什麼軟體工程中的秘密一樣；它就像是程式碼的魔法。我們已經在前面的小節當中探討了相依物件，現在，我們將要來發掘如何將相依物件注入到我們的類別。下一步要來解釋什麼是 DI，並使用實際來自 WFA 應用程式的範例，來確保你可以實驗各種不同的情境。介紹 DI 最好的方式就是透過熟悉的範例。

第一個 DI 的範例

DI 在任何現代的 .NET 程式碼中隨處可見。事實上，我們在 ASP.NET 的範本程式碼（template code）中已經有一個範例：

```
public WeatherForecastController(
    ILogger<WeatherForecastController> logger)
{
    _logger = logger;
```

當一個 Controller 的實體被建立的時候，一個 logger 相依物件就被注入到 Controller 中。而在 Controller 中沒有任何地方實體化 logger 類別，它已經被注入到 Controller 的建構式中。

在這個情境中，「注入」（injection）的意思是什麼？它表示 ASP.NET 框架發現了一個「需要實體化這個 Controller」的傳入請求。框架進一步察覺到，要建立一個新的

WeatherForecastController 的實體，就需要建立一個實作了 ILogger<WeatherForecastController> 的具象類別的實體，就像下面這樣：

```
ILogger<WeatherForecastController> logger = new
    Logger<WeatherForecastController>(...);
var controller = new WeatherForecastController(logger);
```

Controller 的建構式需要一個實作了 ILogger<WeatherForecastController> 的具象類別的實體，而框架解析後得知 Logger<> 實作了 ILogger<>，可以被用來作為 Controller 建構式的參數。

框架是如何解析（resolve）它的？這個我們會在介紹 DI 容器的時候學到；目前的重點是框架已經知道如何實體化 Controller。

現在是時候給在我們情境中的每一個主題「一個與 DI 相關的名稱」，如下所示：

- **DI 容器（DI container）**：一個軟體函式庫，用來管理「注入」。
- **服務（Service）**：被需要的相依物件（如 ILogger<> 的衍生物件）
- **客戶端（Client）**：向服務提出要求的類別（即前面範例中的 Controller）
- **啟動器（Activation）**：實體化客戶端的程序
- **解析器（Resolution）**：DI 容器內，尋找啟動「客戶端」所需的正確服務

測試一個 API

讓我們用一個範例來更深入了解 DI。仔細思考一下測試的問題，它將會直接告訴你什麼是 DI。拿我們之前在 WFA 應用程式中建立的 ConvertCToF 方法來講。

我們要對這個方法進行一些測試，以驗證溫度是否能精準地轉換？我們已經有一些攝氏度和其相等華氏度的例子，如下：

1. -1.0 C = 30.20 F
2. 1.2 C = 34.16 F

要來滿足這些測試，我們想要使用一個傳統的主控台應用程式（console application），如果轉換結果與範例不相配，將會拋出例外錯誤。

你可以透過 VS GUI 來新增這個主控台應用程式，或者你也可以在方案目錄底下執行下面的指令碼：

```
dotnet new console -o Uqs.Weather.TestRunner
dotnet sln add Uqs.Weather.TestRunner
dotnet add Uqs.Weather.TestRunner reference Uqs.Weather
```

這將會在現有方案中新增一個全新的、名為 Uqs.Weather.TestRunner 的主控台應用程式，並且參考了現有的 ASP.NET Web API 應用程式。請在 VS 中，將下面的程式碼加入到主控台應用程式的 Program.cs 檔案裡面：

```
using Microsoft.Extensions.Logging;
using Uqs.Weather.Controllers;
var logger = new Logger<WeatherForecastController>(null);
//fails
var controller = new WeatherForecastController(logger,
    null!);
double f1 = controller.ConvertCToF(-1.0);
if (f1 != 30.20d) throw new Exception("Invalid");
double f2 = controller.ConvertCToF(1.2);
if (f2 != 34.16d) throw new Exception("Invalid");
Console.WriteLine("Test Passed");
```

這段程式碼以目前的形式來說是無法執行的，因為它會在 var logger 這一行發生錯誤。我們會立即來修正它，但是我們得先來分析一下這行程式碼。這行程式碼就跟我們平常在 .NET 實體化一個類別一樣，它實體化了一個 Controller；然後，它呼叫了 ConvertCToF 方法，而且試著傳入不同的參數。如果所有傳入的參數都執行成功了，那麼將會印出 **Test Passed**；否則，它會拋出例外錯誤。

要實體化一個 Logger<> 物件，我們需要傳入一個 ILoggerFactory 型別的物件到它的建構式當中。如果你傳入 null，那麼它會在執行時期發生錯誤。不只如此，壞消息是，一個實作了 ILoggerFactory 的具象類別的實體，是不能被手動實體化的，除非你正在整合的是一個日誌框架，或是正在處理一個特例（special case），但測試並不是一個特例！總而言之，我們是無法輕易做到這件事的。

如果我們嘗試改在 Controller 的建構式當中傳入兩個 null 值，並且忽略掉要建立 Logger<> 物件這件事情，像下面這樣：

```
var controller = new WeatherForecastController(null, null);
```

問題是，如果你傳入一個 null 值，你 Controller 內的 _logger 物件也會是 null，你的程式碼將會在這一行發生一個臭名昭彰的 NullReferenceException 例外錯誤，如下所示：

```
_logger.LogInformation("conversion requested");
```

我們真正想要的只是實體化 Controller。我們沒有要測試日誌記錄器；我們想傳入任何可以建立 Controller 物件的東西到建構式，但日誌記錄器正在阻撓我們。最後，我們會發現，原來 Microsoft 有一個名為 NullLogger<> 的類別，它做的就是——別讓日誌記錄器阻撓我們！在 Microsoft 的官方文件中有說明，這是一個『不執行任何動作的簡單記錄器』。

有了來自這個類別的啟發，程式碼的前幾行看起來將會像這樣：

```
var logger = NullLogger<WeatherForecastController>
    .Instance;
var controller = new WeatherForecastController(logger, ...);
```

我們透過 Instance 欄位取得 NullLogger<> 的參考。當我們呼叫 _logger.LogInformation 方法時，什麼事都不會發生，這符合我們的需求。如果我們現在就執行這一個主控台應用程式，我們會得到 **Test Passed** 的訊息。

> **Note**
> 透過主控台應用程式來測試方法，這並不是測試的最佳實踐。此外，拋出例外錯誤和輸出訊息，也不是彙整測試失敗和通過等資訊的理想方式。正確的處理方式會在下一章進行討論。

Controller 的建構式接收一個 ILogger<> 物件，這給了我們傳遞參數的彈性，才能傳入 NullLogger<> 物件，因為它實作了 ILogger<>，如下所示：

```
public class NullLogger<T> : Microsoft.Extensions.Logging
    .ILogger<T>
```

日誌類別的 UML 圖表，看起來就像下面這樣：

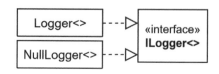

圖 2.9：Logger<>、NullLogger<>、ILogger<> 的 UML 圖表

此時此刻，分析我們至今為止已完成的工作是有意義的。下面是我們已經達成的事情：

1. 在執行時期（當 API 啟動的時候），Logger<> 被注入到 Controller，並且它應該如預期般寫入日誌。

2. 在測試時期，我們不在乎任何日誌記錄的行為；我們正在測試的是另一種情境，因此我們傳入了 NullLogger<>。

3. 因為 ILogger<> 是介面，是一種抽象型別，所以我們被允許注入不同型別的 ILogger<>。而如果我們的建構式期望的是 Logger<> 型別（命名不是 I 開頭的具象型別），我們就無法做到這件事情。

在第一種情境中，是 **DI 容器（DI container）** 於執行時期注入物件。在第二種情境中，是我們為了測試的目的手動注入了一個不一樣的日誌記錄器。在**圖 2.10** 這張截圖中，加了註解的程式碼顯示了本小節的摘要：

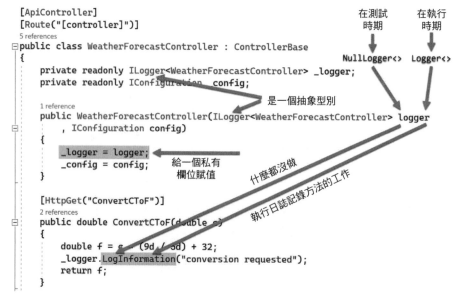

圖 2.10：加了註解的程式碼顯示「測試時期」和「非測試時期」的 DI 情況

這裡的結論就是，如果我們的參數使用抽象型別，例如介面，ILogger<> 型別的介面就是個例子，抑或是抽象類別，我們就能在「可以運用 DI 的地方」開放我們的類別，以取得更多的可重用性。

LogInformation 方法會隨著注入物件的不同而改變它的行為，所以它扮演著「接縫」（seam）的角色。自然而然，我們下一個小節就會探討「接縫」這個主題。

什麼是接縫？

seam 這個英文單字有「接縫」的意思，也就是指兩塊布料縫合起來的那個連接處。這個詞彙放在 DI 領域裡面，類似於在程式碼中「我們可以不用修改程式碼就能改變行為」的地方。我們可以用之前轉換溫度的方法來舉例，如下所示：

```
public double ConvertCToF(double c)
{
    double f = c * (9d / 5d) + 32;
    _logger.LogInformation("conversion requested");
    return f;
}
```

看一下 LogInformation 方法。我們預期這個方法會將日誌寫入到正式環境的某個設備中，但是在測試的時候，我們希望它什麼事都不要做（如果我們要測試的情境無關乎日誌記錄的話）。因為我們想要測試其他的功能，但是 _logger.LogInformation 卻會阻撓我們，嘗試地將日誌寫入到某個地方，所以我們想要改變它的行為。

LogInformation 就是一個接縫，因為行為可能在這裡被改變。從前面的小節我們得知，如果我們注入到類別的物件，一個是 Logger<>、另一個是 NullLogger<>，那麼 LogInformation 將會以不同的方式在運作。

控制反轉（IoC）

你經常會聽到**控制反轉**（**Inversion of control，IoC**）這個詞彙被用來表示 DI。你可能也有聽過，「IoC 容器」同樣被用來表示「DI 容器」。從實務的角度來看，你不必擔心這些詞彙涵義的差異。雖然實踐者對於 IoC 與 DI 的關係有不同的定義，但是只要你搜尋關於這兩個詞彙相比較的資訊，你會發現，論壇中有許多充滿矛盾的定義。

下面是實踐者表示一致認同的兩點：

- IoC 是將「從軟體到**使用者介面（user interface，UI）**的事件流向」反轉，或是反過來。
- DI 是 IoC 的一種形式。

DI 是最熱門的詞彙，也是最新穎的詞彙。IoC 這個詞彙來自於一個不同的時代，是較為一般性的詞彙，且比較少實際拿來使用，所以我建議使用 DI 這個詞彙。

在介紹了所有範例、最佳實踐、定義之後，我把最好的部分留在最後，是本章最為實用的一節，就是告訴你如何利用前面所有的內容來撰寫有用的程式碼。

使用 DI 容器

DI 容器（DI container）是一個函式庫，它能將服務注入到客戶端。DI 容器除了注入相依物件之外，還提供了其他額外的功能，例如：

- 註冊「需要被注入的類別」（註冊服務）
- 實作「服務該以什麼樣的方式被實體化」
- 實體化「已經註冊的服務」
- 管理「所建立的服務」的生命週期

讓我們透過之前的程式碼來讓「DI 容器」這個角色的定義更清晰。我們有 logger 服務被注入，但這件事是誰的職責？

有一個名為 Microsoft.Extensions.DependencyInjection 的 DI 容器會將 _logger 給注入，而這個發生在 Program.cs 檔案中的第一行，如下所示：

```
var builder = WebApplication.CreateBuilder(args);
```

上面這個方法被呼叫時，會註冊一個預設的日誌記錄器。不幸的是，雖然我們可以在 .NET 的原始碼中看到這個方法的程式碼，但是在 Program.cs 的原始碼中不是顯而易見的。事實上，上面這一行程式碼還同時註冊了很多服務。

在上面這一行 `Program.cs` 中的程式碼的下面，加入一行實驗性質的程式碼，藉由這樣做，我們就可以知道有多少個註冊的服務被建立：

```
int servicesCount = builder.Services.Count;
```

我們會得到有 82 個服務。其中一些服務是與日誌相關行為有關，因此，如果你想要知道它們是哪些服務，你可以直接在上面這一行程式碼的後面，加入下面的程式碼：

```
var logServices = builder.Services.Where(_ =>
    x.ServiceType.Name.Contains("Log")).ToArray();
```

從這裡，你可以看到我們過濾了名稱中有 `Log` 字樣的任何服務。如果你在這一行下中斷點（breakpoint），前往 VS 的 **Immediate Window**，然後輸入 `logServices`，你就能看到所有與日誌相關的已註冊服務的總覽，如以下截圖所示：

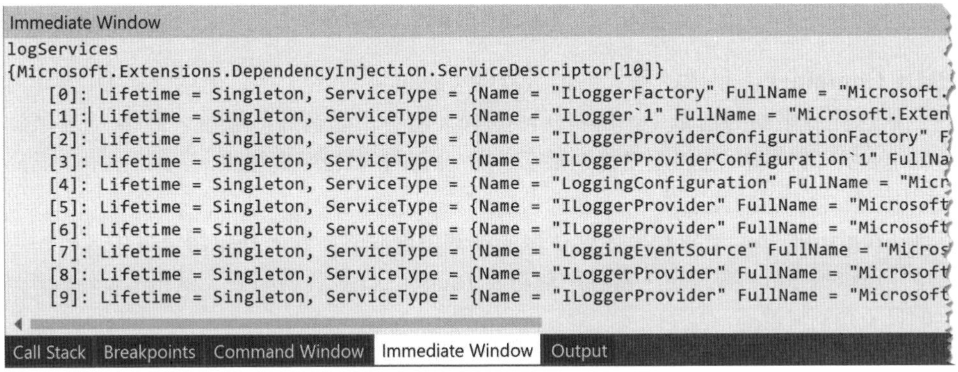

圖 2.11：Immediate Window 顯示與日誌相關的已註冊服務

圖 2.11 這張截圖顯示，我們有 10 個與日誌相關的已註冊服務，其中被我們在執行時期注入的是第二個（索引值 1）。

> **Note**
> 根據 ASP.NET 版本的不同，你可能會得到不同的預先註冊的服務清單。

我們將改變 Controller 內的所有實作，把所有的東西改成是相依注入的方式，並且嘗試各種撰寫出 DI 預備程式碼（DI-ready code）的情境。

容器的角色

容器的行為是由 DI 容器在背景執行。容器參與了你應用程式中類別的啟動，如以下截圖所示：

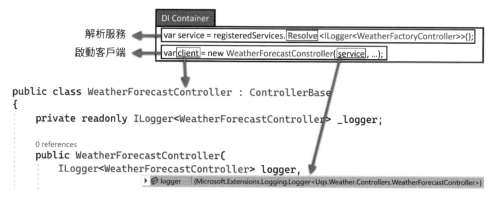

圖 2.12：正在運作的容器（虛擬碼）

在 **DI Container** 方格內的程式碼是虛擬碼（pseudo code），它嘗試簡述 DI 是如何在一個已註冊服務的清單中，解析（resolve）出客戶端需要的服務，然後，DI 啟動（activate）客戶端，並將服務傳遞給它。這一切都在執行時期發生。

註冊（registration）是我們稍後會在很多範例中探討的行為。在這個情境中，有一道命令（instruction）會規定，當客戶端需要 ILogger<> 物件的時候，就用 Logger<> 型別的具象類別來遞補。

值得注意的是，當客戶端需要一個介面的時候，DI 早就已經被指示了「要如何為這個抽象型別建立具象類別」；DI 容器也早就知道，要建立 ILogger<> 物件的話，就需要初始化（initialize）Logger<> 物件。

第三方的容器

我們至今為止使用的都是內建的 DI 容器，它會在新的 ASP.NET 專案自動準備好，它就是 Microsoft 的 DI 容器，即 Microsoft.Extensions.DependencyInjection，但這不是 .NET 6 唯一可用的 DI 容器——還有其他第三方的選擇。

Microsoft 在最近幾年開發了一個 DI 容器。第三方容器的人氣逐漸降溫，大家反而轉而支持隨附於 .NET 的容器。此外，有一些框架在 .NET 5 的時候就沒有跟著升級，到了 .NET 6 還能保持強勢的，大概就只剩下 **Autofac** 和 **StructureMap** 了。雖然還有其他的容器支援 .NET 6，但就是沒有它們來得受歡迎。

如果你熟悉單元測試，並且想要更多 Microsoft.Extensions.DependencyInjection 不支援的功能，可以看一下其他框架，像是 Autofac。但是對於非大型的中小型專案來說，我強烈建議使用 Microsoft 的就好，因為它得到相當多的支援，並且有大量的第三方外掛元件。不論怎樣，你還是可以在後續的階段改用其他的框架。但我的建議是不要把寶貴的時間花費在選擇 DI 容器上，從 Microsoft 提供的方式開始，直到它再也無法滿足你的需求為止。

服務的生命週期

當一個服務被註冊用來傳遞給客戶端，DI 容器就必須決定服務的生命週期。生命週期（lifetime）是一段時間區間，從服務被建立的當下，直到服務因垃圾回收或被清除而得到釋放為止。

Microsoft 的 DI 容器有三種主要的生命週期，你可以在註冊服務的時候指定：**暫時性（transient）**、**單一性（singleton）**、**範圍性（scoped）** 等生命週期的作用範圍。

請注意，如果服務實作了 IDisposable 介面，當服務被釋放時，就會呼叫 Dispose 方法，此時如果它有相依的物件，那麼它們也會被釋放及清除。接下來，我們要來探討這三個主要的生命週期。

暫時性生命週期

暫時性服務（transient services）會在每一次它們被注入或被需要的時候建立。容器僅僅是為「每一個提出的要求」建立一個新的實體。

這在不必擔心執行緒安全或服務狀態遭到修改（由另一個接受要求的物件）的情況下，是好的。但是「每一個提出的要求」都建立一個物件，對於效能來講，會有負面的影響，特別是當服務處在高需求量的情況之下，啟動它的成本可能不低。

稍後在 **「DI 重構」** 小節中，你會看到一個暫時性服務的範例。

單一性生命週期

單一性服務（singleton services）只會在第一次客戶端提出要求的時候被建立起來，當應用程式結束的時候才會被釋放。同一個已建立的服務會被傳遞到所有的要求。

這是效率最高的生命週期，因為物件只會被建立一次，但這也是最危險的生命週期，因為單一性服務應該要允許被同時存取，這也意味著它必須是執行緒安全（thread-safe）的。

稍後在「**DI 重構**」小節中，你會看到一個單一性服務的範例。

範圍性生命週期

範圍性服務（scoped services）是每個 HTTP 請求建立一次，它們從 HTTP 請求開始到 HTTP 回應結束的這段期間會一直存在，且它們會在客戶端之間共享。

這對於「你希望讓多個客戶端使用同一個服務，且服務只作用在單一個請求上」而言，是好的。

與暫時性和單一性生命週期相比，這個生命週期並不是那麼普遍或受歡迎。在效能方面，它介於暫時性與單一性生命週期之間。在給定的時間之內，只有一個執行緒處理每個客戶端提出的要求，因為每個要求會有自己的 DI 作用範圍，所以不必擔心執行緒安全的問題。

一個範圍性服務的經典範例是將 **Entity Framework（EF）**的 DB 環境物件（context object）建立成範圍性的，這使得「所要求的服務」可以在客戶端之間共享資料，並在需要的時候快取資料。

這是另一個範例。假設你有一個日誌服務，允許客戶端記錄日誌，但是它只會在 HTTP 請求結束的時候，將日誌從記憶體中更新到目標媒體中（例如：儲存到資料庫中）。不考慮其他條件的話，這很有可能就是範圍性生命週期。

在「**第 9 章，使用 Entity Framework 和關聯式資料庫建置服務預訂應用程式**」裡面，我們還有一個範圍性生命週期的範例。

選擇一個生命週期

如果你擔憂的是效能，那麼請考慮使用「單一性」。然後，下一步是檢查服務是否為執行緒安全的，這個可以透過閱讀其官方文件或進行其他種類的調查來確認。

然後，如果合適的話，可以改成使用「範圍性」，再來才是「暫時性」。最安全的選項永遠是「暫時性」——如果你一直覺得有疑慮，那麼就直接選擇「暫時性」吧！

> **Note**
>
> 任何被注入到單一性生命週期的類別，都將會變成單體（singleton，又譯單例），不管被注入物件的生命週期是哪一種。

容器的工作流程

在我們看看幾個服務註冊與生命週期的例子之前，現在是一個好時機，歸納一下我們所理解的 DI 容器，並且看一下 DI 啟動程序的工作流程：

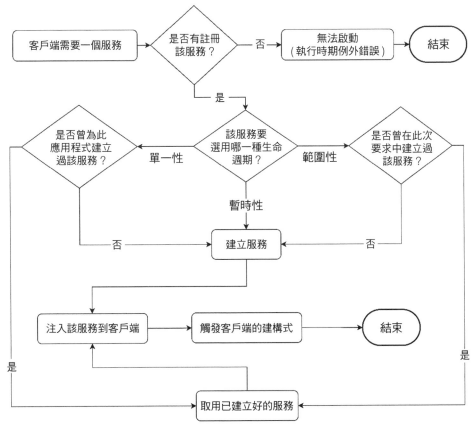

圖 2.13：DI 容器的工作流程

在圖 2.13 中，很清楚的是當 DI 容器啟動一個類別的時候，有兩件要關注的事情：一個是註冊（registration），一個是生命週期（lifetime）。

DI 重構

如果你已經正確地完成了 DI 的學習工作，那麼對於實作單元測試而言，你已經完成了一半。當你要撰寫一個單元測試的時候，你將會思考如何讓每件事情都是 DI 預備（DI-ready）的狀態。

下面有幾個因素會決定你的服務應該如何被注入，如下所示：

1. 我相依的物件接縫處是抽象方法嗎？換句話說，問題中所說的方法，是否存在於抽象型別中？我們之前看到的是 ILogger.LogInformation 方法的例子，不過，我們會在「**注入 OpenWeather 客戶端**」小節中再更詳細地討論這個情境。
2. 我相依的物件接縫處是靜態方法嗎？這個我們會在「**注入 DateTime**」小節和「**注入隨機數產生器**」小節中進行討論。

注入 OpenWeather 客戶端

在 WeatherForecastController.cs 中有一行令人不快的程式碼，是實體化 Client 類別這裡，如下所示：

```
string apiKey = _config["OpenWeather:Key"];
HttpClient httpClient = new HttpClient();
Client openWeatherClient = new Client(apiKey, httpClient);
OneCallResponse res =
    await openWeatherClient.OneCallAsync(...)
```

存取 _config 的唯一目的是為了得到 Client 的 API 金鑰，而實體化 HttpClient 的唯一目的是要將它傳遞給 Client 的建構式。所以，如果我們改注入 openWeatherClient，那麼開頭的那兩行程式碼就不需要了。

我們使用的是「待注入類別」中的哪個屬性或方法呢？我們看一下程式碼，就能知道答案是 OneCallAsync，而且只有它。那麼，在 Client 的階層結構（hierarchy）中，擁有此成員的最高層次型別（類別、抽象類別、介面）是什麼？想知道的話，在 VS 中

按住 Ctrl 鍵，然後點擊一下類別的名稱，你會發現 Client 實作了 IClient，如下所示：

```
public class Client : IClient
```

接著，再按住 Ctrl 鍵點擊一下 IClient，你會找到下面這個介面：

```
public interface IClient
{
    Task<OneCallResponse> OneCallAsync(decimal latitude,
        decimal longitude, IEnumerable<Excludes> excludes,
        Units unit);
}
```

很明顯的，我的實作可以相依的是 IClient 而不是 Client。

在 Controller 的建構式中新增 IClient，並且新增 _client 欄位，如下所示：

```
private readonly IClient _client;
public WeatherForecastController(IClient client, ...
{
    _client = client;
    ...
```

最後一步是對下面這兩行進行修改：

```
Client openWeatherClient = new Client(apiKey, httpClient);
OneCallResponse res =
    await openWeatherClient.OneCallAsync(...);
```

刪除第一行，因為我們不再需要實體化 Client，修改第二行，改使用 _client 取代掉之前的 openWeatherClient，下面是修改後的結果：

```
OneCallResponse res = await _client.OneCallAsync(...);
```

我們已經完成了對 Controller 的所有修改，剩下的是如何在 DI 容器內為我們的 Controller 建構式註冊注入與 IClient 相配的物件。讓我們以現在的狀態執行專案，預期我們會得到下面的錯誤：

```
System.InvalidOperationException: Unable to resolve service
  for type IClient' while attempting to activate
    'WeatherForecastController'
```

DI 容器試圖尋找實作了 IClient 的具象類別，以便可以建立它，將其傳遞給 WeatherForecastController 的建構式。我們已經知道有一個實作了 IClient 的具象類別叫做 Client，但是我們還沒有告知 DI 容器。

為了讓 DI 容器註冊服務（register a service），它需要以下兩項資訊：

1. 如何建立所需的服務？
2. 被建立的服務的生命週期是哪一種？

第一點的答案是，每當 IClient 被需要的時候，我們就要建立 Client 的實體（instance）。

第二點稍微棘手一些。Client 是一個有線上文件支援的第三方類別（third-party class）。首先，我們查閱它的文件，看看是否有建議的生命週期，在這種情況下，Client 的文件是指定 Singleton 作為建議的生命週期。至於其他的情況，文件中並沒有說明，我們必須用其他方式弄清楚。稍後我們會有更多的範例。

為了要註冊我們的相依物件，請在 Program.cs 檔案中，尋找由範本提供的 Add services to the container 字樣的註解，然後在其下方加入你的程式碼，如下所示：

```
// Add services to the container.
builder.Services.AddSingleton<IClient>(_ => {
    string apiKey =
        builder.Configuration["OpenWeather:Key"];
    HttpClient httpClient = new HttpClient();
    return new Client(apiKey, httpClient);
});
```

在這裡，我們正在像以前那樣建構 Client。一旦 Client 第一次接受要求，一個應用程式只會建立一個實體，並且對所有客戶端的要求都提供同一個實體。

現在，我們已經完成了 GetReal 方法需要的所有相依物件的 DI，讓我們緊接著處理 GetRandom 方法中的 Now 相依物件吧。

注入 DateTime

我們在 GetRandom 方法中使用了 DateTime，而且它難以注入。讓我們看一下程式碼中 DateTime 類別的使用情況，我們用了以下項目：

- AddDays 方法
- Now 屬性，它會回傳一個 DateTime 物件

這一切都很清楚地呈現在一行程式碼中，如下所示：

```
wf.Date = DateTime.Now.AddDays(i + 1);
```

AddDays 方法是一個依靠天數（days）算術運算的方法，這個我們可以透過查閱 GitHub 上的 DateTime 原始碼來驗證，位址在：https://github.com/microsoft/referencesource/blob/master/mscorlib/system/datetime.cs。

我們不用擔心注入它的問題，因為它還沒有發展成外部的相依物件；它只是執行一些 C# 程式碼，又或者是，我們可能希望注入它，以便可以控制 AddDays 方法的計算方式。在我們這個例子當中，不需要注入 AddDays 方法。

第二點是 Now 屬性。如果我們要撰寫一個牽涉到測試 Now 值的單元測試，那麼我們會希望將它的值固定在一個常數值，方便測試。在這個階段，對於固定它的值的想像可能還不是那麼清楚，但是在下一章中，當我們對 GetRandom 進行單元測試時，會變得更明朗。

我們需要提供一個注入的 Now 屬性，可是 Now 是一個**靜態屬性（static property）**，如下所示：

```
public static DateTime Now
```

靜態屬性（及方法）不會遵循和實體屬性一樣的多型原則（polymorphism principles），所以我們要想辦法找出其他注入 Now 的方式，而不是使用我們前面所使用的方式。

下面的程式碼是以適用於多型運作的方式在設計 Now 屬性。建立一個像這樣的介面作為抽象型別：

```
public interface INowWrapper
{
    DateTime Now { get; }
}
```

我們的程式碼將會相依於這個抽象型別。同時，我們必須要實作 NowWrapper 具象類別，所以我們的程式碼看起很簡單：

```
public class NowWrapper : INowWrapper
{
    public DateTime Now => DateTime.Now;
}
```

我已經在專案的一個 Wrappers 目錄底下增加了兩個檔案：INowWrapper.cs 和 NowWrapper.cs。

> **Wrapper 和 Provider**
>
> 有些開發者喜歡對這一類的型別名稱使用 Wrapper 後綴（suffix），有些則喜歡使用 Provider 後綴，例如 NowProvider。我不喜歡 Provider 這個名稱，因為它是一種設計模式，可能會誤導人。我的建議是選擇一種慣例命名並且保持一致性。

通常，當我們在為一個「非具象型別的注入」進行註冊的時候，有以下兩點需要考慮：

1. 如何建立所需的服務？
2. 被建立的服務的生命週期是哪一種？

第一點很簡單——我們只需要實體化 NowWrapper 類別即可。第二點則取決於 DateTime.Now 的原始屬性（original property）。自從我知道這是一個「可能同時有多個要求會存取我的靜態屬性」的網路環境後，第一件事情就是，我會審視常見的 .NET 執行緒安全的議題。也就是說，我們要想想，如果同時有多個執行緒存取這個屬性，會導致不確定的行為發生嗎？

DateTime 的靜態成員，包括 Now 屬性，在開發的時候都有考慮到執行緒安全，所以同時呼叫 Now 應該不會導致不確定的行為。

如果真的是這樣的話，那麼我可以將 DI 設定為「單一性」。讓我們來註冊 INowWrapper，用來注入吧。與前面的範例一樣，將 INowWrapper 加到 Controller 的建構式，像這樣：

```
public WeatherForecastController(, INowWrapper nowWrapper, )
{
    _nowWrapper = nowWrapper;
...
```

將 DateTime.Now 替換成 _nowWrapper.Now，如下所示：

```
wf.Date = _nowWrapper.Now.AddDays(i + 1);
```

最後，在 Program.cs 檔案中使用下面的程式碼來註冊你的相依物件：

```
builder.Services.AddSingleton<INowWrapper>(_ =>
    new NowWrapper());
```

這表示說，當第一個 INowWrapper 實體接受要求的時候，DI 容器將會實體化它，並在整個應用程式的生命週期內維持住它的狀態。

注入隨機數產生器

隨機數產生器（random number generator）就是被設計為無法預測的，否則它就不能叫做隨機！如果它不透過 DI 注入的話，在進行單元測試的時候會有問題，因為單元測試應該針對固定的（確定的）值進行測試。讓我們來看看下面這一行會引起問題的程式碼：

```
wf.TemperatureC = Random.Shared.Next(-20, 55);
```

Shared 是靜態方法，所以我們遇到了與前面任務中 Now 屬性一樣的問題。首先，我們需要確保執行緒安全。在 Next 方法的文件中，並沒有明確的提示它是否為執行緒安全的；反之，網路上的說法提示它不是執行緒安全的。因此，此處最可靠的做法是假設「它不是執行緒安全的」。在這裡，我們可以選擇包裝（wrap）整個類別或特定的方

法，而我會選擇包裝整個類別，以防待會兒我們需要用到 Random 類別的另一個方法。
讓我們來撰寫我們的介面，如下所示：

```
public interface IRandomWrapper
{
    int Next(int minValue, int maxValue);
}
```

然後，在這裡我們有一個實作該介面的具象類別：

```
public class RandomWrapper : IRandomWrapper
{
    private readonly Random _random = Random.Shared;
    public int Next(int minValue, int maxValue)
        => _random.Next(minValue, maxValue);
}
```

如同往常一樣，將它加入到 Controller 的建構式中，並用以下的程式碼替換掉
GetRandom 中的程式碼：

```
wf.TemperatureC = _randomWrapper.Next(-20, 55);
```

我在這個類別中稍微改變了一下行為；最初，每一次我們呼叫 Next 的時候，它都
會建立一個新的 Random 實體，但現在則是每次需要這個類別的時候，建立一個 _
randomWrapper。

由於我們的 Next 方法的實作相依於不具有執行緒安全的 _random.Next，所以我們
的類別也跟著變得不具有執行緒安全。因此，當它被注入時，不能將其注入為「單一
性」；我們必須將它注入為「暫時性」。我們在 Program.cs 的程式碼看起來就像這
樣：

```
builder.Services.AddTransient<IRandomWrapper>(_ =>
    new RandomWrapper());
```

使用 AddScoped 這個註冊用的方法（registration method）或許也能運作，但是文件
上的資訊並不足以讓我做出決定，因此「暫時性」還是最安全的選擇。

你現在可以執行應用程式，並且從 Swagger UI 中執行兩個 API，以確保一切都如我們預期般運作。

所有對於 DI 的變更都存放在 GitHub 儲存庫裡面，Ch02 底下一個名為 03-UqsWeather 的資料夾。

貼近真實情況的 DI 情境

DI 最普遍的運用情境是單元測試，但是我也看過它被用於在執行時期改變某些元件的行為。舉例來說，你想要根據設定來改變系統的功能，而另一個例子是，你想要根據每一個寄宿環境（hosting environment）的不同來改變系統的行為。那麼你就可以仔細想想下面這個 WFA 應用程式**負載測試（load testing）**的例子。

DI 用於負載測試的範例

在重要的系統中，常見的**非功能性需求（non-functional requirement，NFR）**是負載測試。負載測試是以人工模擬的方式對系統進行呼叫，用以測量它如何處理大量的併發呼叫（concurrent calls）。對於我們的 WFA，負載測試看起來像這樣：

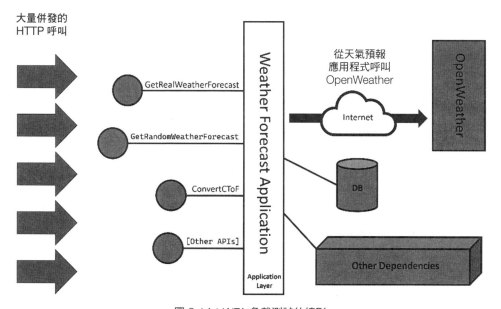

圖 2.14：WFA 負載測試的情形

負載測試框架藉由發出「事先就商定好數量的呼叫」開始進行測試，並測量回應時間和失敗的情況，因而，API 將會對它們相依的物件施加負荷。

整個 WFA 可能有多個相依物件，但是在這個範例中，我們特別關心的，是我們在背景呼叫的 OpenWeather API。如果我們要對 WFA 應用程式進行負載測試，在設計上，我們將會向 OpenWeather 發送出大量的呼叫，而這不應該是這樣的，原因有很多，以下列出幾項：

- 消耗所分配到的配額數量
- 合約協議禁止透過你的系統對他們的系統進行負載測試
- 因短時間內過高的呼叫數量而被禁止
- 出於道德原因，因為這可能會影響他們整體的服務品質

除非你的系統特別需要與連線的第三方服務進行負載測試，而且你與第三方服務達成協議來做這件事情，否則我不會這樣做。

我們可以做些什麼來解決這個問題，並且在不呼叫 OpenWeather 的情況下進行負載測試呢？

有一個解決方案是在 WFA 增加一個設定值（configuration key）。當這個值是 true 的時候，我們希望所有對 OpenWeather 的呼叫都回傳一個擬態回應（stubbed response），即罐頭回應（canned response）。在下一章中，將會有更多關於 dummy（虛擬物件）、mock（模擬物件）、stub（虛設常式或擬態物件）、fake（假物件）的討論。此時此刻，我們將這種類型的回應稱為擬態回應。

完成一個 OpenWeather 的擬態回應

讓我們完成一個擬態回應來代表 OpenWeather。我們該如何開始呢？我會直接尋找「會引發呼叫 OpenWeather 的接縫處」，它在我們的 WeatherForecastController 類別裡面，如下所示：

```
OneCallResponse res = await _client.OneCallAsync(...)
```

我們需要做的是保持原本的程式碼不變，但在負載測試期間，不透過網路，而是透過回傳某些已事先儲存的值，來改變方法的行為。以下是實現此目標的計畫：

1. 增加一個設定來代表負載測試。
2. 增加一個擬態回應的類別。
3. 註冊一個根據設定來更換（swap）回應的條件。

增加設定

我們希望設定（configuration）預設是關閉的狀態，除非我們明確地將它設為開啟（on）。在你的 appsettings.json 檔案中加入下面這段程式碼：

```
"LoadTest": {
  "IsActive" : false
}, ...
```

然後，在我們的 appsettings.Development.json 檔案中，加入相同的設定，並且將它設為 true。當你使用本機環境載入應用程式的時候，設定值的結果應該會是 true。

新增 stub 類別

OneCallAsync 是一個定義在 IClient 介面的方法。如果你看過程式碼，你會知道我們傳遞了 client 物件（隨後變成了 _client）作為參數（argument）到建構式。在這裡，我們可以動一些手腳——我們需要傳遞 IClient 的擬態實作（stubbed implementation）給建構式，然後想辦法透過建構式來往下傳遞。

新增一個名為 ClientStub 的類別到專案的根目錄，用來存放我們 IClient 的擬態實作，如下所示：

```
public class ClientStub : IClient
{
    public Task<OneCallResponse> OneCallAsync(
        decimal latitude, decimal longitude,
        IEnumerable<Excludes> excludes, Units unit)
    {
        const int DAYS = 7;
        OneCallResponse res = new OneCallResponse();
        res.Daily = new Daily[DAYS];
        DateTime now = DateTime.Now;
```

```
        for (int i = 0; i < DAYS; i++)
        {
            res.Daily[i] = new Daily();
            res.Daily[i].Dt = now.AddDays(i);
            res.Daily[i].Temp = new Temp();
            res.Daily[i].Temp.Day =
                Random.Shared.Next(-20, 55);
        }
        return Task.FromResult(res);
    }
}
```

IClient 是 OpenWeather 客戶端的 NuGet 套件所定義的。我們還可以看到，有一個實作了 OneCallAsync 的方法。我在裡面看到了使用的屬性，以及所產生的 7 天假預測資訊（fake forecast）。請注意，在其他的情境下，你可能需要製作完整的 stub。

現在，Client 和 ClientStub 都實作了 IClient，如**圖 2.15** 所示：

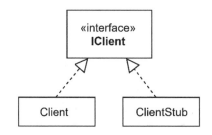

圖 2.15：IClient、Client、ClientStub 的關係

現在這是一個開發人員經常會遺忘的步驟：註冊服務。當你每次忘記註冊服務的時候，請記住，你並不孤單。

更新 IClient 的註冊

我們即將要使用 DI 容器，來決定何時要注入 Client 的實體、何時要注入 ClientStub 的實體。在 Program.cs 中修改一開始註冊 IClient 的程式碼，讓它看起來像下面這樣：

```
builder.Services.AddSingleton<IClient>(_ => {
    bool isLoad =
    bool.Parse(builder.Configuration["LoadTest:IsActive"]);
    if (isLoad) return new ClientStub();
```

```
    else
    {
        string apiKey =
            builder.Configuration["OpenWeather:Key"];
        HttpClient httpClient = new HttpClient();
        return new Client(apiKey, httpClient);
    }
});
```

每當需要 IClient 實體的時候，DI 容器會根據設定來決定應該注入 ClientStub，還是 Client。

我們現在完成了擬態（stubbing）的實作，並且準備好要執行。當你執行專案的時候，請看一下 GetReal 方法的輸出結果，如果你開啟了負載測試，你會注意到你正在使用的是擬態的版本。

注意事項

我們已經看到了，我敢說，這是一個更換實作物件的漂亮手法。雖然這個範例很小且有限制，但是在比較大的專案中，這種實作方式將會顯得更加出色。請思考以下幾點：

- **關注點分離（Separation of concerns，SoC）**：將關注點從 Controller 中載入不同版本的程式碼分離出來，放置到註冊的區段。
- 開發人員將不需要擔心或記住，當要傳遞 IClient 到新的 Controller 時，要撰寫額外的實作程式碼。

就像這個情境一樣，每當需要在某些條件下更換實作物件時，你可以使用 DI。

這個範例的原始碼就放在 GitHub 儲存庫裡面，Ch02 底下一個名為 04-UqsWeather 的資料夾。

方法注入

在本章中，你已經看到我們透過建構式注入參數（parameter）。有一個比較不普遍的注入方式，叫做**方法注入（method injection）**。下面是一個來自 WFA Controller 的範例：

```
public double ConvertCToF(double c,
    [FromServices] ILogger<WeatherForecastController>
        logger)
{
    double f = c * (9d / 5d) + 32;
    logger.LogInformation("conversion requested");
    return f;
}
```

注意這個 FromServices 標記（attribute），它命令 DI 容器將相依物件注入到方法中，就像注入到建構式中一樣。很明顯的，在建構式中，反而是不需要這個標記的。

當你在一個類別中有多個方法，其中一個使用了一個特別的服務時，你就會使用方法注入。這裡的好處是乾淨的建構式和節省一點點效能，因為類別——如 Controller —— 可能被實體化，但是注入的服務有機會不被使用到，因此，注入它但不使用它會造成效能的浪費。

在這個範例中，日誌記錄器只有在 ConvertCToF 方法裡面使用，所以可以把它從建構式移到方法中。它只有在 ConvertCToF 方法被實體化來服務其他方法時注入，而不是在 Controller。

最佳實踐建議類別應該具有單一職責（single responsibility），這個會使得相關的方法與相關的服務被關聯在一起，所以你會發現方法注入並不是一個受歡迎的模式，但是如果你需要的話，還是能使用它。

屬性注入

屬性注入（property injection）是將服務注入到一個類別屬性中。Microsoft 的容器不支援這種方式，但是第三方的容器有支援。

我曾經在舊有系統（legacy systems，又譯遺留系統）中看過這種方式，那是系統在逐步地引入 DI 容器，程式碼做小幅度變更的狀況。但是在全新開發的應用程式（greenfield application）中，我從未看過或使用這種方式。

我相信 Microsoft 容器沒有把它加進來，是因為它不是那麼受歡迎，也不被鼓勵使用。

服務定位器

每一個容器都會內建或整合一個**服務定位器**（**service locator**）。服務定位器會尋找及
啟動已註冊的服務。所以，DI 容器註冊服務，而服務定位器會解析已註冊的服務。下
面是一個服務定位器的經典模式：

```
public class SampleClass
{
    private readonly IServiceProvider _serviceProvider;
    public SampleClass(IServiceProvider serviceProvider)
    {
        _serviceProvider = serviceProvider;
    }
    public void Method()
    {
        MyClass myClass =
            _serviceProvider.GetService<IMyClass>();
        myClass.DoSomething();
    }
}
```

IServiceProvider 是一個支援服務定位的抽象型別，它可以像其他服務一樣被注入
到類別中。要注意的是，當我們呼叫 GetService 方法的時候，它會取得我們已經用
IMyClass 註冊過的類別。

很明顯地，你可以透過「將 IMyClass 注入到建構式」做到一樣的事情，而且甚至這樣
做更好。你可以在下面看到做法：

```
public SampleClass(IMyClass myClass)
```

但總會有一些「你想要使用服務定位器，避免使用注入」的情況，經常是在沒有完全實
作 DI 的舊有應用程式。

在程式碼中使用服務定位器，會使得你的單元測試變得更複雜，因此最好避免使用它。
有些實踐者甚至認為「使用服務定位器」是一種反模式（anti-pattern）。

小結

我承認這是一個很長的章節，但是容許我解釋一下，本章有充足的範例，涵蓋了許多真實的 DI 情境，而 DI 很自然地也鼓勵良好的軟體工程實踐，因此我們的內容必須包含相關的實踐。如果你按照 TDD 的方式進行開發，你會花費大約 10% 的時間在處理 DI 相關的工作，而我希望本章有做對事情，對你的知識增長有所幫助。

DI 主要是與單元測試一起使用，所以如果沒有單元測試，DI 可能就顯得沒有那麼有趣。下一章的主題是「單元測試入門」，我將繼續使用我們在本章重構的 WFA 應用程式，希望這個設計模式能更進一步得到你的賞識。

延伸閱讀

如果讀者想要了解更多，可以參考以下資源：

- IoC：https://martinfowler.com/bliki/InversionOfControl.html
- Dependency injection in ASP.NET Core：https://learn.microsoft.com/en-us/aspnet/core/fundamentals/dependency-injection?view=aspnetcore-7.0

3

單元測試入門

單元測試（Unit Testing）是 TDD 的核心，也是實踐 TDD 的先決條件。我想要簡單扼要地介紹一下基本的理論，並著重於讓你熟悉單元測試實踐者在日常工作中所使用的工具和技術。

在這裡，你將學習如何撰寫單元測試，內容會涵蓋中階程度的編寫情境。在「**Part 2：使用 TDD 建立應用程式**」中，我們將會把本章所學的知識，提升到更高的層次，並且以更貼近真實情境的方式使用它。

在前一章中，我們建立了 **WFA（天氣預報應用程式）**，並且將它調整成 **DI 預備（DI-ready）**的狀態。在本章中，我們將以這個應用程式為基礎來學習單元測試。如果你對 DI 和 DI 容器並不熟悉，我建議先從「**第 2 章，藉由實際例子了解相依注入**」開始閱讀。

在本章中，你會學到下列這些主題：

- 介紹單元測試
- 解釋單元測試專案的結構
- 剖析單元測試類別
- 討論 xUnit 的基礎知識
- 展示 SOLID 原則和單元測試的相關性

讀完本章，你將能夠撰寫基本的單元測試。

技術需求

讀者可以在本書的 GitHub 儲存庫找到本章的範例程式碼：https://github.com/PacktPublishing/Pragmatic-Test-Driven-Development-in-C-Sharp-and-.NET/tree/main/ch03。

介紹單元測試

身為一位 TDD 實踐者，你將會撰寫比產品程式碼（常規的應用程式碼）還多的單元測試程式碼。不同於其他類型的測試，單元測試會影響你應用程式的某些架構決策，並強制你實行 DI。

我們不想要花太多時間在冗長的定義上。反之，我們會用豐富的範例來展示單元測試。在這一小節中，我們將討論 xUnit 這個單元測試框架（unit testing framework）和單元測試的結構（structure）。

什麼是單元測試？

單元測試是『使用測試替身（test doubles）替換真實的相依物件後，測試某個行為（behavior）』的測試方式。讓我用 WFA 中 WeatherForecastController 的一個範例來支持這個定義：

```
private readonly ILogger<WeatherForecastController>
    _logger;
public double ConvertCToF(double c)
{
    double f = c * (9d / 5d) + 32;
    _logger.LogInformation("conversion requested");
    return f;
}
```

這個方法將攝氏溫度轉換成華氏溫度，並且記錄每次呼叫。日誌記錄在這裡不會是問題，因為這個方法關心的是「溫度轉換」這件事情。

這個方法的行為是將「輸入的攝氏溫度」轉換為「華氏溫度」，而這裡的日誌相依物件是透過 _logger 物件來存取。在執行時期，我們注入一個會將日誌寫入實體媒介的 Logger<> 類別，但是在測試時期，我們可能會希望排除寫入的副作用。

根據前面的定義，我們需要用「相對應的測試替身」，來替換 _logger 在執行時期使用的「真實相依物件」，然後才測試溫度轉換的行為。我們會在本章稍後的內容中展示如何進行這件事情。

再看一個來自同一個類別中的例子：

```
private readonly IClient _client;
public async Task<IEnumerable<WeatherForecast>> GetReal()
{
    ...
    OneCallResponse res = await _client.OneCallAsync(...
    ...
}
```

這個方法的行為是取得真實的天氣預報資訊，然後回傳給呼叫者。這裡的 _client 物件代表 OpenWeather 相依物件。這個方法的行為不涉及與「OpenWeather API 的 RESTful 協定」或「HTTP 協定」的細節進行互動，這些細節是由 _client 負責處理的。我們需要將真實的相依物件 Client，也就是在執行時期使用的 _client，替換成「適合測試的物件」，我們稱之為**測試替身（test doubles）**。我會在「**第 4 章，實際在單元測試中使用測試替身**」中展示如何以多種方式完成這件事情。

我知道，在這個階段，這個觀念仍然是難以理解的；請耐心等待，我們將會慢慢地展開探討。在下一小節中，我們將討論單元測試框架，我們需要這個框架來對之前的範例和 WFA 進行單元測試。

單元測試框架

.NET 6 有三個主要的測試框架，最熱門的一個是 **xUnit**，我們將會在本書中使用它。另外兩個框架是：**NUnit** 和 **MSTest**。

- **NUnit** 是一個開放原始碼的函式庫。它最一開始是 Java 的 JUnit 框架的移植版本，之後則完全重新改寫。你仍然會在舊有專案（legacy project，又譯遺留專案）中遇到它，但是現今大多數的專案主要都是從 xUnit 開始。
- **MSTest** 是 Microsoft 相當受到歡迎的單元測試框架，因為它過去一直內建在 Visual Studio 中，不需要額外安裝，特別是在那個時候 NuGet 還不存在。它在版本 2 的時候開放原始碼，但是它在功能方面總是落後於 NUnit 和 xUnit。

- **xUnit** 是一個由 NUnit 的開發人員所創立的開放原始碼專案。它擁有豐富的功能並且不斷地發展更新。

> **Note**
> **XUnit** 這個詞是一個總稱,用來表示不同程式語言的單元測試框架,例如 **JUnit(Java)**、**NUnit(.NET)**、**xUnit(.NET)**、**CUnit(C 語言)**。請不要與 **xUnit** 混淆(這是一個 .NET 的單元測試函式庫名稱),這是因為創始團隊選了一個已經被佔用且容易混淆的名字。

學習其中一個框架,然後要轉換到另一個框架,應該不會花太多時間,因為它們很類似,你只需要弄清楚所使用的特定框架的術語即可。接下來,我們將在方案中增加 xUnit 專案,來對 WFA 進行單元測試。

了解測試專案

xUnit 的範本是 VS 內建的一部分,我們將展示如何使用 **.NET CLI** 的方法來新增 xUnit 專案。在這一個階段,如果你還沒有開啟從「**第 2 章,藉由實際例子了解相依注入**」移植到本章的隨附原始碼,我鼓勵你開啟它。

透過 CLI 增加 xUnit

目前,我們有一個含有 ASP.NET Core 專案的方案。現在,我們要將單元測試函式庫加入到我們的方案中,為此,我們要在相同名稱的目錄中,建立一個名稱為 Uqs.Weather.Tests.Unit 新的 xUnit 專案,使用的是 .NET 6.0:

```
dotnet new xunit -o Uqs.Weather.Tests.Unit -f net6.0
```

將新建立的專案加入到方案檔中:

```
dotnet sln add Uqs.Weather.Tests.Unit
```

現在,我們有兩個專案在我們的方案裡面。由於單元測試專案會測試 ASP.NET Core 專案,所以單元測試專案應該要參考 ASP.NET Core 專案。

從 Uqs.Weather.Tests.Unit 上新增一個對 Uqs.Weather 的專案參考（project reference）：

```
dotnet add Uqs.Weather.Tests.Unit reference Uqs.Weather
```

我們現在已經透過 CLI 完整地建立我們的方案。你可以在下面看到完整的互動過程：

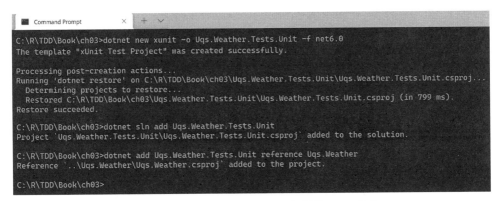

圖 3.1：透過 CLI 在方案中建立一個新的 xUnit 專案

我們現在有了一個專案可以用來放置我們的單元測試。

測試專案的命名慣例

你應該已經注意到，我們將 .Tests.Unit 附加（append）到原本專案名稱的後面，所以單元測試專案變成了 Uqs.Weather.Tests.Unit。這是命名測試專案（test project）常見的慣例。

這個慣例也適用於其他測試專案，例如「整合測試」（integration testing），以及在「**第 4 章**」的「**更多測試類型**」小節中要討論的「**類整合測試**」（Sintegration testing）。所以你還可能會看到下面這種命名：

* Uqs.Weather.Tests.Integration
* Uqs.Weather.Tests.Sintegration

這個慣例背後所蘊含的智慧是，你可以看著專案的清單，然後在與產品程式碼專案排列在一起的位置上，快速地找到相關的測試專案，如下所示：

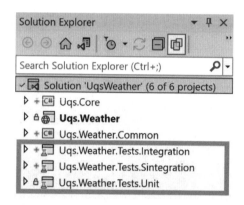

圖 3.2：排列好的單元測試專案

這個慣例也有助於在持續整合（continuous integration）的流程中定位出你所有的測試專案，後續我們會在「**第 11 章，使用 GitHub Actions 實作持續整合流程**」中進行探討，以便你想要執行所有類型的測試。這裡是一個命名的範例：Uqs.Weather.Tests.*。

執行範例單元測試

xUnit 範本提供了一個名稱為 UnitTest1.cs 的單元測試類別（unit test class）的範例，其中包含了一個單元測試方法（unit test method）的範例，其內容如下所示：

```
using Xunit;
namespace Uqs.Weather.Tests.Unit;
public class UnitTest1
{
    [Fact]
    public void Test1()
    {
    }
}
```

這裡只有一個名稱為 `Test1` 的單元測試，目前它是空的，且沒有做任何事情。為了檢查 xUnit 框架與 VS 的整合能不能運作正常，你可以嘗試執行這個測試。

從 VS 的選單中，選擇 **Test | Run All Tests** 或使用 Ctrl + R, A 快捷鍵，這將會執行你專案中所有的測試（目前只有一個測試），此外，你會認識下面這項工具，即 **Test Explorer**。

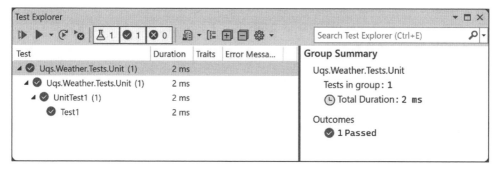

圖 3.3：Test Explorer

這裡顯示的階層結構為 **Project Name | Test Class Namespace | Test Class Name | Test Method Name**。

如果你是喜歡 CLI 的開發者，你可以在命令提示字元視窗中，前往方案所在目錄，並執行下面的指令：

```
dotnet test
```

這可能是你會得到的結果：

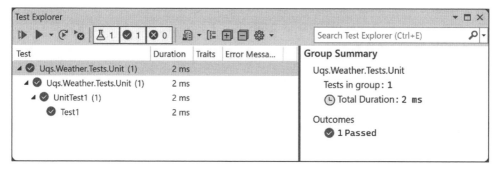

圖 3.4：用 CLI 執行 dotnet test 的結果

根據我的經驗，**Test Explorer** 比 CLI 更常使用在日常的 TDD 開發工作中，而 CLI 則是對於執行整個方案，或是對於持續整合流程及自動化執行，是相當有用的工具。

Test Explorer

Test Explorer 是 VS 內建的工具。另外，xUnit 有加入一些函式庫，讓 Test Explorer 和 VS 能與 xUnit 的測試進行互動。還有一些第三方提供者，它們有更先進的測試執行器，其中一個是 JetBrains ReSharper Unit Test Explorer。我們已經萬事皆備，可以開始撰寫單元測試程式碼了。

剖析單元測試類別

當我們進行單元測試的時候，我們往往會針對產品程式類別（production class）撰寫一個**單元測試類別**（unit test class），這兩者相互對應且平行存在——換句話說，即一個「測試類別」對應一個「產品程式類別」。

將這個觀念套用到我們的 WFA 專案，我們的產品程式類別是 WeatherForecast Controller，那麼單元測試類別將會命名為 WeatherForecastControllerTests。所以，請將範例類別 UnitTest1 重新命名為 WeatherForecastControllerTests。

> **Tip**
> 在原始碼中，你可以將滑鼠游標放置在類別名稱的任何放置（在前面的例子中是 UnitTest1），然後按下 Ctrl + R, R（按住 Ctrl 鍵然後快速地敲擊 R 鍵兩次）。輸入新的名稱 WeatherForecastControllerTests，接著按下 Enter。如果勾選了 **Rename symbol's file**，這個也會重新命名檔案名稱。

接下來，我們將會看到如何組織我們的單元測試類別和方法。

類別命名慣例

我發現最常使用的慣例，是「單元測試類別」使用與「產品程式類別」相同的名稱，並加上 Tests 結尾。例如，MyProductionCode 的相對應測試類別名稱為 MyProductionCodeTests。

當實踐 TDD 的時候，你會需要在短時間之內於「測試類別」與相對應的「產品程式類別」之間多次地切換，使用這種模式來命名，可以讓你輕鬆地找到測試和相對應的類別，反過來也是一樣，它也讓兩個類別之間的關係變得很清晰。

測試方法

每一個測試類別當中，包含了測試「產品程式類別中一小部分功能」的方法，這一小部分功能（pieces of functionality）被稱作單元（unit）。讓我們以測試 ConvertCToF 方法為例。

測試範例 1

我們需求的一部分是進行「轉換」的測試，數值需精確到小數點後一位數。所以，讓我們來思考一個測試案例，以 0.0 攝氏度（0.0 C）為例，來測試「轉換方法」是否回傳 32.0 華氏度。為此，我們可以把單元測試類別中的 Test1 方法刪除，替換成下面的內容：

```
[Fact]
public void ConvertCToF_0Celsius_32Fahrenheit()
{
    const double expected = 32d;
    var controller = new WeatherForecastController(
        null!, null!, null!, null!);
    double actual = controller.ConvertCToF(0);
    Assert.Equal(expected, actual);
}
```

這段程式碼會初始化產品程式類別，呼叫被測試的方法，然後將「得到的結果」與「我們預期的結果」進行判斷。

Fact 是一個標記，可以使一個方法成為單元測試方法。Assert 是一個靜態類別，它擁有實用的方法，可以用來比較「程式執行的結果」與「我們預期的結果」。Fact 和 Assert 都是 xUnit 框架的一部分。

在 **Test Explorer** 按下 Ctrl + R, A 執行這個測試，將會呈現出以下畫面：

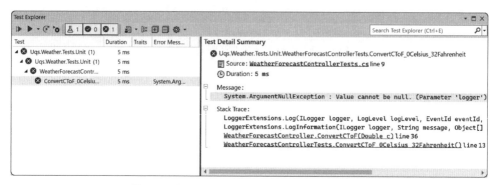

圖 3.5：在 Test Explorer 中測試失敗的輸出結果

如果我們進到 Controller 看一下，我們會發現 VS 有一個紅燈，顯示導致失敗的測試所在之處：

```
1 reference | ⊗ 0/1 passing ⬅
public WeatherForecastController(ILogger<WeatherForecastController> logger,
    IClient client, INowWrapper nowWrapper, IRandomWrapper randomWrapper)
{
    _logger = logger;
    _client = client;
    _nowWrapper = nowWrapper;
    _randomWrapper = randomWrapper;
}


[HttpGet("ConvertCToF")]
1 reference | ⊗ 0/1 passing ⬅
public double ConvertCToF(double c)
{
    double f = c * (9d / 5d) + 32;
    _logger.LogInformation("conversion requested");
    return f;
}
```

圖 3.6：VS 顯示失敗的測試的位置

從錯誤訊息可以很明顯地看出導致發生 ArgumentNullException 的原因：

```
_logger.LogInformation("conversion requested");
```

這是預料中的情況,因為我們在單元測試內將 logger 參數指定為 null 傳遞進去。我們希望 _logger.LogInformation 不做任何事情,為了達到這個目的,我們將改用 NullLogger<>,這是官方文件中所指出的、用於「不執行任何日誌記錄」的替代物件。我們的單元測試程式碼需要修改成下面這樣,以便我們可以將「真實的日誌物件」替換成「dummy(虛擬)的日誌物件」:

```
var logger =
    NullLogger<WeatherForecastController>.Instance;
var controller = new WeatherForecastController(
    logger, null!, null!, null!);
```

如果你再次執行這個測試,所有的紅燈會轉變成綠燈,而且測試也會通過。

測試範例 2

為了測試這個方法的其他輸入和輸出,我們可以在類別中增加更多的單元測試,並遵循相同的測試方法命名模式。我們可以再加入以下的單元測試:

```
public void ConvertCToF_1Celsius_33p8Fahrenheit() {...}
...
public void ConvertCToF_Minus1Celsius_30p2Fahrenheit() {...}
```

不過,有一個簡潔的方式可以避免為了每一個參數值的組合撰寫類似的單元測試,如下所示:

```
[Theory]
[InlineData(-100 , -148)]
[InlineData(-10.1, 13.8)]
[InlineData(10 , 50)]
public void ConvertCToF_Cel_CorrectFah(double c, double f)
{
    var logger =
        NullLogger<WeatherForecastController>.Instance;
    var controller = new WeatherForecastController(
        logger, null!, null!, null!);
    double actual = controller.ConvertCToF(c);
    Assert.Equal(f, actual, 1);
}
```

請注意，我們是使用 Theory 而不是 Fact。每一個 InlineData 將會被當作是一個單元測試，你甚至可以刪除「範例 1」，並將其轉換為一個 InlineData 標記。不用多說，Theory 和 InlineData 都是 xUnit 所提供的標記（attribute）。

你可以直接執行這些測試了。

你也可以在「**第 1 章，撰寫你的第一個 TDD 實作**」中找到更多例子，這些例子與本章前面所描述的例子很類似，你可以去參考一下，會獲得更清晰的理解。

「範例 1」和「範例 2」的測試對象是一個簡單的方法，即 ConvertCToF，它只有一個相依物件 _logger。在「**第 4 章，實際在單元測試中使用測試替身**」中，我們會在學習有關於「測試替身」的內容之後，介紹更進階的測試情境。實際上，你的產品程式碼會比簡單的轉換方法更複雜，並且包含多個相依物件，但千里之行，始於足下，凡事總要踏出第一步。

命名慣例

單元測試方法的名稱遵循一個普遍的慣例：MethodUnderTest_Condition_Expectation。我們在這之前已經看過這種慣例。下面是更多假設的範例：

- SaveData_CannotConnectToDB_InvalidOperationException
- OrderShoppingBasket_EmptyBasket_NoAction

本書還包含了許多其他的範例，應該能更進一步讓這種命名慣例更加清晰易懂。

Arrange-Act-Assert 模式

前面的測試方法，以及一般所有的單元測試方法，都遵循類似的模式：

1. 建立一個測試所需的狀態，定義好一些變數，並進行一些事前的準備。
2. 呼叫測試的方法。
3. 將實際結果與預期結果進行比較。

實踐者們決定將這三個階段命名為：**Arrange-Act-Assert 模式（AAA 模式）**。

他們會在程式碼中以註解的方式顯示這些階段，並強調階段是分離的。根據這個原則，我們可以像下面這樣，撰寫一個前面提到的測試方法：

```
[Fact]
public void ConvertCToF_0Celsius_32Fahrenheit()
{
    // Arrange
    const double expected = 32d;
    var controller = new WeatherForecastController(...);

    // Act
    double actual = controller.ConvertCToF(0);

    // Assert
    Assert.Equal(expected, actual);
}
```

請注意那些加到程式碼中的註解。

> **Note**
>
> 有一些團隊不喜歡藉由註解來作為區隔，取而代之的是，他們選擇不一樣的方式來標註 AAA，例如：使用「單行空格」隔開每個區段。

AAA 的實踐方式不只是一種慣例而已，它讓方法閱讀起來更容易理解。它也強調，在一個單元測試中，應該只有一個 Act 步驟。因此，一個建立在最佳實踐的單元測試，不應該有超過一個 AAA 的結構。

使用 VS 的程式碼片段

每一個單元測試都有相同的結構，而透過 **VS 程式碼片段（VS code snippets）**的幫助，可以讓你減少撰寫相同結構的單元測試。在本章的原始碼儲存庫中，我在 CodeSnippets 目錄裡面已經加入了單元測試的程式碼片段，我把它命名為 aaa. snippet。你可以透過一般的文字編輯器（text editor，不是文書處理軟體）檢視／編輯它的內容。

要在 Windows 上使用這個程式碼片段,請將 aaa.snippet 複製到下面這個目錄中(請選擇正確的 VS 版本):

```
%USERPROFILE%\Documents\Visual Studio 2022\Code Snippets\Visual
C#\My Code Snippets
```

一旦這個檔案複製成功後,在你的單元測試類別中輸入 aaa,然後按下 Tab 鍵,你就會得到下面這段產生出來的程式碼:

```
[Fact]
public void Method_Condition_Expectation()
{
    // Arrange

    // Act

    // Assert
}
```

有關於「如何在你的單元測試中使用 AAA」就不再多說,我們將會在本書中逐步地展示它,以便說明資深開發者在撰寫單元測試時使用的風格。

現在我們已經對測試類別和單元測試方法的結構細節有了大概的輪廓,接下來,我們將探索與單元測試類別相對應的 SUT(system under test,受測系統)。

SUT(受測系統)

「一個單元測試」意味著只測試產品程式碼的「單一功能」。每個單元測試類別都有一個相對應的、在產品程式碼中接受測試的部分,我們稱呼這些「被測試的產品程式碼」為 **SUT(system under test,受測系統)**。在**圖 3.7** 中,你可以看到 SUT 是什麼:

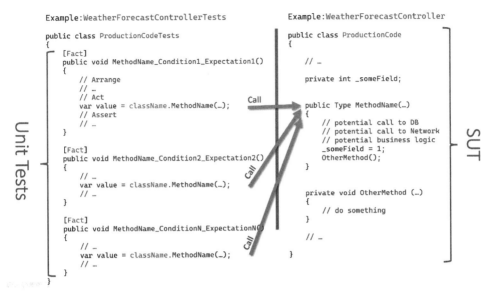

圖 3.7：單元測試（Unit Tests）正在對受測系統（SUT）進行操作

SUT 是最常使用的術語，但是你也會看到其他人把它稱為 **CUT（class under test，受測類別）**、**CUT（code under test，受測程式碼）**——是的，它們兩個是相同的縮寫，或是 **MUT（method under test，受測方法）**。

SUT 一詞經常在開發者之間的對話中被使用，它也經常被用在程式碼中，能清楚表示「正在被測試的對象」，例如：

```
var sut = new ProductionCode(...);
```

了解你單元測試類別的 SUT 是很重要的。當你的專案不斷成長的時候，你會漸漸注意到有一個模式形成，如下所示：

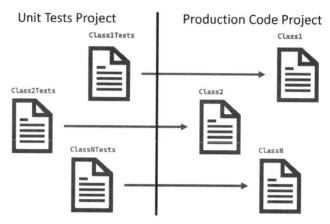

圖 3.8：單元測試專案（Unit Tests Project）與產品程式碼專案（Product Code Project）

每一個單元測試類別都與一個 SUT 相對應的部分配對。

現在，我們已經在這裡和「**第 1 章，撰寫你的第一個 TDD 實作**」中看到了一些 xUnit 的功能，是時候更仔細地研究 xUnit 了。

xUnit 的基本概念

xUnit 提供給你測試的寄宿環境（hosting environment）。xUnit 的一個重要特性是它遵循 AAA 慣例，而且它還與 VS IDE 及 Test Explorer 進行整合。

在本書中，許多使用 xUnit 的範例會自然地出現。儘管如此，花一些篇幅來討論這個框架的主要特性是值得的。

Fact 與 Theory 標記

在你的測試專案中，任何被 Fact 或 Theory 裝飾的方法都會變成測試方法。Fact 適用於非參數化（non-parametrized）的單元測試，Theory 則適用於參數化（parametrized）的單元測試。使用 Theory 時，你可以增加其他標記，例如 InlineData，用來進行參數化設定。

> **Note**
>
> VS 會在方法名稱上給你一個視覺化的提示，顯示你可以執行「被這些標記裝飾了的方法」，但是有時候，這要等到「你執行了所有測試」之後才會出現。

執行測試

每個單元測試都是獨立執行的，並且會自行實體化測試類別。單元測試之間不會共享彼此的狀態。因此，「一個單元測試類別」執行的方式與「一般的類別」不同。讓我用一段範例程式碼來詳細說明，如下所示：

```
public class SampleTests
{
    private int _instanceField = 0;
    private static int _staticField = 0;

    [Fact]
    public void UnitTest1()
    {
        _instanceField++;
        _staticField++;
        Assert.Equal(1, _instanceField);
        Assert.Equal(1, _staticField);
    }

    [Fact]
    public void UnitTest2()
    {
        _instanceField++;
        _staticField++;
        Assert.Equal(1, _instanceField);
        Assert.Equal(2, _staticField);
    }
}
```

上面的單元測試會通過。要注意的是，當我在那兩個單元測試方法中，增加 _instanceField 的值時，_instanceField 的值並沒有在兩個方法之間共享，而且每次 xUnit 實體化一個方法的時候，整個類別都會被實體化一次。這就是為什麼每次方

法執行前，值都會被重置回 0。xUnit 的這個特性滿足了一個單元測試的原則，叫做**無相依原則（no interdependency，即獨立原則）**，我們將會在「**第 6 章，TDD 的 FIRSTHAND 準則**」中更進一步地來討論。

不過，要是靜態欄位的話，就會在兩個方法之間共享狀態，值就會被改變。

> **Note**
> 雖然我使用了物件實體（instance）跟靜態欄位（static field）來說明「單元測試類別」不同的行為，但是我想要強調在單元測試中「使用一個可讀寫的靜態欄位」是一種反模式，因為它破壞了無相依原則（獨立原則）。一般來講，在單元測試類別中不應該有共用的可寫入欄位，而且欄位最好標記 readonly 保留字。

然而，如果同樣的方法，卻是常規程式類別的一部分（非單元測試類別），而且兩個方法都有被呼叫，那麼我們預期會發現 _instanceField 的值會增加到 2，但是這裡的情況並非如此。

Assert 類別

Assert 是一個靜態類別，它是 xUnit 的一部分。這是官方文件對 Assert 類別的定義：『包含了各種靜態方法，用於驗證條件是否滿足。』

讓我們快速總覽一下 Assert 類別的一些方法：

- Equal(expected, actual)：這是一系列的多載方法，用來比較期望值與實際值。你已經在「**第 1 章，撰寫你的第一個 TDD 實作**」和這一章中看過一些 Equal 的範例。

- True(actual)：不同於 Equal 是比較兩個物件，你可以使用這個方法來提高可讀性。讓我們用一個範例來說明清楚：

  ```
  Assert.Equal(true, isPositive);
  // or
  Assert.True(isPositive);
  ```

- False(actual)：與上一個方法相反。

- Contains(expected, collection)：這是一組多載方法，用來檢查某個單一元素是否存在於集合之中。
- DoesNotContain(expected, collection)：與上一個方法相反。
- Empty(collection)：這個方法會驗證一個集合是否為空。
- Assert.IsType<Type>(actual)：這個方法會驗證物件是否為特定的型別。

由於還有很多方法，我鼓勵你造訪 xUnit 的官方網站去看一下，或者像大多數的開發者一樣：在單元測試類別中輸入 Assert，然後在後面加上一個英文句號來觸發 IntelliSense，看看顯示出來的方法。

Assert 的方法會跟測試執行器（test runner）進行溝通，例如 Test Explorer，以回報推斷的結果。

Record 類別

Record 類別是一個靜態類別，用來記錄例外錯誤，這樣你就可以測試你的方法是否拋出或未拋出正確的例外錯誤。下面是其中一個名稱為 Exception() 的靜態方法的範例：

```
public static System.Exception Exception(Action testCode)
```

上面這行程式碼會回傳由 Action 這個委派方法所拋出的例外錯誤。讓我們來看看下面這個範例：

```
[Fact]
public void Load_InvalidJson_FormatException()
{
    // Arrange
    string input = "{not a valid JSON";

    // Act
    var exception = Record.Exception(() =>
        JsonParser.Load(input));

    // Assert
    Assert.IsType<FormatException>(exception);
}
```

在這裡，我們會檢查，如果提供一個無效的 JSON 輸入給 Load 方法，是否會拋出 FormatException。

以上是 xUnit 的功能摘要，這應該能讓你對「開始撰寫基本的單元測試」有一些概念。

在單元測試套用 SOLID 原則

SOLID 原則在網路上與書籍中，受到廣泛的探討及推廣。很有可能這不是你第一次聽到或看到它們。它們也是很常見的面試問題。SOLID 原則所代表的內容如下：

- 單一職責原則（single-responsibility principle，SRP）
- 開放封閉原則（open-closed principle，OCP）
- 里氏替換原則（Liskov substitution principle，LSP）
- 介面隔離原則（interface segregation principle，ISP）
- 相依反轉原則（dependency inversion principle，DIP）

在本節中，我們主要關注的是 SOLID 原則與單元測試之間的關係。雖然不是所有的原則都與單元測試有緊密的聯結，但我們還是會包含所有的原則，以保持內容的完整性。

單一職責原則（SRP）

單一職責原則（SRP）是指每個類別應該只有單一職責，這樣會讓它只有一個變更的理由。這種策略有以下好處：

- **易於閱讀和理解類別**：類別將會有更少的方法，這也會減少程式碼的量。它的介面也會有更少的方法。
- **當修改功能的時候，引發的連鎖反應會更小**：要修改的類別更少，這也讓修改變得容易。
- **需要修改的機率更小，意味著潛在的錯誤更少**：程式碼越多，潛在的錯誤也越多，而修改程式碼也會引發潛在的錯誤。一開始的程式碼越少，就越少程式碼需要修改。

範例

SRP 不是一門精確的科學,最大的挑戰在於如何決定職責(responsibility)。每位開發者都有自己的看法。下面這個範例說明了這個觀點。

讓我們假設你已經建立一個名為 ABCML 的檔案格式來解決特定的問題,因為現有的檔案格式(像是 JSON、XML 和其他格式)不能滿足你特定的需求。以下是一組可能的類別,每個類別皆具有單一職責:

* 一個負責驗證檔案內容的類別,看看檔案內容是否為正確的結構
* 一個將 ABCML 格式輸出成通用格式的類別
* 一個繼承自通用 ABCML 匯出的類別,用以支援將資料匯出成 JSON 格式,以及另一個支援將資料匯出成 XML 格式的類別
* 一個代表 ABCML 中的節點(node)的類別
* 更多的類別

你可以看到,我是如何將「職責」分成不同的獨立類別,儘管並沒有一種單一的設計能夠完美體現單一職責(換句話說,每一種設計,都有自己對單一職責的解讀)。

SRP 與單元測試

在進行單元測試的時候,你會自然地思考每個類別的單一職責,並且將單元測試的類別命名為相同的名稱,在其名稱後面使用 tests 結尾。所以,如果你考慮要測試 ABCML 檔案格式的驗證,你可能就會有 ABCMLValidationTests。

在你的單元測試類別中,每一個單元測試都是針對 SUT 中的單一行為,而這些行為都能被組合在一起,形成一個單一職責。

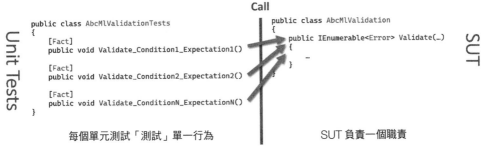

圖 3.9:多個「單一行為的測試」針對「單一職責」進行測試

圖 **3.9** 顯示了多個測試，每一個測試都專注在單一行為（single behavior），它們都針對一個職責：驗證（validation）。在右邊，有一個方法，但是這只是示意而已，你可能會有多個公開的方法，而你仍然可以保持單一職責。

在「第 **6** 章，**TDD** 的 **FIRSTHAND** 準則」中，我們將會介紹「單一行為準則」（single-behavior guideline），這個準則會運用在 TDD 及單元測試中，鼓勵 SRP 的實踐。

開放封閉原則（OCP）

開放封閉原則（OCP）的意思是讓你的類別具有可繼承性（保持開放），這樣任何功能的新增只需要繼承類別，而不用修改它（保持封閉）。

這個原則的本質是，每當有新功能要增加時，減少不必要的修改。

範例

讓我們舉一個例子來說明得更清楚一點。假設我們建立了一個函式庫，用來做算術運算，現在，讓我們從不符合 OCP 的方式來開始設計，如下所示：

```
public interface IArithmeticOperation {}
public class Addition : IArithmeticOperation
{
    public double Add(double left, double right) =>
        left + right;
}
public class Subtraction : IArithmeticOperation { ... }
public class Calculation
{
    public double Calculate(IArithmeticOperation op,
        double left, double right) =>
        op switch
        {
          Addition addition => addition.Add(left, right),
          Subtraction sub => sub.Subtract(left, right),
          //Multiplication mul => mul.Multiply(left,right),
          _ => throw new NotImplementedException()
        };
}
```

在上面的程式碼中，每當我們新增一個 ArithmeticOperation 時，Calculate 方法就必須改變。如果我們希望之後的某個階段，在被註解掉的那一行程式碼，增加乘法運算作為新功能，那麼 Calculate 方法將需要改變，以符合新功能。

我們可以藉由消除「每次新增運算方式都要修改 Calculate 方法」的需求，來讓這個實作更符合 OCP。讓我們來看看如何做到：

```csharp
public interface IArithmeticOperation
{
    public double Operate(double left, double right);
}
public class Addition : IArithmeticOperation
{
    public double Operate(double left, double right) =>
        left + right;
}
public class Subtraction : IArithmeticOperation { ... }
// public class Multiplication : IArithmeticOperation { ... }
public class Calculation
{
    public double Calculate(IArithmeticOperation op,
        double left, double right) =>
            op.Operate(left, right);
}
```

前面的範例利用多型（polymorphism），來讓 Calculation 的方法不用每次新增運算方式都要進行修改。從被註解的程式碼中，你可以看到一個新的乘法運算如何被新增，這是一個更符合 OCP 的做法。

> **Note**
> 雖然我在這裡和在 GitHub 的程式碼中，將所有的類別和介面排列在一起，但這只是為了進行示範，它們通常會被分開存放在屬於它們自己的檔案。因此，讓程式碼符合 OCP，也可以減少檔案被修改的機會，在版本控制中也能使得「變更的內容」更容易理解。

OCP 與單元測試

單元測試能夠確保「變更」不會在無意中破壞了現有的功能，藉此保護任何類別中的變更。OCP 和單元測試是相輔相成的，所以，儘管 OCP 已經能減少無謂的變更機會，不過單元測試還是會在變更進行的時候，透過驗證商業規則（business rules）來增加更多的保護層。

里氏替換原則（LSP）

里氏替換原則（LSP）說的是一個子類別的實體必須要能替換掉父類別的實體，而且不會影響我們從基礎類別（base class）本身要獲得的結果。一個子類別（child class）應該是其父類別（parent class）真實的展現。

範例

我們將會使用一個學術類型的範例，來讓概念更容易被理解。讓我們看看下面的範例：

```csharp
public abstract class Bird
{
    public abstract void Fly();
    public abstract void Walk();
}
public class Robin : Bird
{
    public override void Fly() => Console.WriteLine("fly");
    public override void Walk() =>
        Console.WriteLine("walk");
}
public class Ostrich : Bird
{
    public override void Fly() =>
        throw new InvalidOperationException();
    public override void Walk() =>
        Console.WriteLine("walk");
}
```

在上面的程式碼中，根據 LSP，Ostrich 不應該繼承自 Bird。讓我們改進這段程式碼，讓它能遵守 LSP：

```
public abstract class Bird
{
    public abstract void Walk();
}
public abstract class FlyingBird : Bird
{
    public abstract void Fly();
}
public class Robin : FlyingBird
{
    public override void Fly() => Console.WriteLine("fly");
    public override void Walk() =>
        Console.WriteLine("walk");
}
public class Ostrich : Bird
{
    public override void Walk() =>
        Console.WriteLine("walk");
}
```

為了符合 LSP，我們藉由加入一個名為 FlyingBird 的中介類別（intermediary class），改變了繼承的層級。

LSP 與單元測試

單元測試對 LSP 沒有直接的影響，而這裡提到 LSP 是為了保持內容完整性。

介面隔離原則（ISP）

介面隔離原則（ISP）是說子類別不應該被強制相依於它們未使用到的介面。介面應該保持更小一點，這樣無論是誰實作它們，都能夠自由地搭配混合。

範例

我總是認為，在 .NET 中「集合」的實作，是用來解釋介面隔離原則最好的範例。讓我們看一下 List<T> 是如何被宣告的：

```
public class List<T> : ICollection<T>, IEnumerable<T>,
  IList<T>, IReadOnlyCollection<T>, IReadOnlyList<T>, IList
```

它實作了六個介面，每個介面包含了限定數量的方法。List<T> 本身提供了大量的方法，但是它卻是透過選擇多個介面來做到這一點，每個介面都加入少量的方法。

List<T> 提供的其中一個方法是 GetEnumerator()。這個方法來自於 IEnumerable<T> 介面；然而，事實上，它是 IEnumerable<T> 這個介面唯一的方法。

透過小型的介面（擁有少量且相關方法的介面），像範例那樣，List<T> 就能夠選擇它需要實作的方法，不多也不少。

ISP 與單元測試

單元測試對 ISP 沒有直接的影響，而這裡提到 ISP 是為了保持內容完整性。

相依反轉原則（DIP）

相依反轉原則（DIP）認為高階模組不應該相依於低階模組，兩者都應該相依於抽象。而抽象不應該相依於具體細節，具體細節應該相依於抽象。換句話說，DIP 是透過使用抽象及 DI 來促使類別之間的鬆散耦合（loose coupling）。

範例

「第 2 章，藉由實際例子了解相依注入」的內容正是專注在這個主題上，且該章節裡面還提供了很多修改程式碼以實現相依注入的範例。

DIP 與單元測試

DIP 與單元測試之間存在著緊密的關係。如果沒有 DI，真正的單元測試是無法運作的。事實上，努力地讓所有東西都變得可以注入（injectable），以及為「沒有介面的類別」設計正確的介面，DIP 只是這樣做的附加價值。

你可以看到，SRP 和 DIP 透過單元測試都得到了提倡。因此，當你提升了生產品質，你的設計品質也跟著提升，這是必然的結果。單元測試需要花費心力這件事是無庸置疑的，但是這其中一部分的努力已經貢獻到你的設計品質和程式碼可讀性之中了。

小結

在這一章中，我們接觸了一些與「基本的單元測試」相關的主題，並透過幾個範例來進行展示。

如果我將單元測試的經驗分成第 1 級到第 5 級，第 1 級代表初學者，第 5 級代表專家，那麼本章應該可以讓你達到第 2 級。別擔心！在閱讀本書的其餘部分後，我們將會看到更多真實的範例，屆時你將達到第 4 級，所以我很開心你能夠讀到這裡，請繼續加油！

你可能會問：『這本書能幫助我達到第 5 級嗎？』嗯，其實單元測試並不是一場衝刺型的短跑，它是一場馬拉松；它要有多年的實踐才能達到那個級別，只有親自動手持續實踐單元測試，才能讓你達到那個級別。

我們也談論到 SOLID 原則與單元測試的關係，好讓你了解整體的概念，以及如何讓所有事情都完美地結合在一起。

在這一章中，我刻意地避免了一些需要深入了解「測試替身」的範例，以一種比較溫和的方式將單元測試介紹給你。但是實際上，大多數的單元測試都需要使用「測試替身」。讓我們往前進入到一個更真實的領域，並在下一章中深入地探討這個概念。

延伸閱讀

如果讀者想要了解更多，可以參考以下資源：

* 「逐步解說：在 Visual Studio 中建立程式碼片段」：`https://learn.microsoft.com/en-us/visualstudio/ide/walkthrough-creating-a-code-snippet?view=vs-2022`
* xUnit：`https://xunit.net`

4

實際在單元測試中使用測試替身

單元測試藉由使用**測試替身**（**test doubles**），將它自己與其他種類的測試區分開來；然而，事實上，你很少會看到沒有使用測試替身的單元測試。

在網路上有很多關於『什麼是測試替身？』的疑惑。為了讓你可以在正確的情境下使用測試替身，我打算在這一章將這個術語解釋清楚，並且盡量提供多一點能闡明主題的範例，讓你有信心，為你手上的測試選擇正確的測試替身。

在本章中，你會學到下列這些主題：

- 解釋並說明測試替身的觀念及用法
- 討論更多測試類型（testing categories）

讀完本章，你將會了解單元測試的特別之處，以及能夠開始在撰寫單元測試的時候，使用測試替身。

技術需求

讀者可以在本書的 GitHub 儲存庫找到本章的範例程式碼：https://github.com/PacktPublishing/Pragmatic-Test-Driven-Development-in-C-Sharp-and-.NET/tree/main/ch04。

了解並且使用測試替身

你很少不使用**測試替身**（test doubles）來撰寫單元測試。我們在思考「替身」這個術語的時候，可以把它理解成像是好萊塢的特技演員，在某些場景中，特技演員會代替真實的演員上場。為了測試一個 SUT，我們會用一些同等物件來取代系統內部的相依對象，測試替身即是這些物件的總稱。這些物件必須滿足下面一個以上的條件：

- **條件 1**：測試程式碼要能夠編譯（compile）。
- **條件 2**：依照「單元測試的需求」消除副作用（即非預期結果）。
- **條件 3**：內嵌罐頭行為（canned behavior，即預先定義的行為（predetermined behavior）），它需與真實行為有所關聯。
- **條件 4**：記錄並且驗證單元測試中「在相依對象上執行的動作」（我們將此條件命名為 spying，即情蒐或間諜物件）

當我們討論到個別的測試替身類型時，會引用到這四項條件，因此，你可能會需要在這一節插入書籤。

你是否希望，你的方法在被單元測試的時候，呼叫支付服務並且進行交易？你是否希望，你在進行單元測試的時候，呼叫付費的第三方 API？你是否真的希望，你在測試的時候，能夠使用 HTTP？提示：『你不想要，就不應該這樣做。』

下面讓我們來了解，滿足前面提到的四項條件的不同類型的測試替身。

測試替身的類型

一共有五種主要的測試替身類型（types of test doubles）——每一種皆是為了滿足前面提到的四項條件（滿足一個或多個）而設計的。當你在進行單元測試的時候，你會有機會使用到零個或多個類型的測試替身，來完成你的測試。

在後續的討論中，我們會探討 dummy（虛擬物件）、stub（虛設常式或擬態物件）、mock（模擬物件）、fake（假物件）。這四種類型的測試替身通常會跟 TDD 一起使用。第五種類型是 isolation（隔離），它不跟 TDD 一起使用，僅在此將它提出，以保持內容的完整性。

dummy（虛擬物件）

dummy 是相當容易理解的一種測試替身類型。事實上，在此之前，我已經使用過了。dummy 的目的是傳遞給 SUT，讓程式碼可以順利編譯，如果 dummy 在程式碼中被使用了，那麼它們應當什麼事都不做（do nothing）。回想一下 WFA 應用程式，在 Controller 類別中的 `ConvertCToF` 方法：

```
// Constructor
public WeatherForecastController(
    ILogger<WeatherForecastController> logger,
    IClient client, INowWrapper nowWrapper,
    IRandomWrapper randomWrapper)
...
public double ConvertCToF(double c)
{
    double f = c * (9d / 5d) + 32;
    _logger.LogInformation("conversion requested");
    return f;
}
```

要測試 `ConvertCToF` 方法，我們必須實體化 `WeatherForecastController` 類別。要實體化 Controller 類別，預計會傳入多個物件到建構式中：`logger`、`client`、`nowWrapper`、`randomWrapper`。但是，`ConvertCToF` 方法只使用到 `_logger`，而且，我們不想要在測試「別的行為」時，還得去應付 `_logger` 所帶來的非預期結果。因此，我們決定使用 `NullLogger<>`。我們可以將所有的 **dummy** 都傳遞給我們的 Controller，像下面這樣：

```
var logger =
    NullLogger<WeatherForecastController>.Instance;
var sut = new WeatherForecastController(logger, null, null,
    null);
```

當使用到 `logger` 的時候，它不會有任何實際的作用，而且，其他的 `null` 值也只是被傳遞進來讓程式碼能夠編譯而已。在這種情況之下，`logger` 及 `null` 值扮演的是 **dummy** 類型的測試替身。

在能使用 **dummy** 的情況下，卻選擇建立「功能更為健全的測試替身」，可能會使得你的單元測試「意圖」變得複雜且模糊，所以，當你能使用 **dummy** 時，就盡可能地使用它吧。

dummy 滿足我們前面提到的第 1 項及第 2 項條件：它們讓程式碼能夠編譯，它們也建立了被呼叫時「不執行任何操作」的物件。

stub（虛設常式或擬態物件）

stub 指的是一種類別（class），這種類別被內嵌了只能回傳罐頭性質的資料及擁有預先定義的行為。這樣的類別容易編寫、易於閱讀，也不需要特定的框架。不過，值得注意的是，它們比 mock 還難以維護。我們以 WFA 應用程式 Controller 內的 GetReal() 方法為例：

```
OneCallResponse res = await _client.OneCallAsync
    (GREENWICH_LAT, GREENWICH_LON, new[] {
        Excludes.Current, Excludes.Minutely,
        Excludes.Hourly, Excludes.Alerts }, Units.Metric);

WeatherForecast[] wfs = new WeatherForecast[FORECAST_DAYS];
for (int i = 0; i < wfs.Length; i++)
{
    var wf = wfs[i] = new WeatherForecast();
    wf.Date = res.Daily[i + 1].Dt;
    double forecastedTemp = res.Daily[i + 1].Temp.Day;
    wf.TemperatureC = (int)Math.Round(forecastedTemp);
    wf.Summary = MapFeelToTemp(wf.TemperatureC);
}
return wfs;
```

我們使用一個名為 _client 的相依性服務（dependency service），並且呼叫它的 OneCallAsync 方法，從 OpenWeather 取得天氣資訊。這會把收到的資料存放在一個名為 res 的物件中。然而，OneCallResponse 並不是我們想要回傳給 GetReal() API 呼叫端（consumer）的結果。反之，我們希望向呼叫端提供一組簡單的 WeatherForecast[] 類別的集合。因此，我們有一個映射程序（mapping process），它從 _client.OneCallAsync 取得資料，並且將資料映射到 WeatherForecast[]。

在上面的程式碼中，OpenWeather 與映射處理程序的連接點是在呼叫 OneCallAsync 方法的時候：

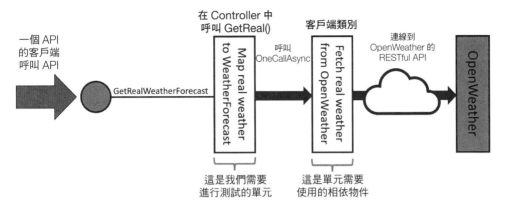

圖 4.1：需要測試的單元

我們需要用我們實作的 stub 來替換掉真正的 OneCallAsync 方法，以避免呼叫到真實的 RESTful API，因為我們要測試的單元僅是商業邏輯的部分。幸運的是，我們可以使用多型（polymorphism）來完成這兩者的替換，這個我們可以透過建立一個名為 ClientStub 的具象類別來實作 IClient 介面，用來撰寫虛構的 OneCallAsync 方法。最終的類別圖看起來會像下面這樣：

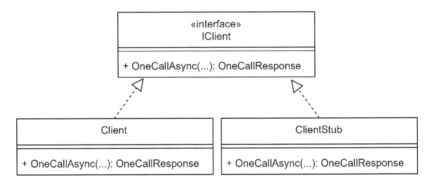

圖 4.2：Client 以及 ClientStub 實作 IClient

讓我們來建置我們的 stub 類別吧：

```
public class ClientStub : IClient
{
    private readonly DateTime _now;
    private readonly IEnumerable<double> _sevenDaysTemps;

    public ClientStub(DateTime now,
```

```
                        IEnumerable<double> sevenDaysTemps)
    {
        _now = now;
        _sevenDaysTemps = sevenDaysTemps;
    }

    public Task<OneCallResponse> OneCallAsync(
        decimal latitude, decimal longitude,
        IEnumerable<Excludes> excludes, Units unit)
    {
        const int DAYS = 7;
        OneCallResponse res = new OneCallResponse();
        res.Daily = new Daily[DAYS];
        for (int i = 0; i < DAYS; i++)
        {
            res.Daily[i] = new Daily();
            res.Daily[i].Dt = _now.AddDays(i);
            res.Daily[i].Temp = new Temp();
            res.Daily[i].Temp.Day =
              _sevenDaysTemps.ElementAt(i);
        }
        return Task.FromResult(res);
    }
}
```

請注意上面程式碼的一些地方：

- ClientStub 實作 IClient，它應該要實作 OneCallAsync 方法，以符合介面所定義的約束。
- 建構式允許使用者能傳入 DateTime 及 7 天的溫度資訊。
- OneCallAsync 方法已經虛構好（made-up），在 stub 類別的實作之中，回傳了一個虛構的 OneCallResponse。

現在，我們已經撰寫好這個類別，接下來，我們可以把它應用到實際的測試中。我們有幾個測試的準則（test criteria）想要來測試。下面這是「第一個測試」及「第一個測試準則」：

```
public async Task
    GetReal_NotInterestedInTodayWeather_WFStartsFromNextDay()
```

```
{
    // Arrange
    const double nextDayTemp = 3.3;
    const double day5Temp = 7.7;
    var today = new DateTime(2022, 1, 1);
    var realWeatherTemps = new double[]
        {2, nextDayTemp, 4, 5.5, 6, day5Temp, 8};
    var clientStub = new ClientStub(today,
        realWeatherTemps);
    var controller = new WeatherForecastController(
        null!, clientStub, null!, null!);

    // Act
    IEnumerable<WeatherForecast> wfs = await
        controller.GetReal();
    // Assert
    Assert.Equal(3, wfs.First().TemperatureC);
}
```

請注意，我們決定好了日期，這是我們固定日期的方式，為了讓測試可以在任何時間點執行。我們還決定了從我們所虛構的日期開始，接下來 7 天的天氣狀況。我們必須這樣做，才能建立 ClientStub 的實體，目的是讓它能夠依據這些虛構的值做出回應。

從測試的名稱來看，測試的命名應該依照 Method_Condition_Expectation 這樣一個結構，我們可以依此看出這個測試的「意圖」是什麼。我們實際取得的是包含從今天起 7 天的天氣資訊，但是我們回傳的 WeatherForecast[] 集合中，天氣預報是從「第二天」開始到接下來的 5 天才有的，因此，我們忽略了「今天」的天氣資訊，因為它對於這個測試沒有用處。

透過這個 stub，我們得以避免使用真實的天氣服務，而是使用 Arrange 部分中提供的罐頭資訊。如果我們呼叫真實的服務，我們會得到無法預期的天氣資訊，從測試的角度來看，就是無法預期的日期資料（取決於我們執行測試的時間），這樣我們就無法撰寫 Assert 準則。

這個測試不足以涵蓋到所有應該被測試的準則。你可以在本章 WeatherForecastControllerTests 類別的原始碼中，找到更多「使用 ClientStub 測試 GetReal 方法」的測試程式碼。這些測試方法如下：

```
GetReal_5DaysForecastStartingNextDay_
    WF5ThDayIsRealWeather6ThDay

GetReal_ForecastingFor5DaysOnly_WFHas5Days

GetReal_WFDoesntConsiderDecimal_
    RealWeatherTempRoundedProperly

GetReal_TodayWeatherAnd6DaysForecastReceived_
    RealDateMatchesNextDay

GetReal_TodayWeatherAnd6DaysForecastReceived_
    RealDateMatchesLastDay
```

我鼓勵你把本章附帶的程式碼翻出來看一下，對熟悉其他範例會有幫助。

spy

spy（情蒐或間諜物件）是新增加到 stub 類別的額外功能（extra functionality），為的是揭露（reveal）stub 內狀態的變化。舉個例子，請仔細思考一下這個商業需求：『我們需要確保只會傳送公制溫度單位 (攝氏) 的請求給 OpenWeather。』

我們需要修改我們的 stub 類別，用以揭露被傳入 OneCallAsync 的參數。新增加到 stub 類別的程式碼，如下所示：

```
public Units? LastUnitSpy { get; set; }

public Task<OneCallResponse> OneCallAsync(decimal latitude,
    decimal longitude, IEnumerable<Excludes> excludes,
      Units unit)
{
    LastUnitSpy = unit;
    const int DAYS = 7;
    // the rest of the code did not change
```

我們新增了一個名為 LastUnitSpy 的屬性，用來存放最後一個請求傳送進來的溫度單位，並且依照慣例，屬性名稱以 Spy 來結尾。調整後，我們的單元測試程式碼會像下面這樣：

```
public async Task
    GetReal_RequestsToOpenWeather_MetricUnitIsUsed()
{
    // Arrange
    var realWeatherTemps = new double[] { 1,2,3,4,5,6,7 };
    var clientStub = new ClientStub(
        default(DateTime), realWeatherTemps);
    var controller = new WeatherForecastController(null!,
        clientStub, null!, null!);

    // Act
    var _ = await controller.GetReal();

    // Assert
    Assert.NotNull(clientStub.LastUnitSpy);
    Assert.Equal(Units.Metric,
        clientStub.LastUnitSpy!.Value);
}
```

請注意，在這個測試中，我們並沒有使用「有意義的預測溫度值」來作為參數，而是使用 DateTime 的預設值，這是要強調：讓這個測試未來的維護者（或其他看到這個測試的開發者），能明顯地感受到「我們並不在乎這些參數值的變化」，我們只是想要利用 dummy（虛擬的）物件，以便 clientStub 的實體能夠建立起來。

在測試中的最後一個推斷，是驗證溫度單位有符合 Units.Metric，滿足我們的商業需求。

你可以根據測試需要增加 spy，你也可以按照你喜歡和希望的方式來組織它們。到目前為止，我們稱之為 spy（情蒐或間諜物件），這個名稱背後的想法是說得過去的。

stub 的優點及缺點

使用 stub 不只簡單容易，還能提高程式碼的可讀性，而且還有一個好處，就是我們不需要學習任何特定的擬態框架（stubbing framework）。

使用 stubbing 的問題是，你的使用情境越複雜，你就需要越多的 stub 類別（ClientStub2 和 ClientStub3），或者你需要實作更巧妙（cleverer）的 stub。你的 stub 應該擁有一定程度的彈性和一小部分的商業邏輯。在現實世界中，如果你跟你的團隊沒有小心翼翼地維護的話，那麼 stub 將會變得過於龐大且難以維護。

回顧前面的情境

我們依據下面的這些步驟對 GetReal() 方法做了單元測試：

- 我們注意到了 _client 在我們的 SUT 中是一個相依物件。
- 我們希望將 GetReal 方法與真正呼叫 OpenWeather 的服務給隔離開來，因此，我們要為 _client 的行為提供替代方案。
- _client 是「一個實作了 IClient 介面的類別」的物件。
- 在執行時期，SUT 會在啟動類別（start up class）中建立實體。Client 是由第三方函式庫所提供的，它被傳入了 SUT，這個 Client 它實作了 IClient 介面，提供了從 OpenWeather 獲取真實天氣資訊的方法。
- 單元測試不應該擴及到第三方元件，並且應該將測試範圍限制在 SUT 中。
- 為了繞過（bypass）真實服務的呼叫，我們建立了一個名為 ClientStub 的 stub 類別，並且實作了 IClient 介面。ClientStub 實作了一個產生「虛構天氣資訊」的方法。
- 我們根據「單元測試的命名慣例」以及「AAA 原則」撰寫我們的單元測試。
- 我們 SUT 的建構式需要一個 IClient 的實體，所以我們將 ClientStub 傳入到建構式中。
- 現在，我們可以測試我們的 SUT 了。

stub 滿足了我們之前提到的前 3 項測試替身條件，此外，藉由 spy 的幫助，它們還滿足第 4 項條件。

在進行 GetReal 方法的其他單元測試時，我們也可以使用相同的 stub 物件建立程序。有一些團隊會使用 stub 作為主要的測試替身類型，而有一些團隊則傾向使用 mock，這是我們的下一個主題。

mock（模擬物件）

mock 有著與 stub 極大的相似之處，但不同的是，stub 是由常規的撰寫方式實作的，它們使用特別的技巧（trick）來產生物件的行為，而不需要實作完整的類別。mock 則是使用「第三方函式庫」來減少因建立測試替身而產生的程式碼數量。

模擬函式庫（mocking library）

要使用 mock，你必須使用第三方函式庫（third-party library），不然你就得自行打造輪子了——最好不要！在 .NET 中，有兩個熱門的函式庫：**Moq**（發音與 mock you 相似）和 **NSubstitute**。

- Moq 是在 2010 年的時候開始受到歡迎。它重度依賴 Lambda 運算式（expressions），正是因為如此，與同時期相同類型的套件相比，它使用起來不會那麼累贅。如果你鍾情於 Lambda 運算式，那麼 Moq 會適合你。
- NSubstitute 也是跟 Moq 差不多時間發佈的。它專注在為建立 mock 提供高可讀性的語法。

這兩個函式庫的功能都十分成熟，也都有很好的網路社群提供支援和資源。本書將會使用 NSubstitute，不過，在「**Appendix A，單元測試相關的常用函式庫**」中，我也會提供一些有關於 Moq 的簡短介紹。

要安裝 NSubstitute，你可以到單元測試專案的資料夾底下，執行下面的指令：

```
dotnet add package NSubstitute
dotnet add package NSubstitute.Analyzers.CSharp
```

第二行指令是選擇性的（optional），它會將 C# NSubstitute 的分析器（analyzers）加進來，這個分析器使用 Roslyn 在編譯時期進行程式碼分析，檢查可能的錯誤。此外，它提升了 Visual Studio 的能力，針對你的 mock 程式碼給予提示，以便你進行改善。

現在，你已經將 NSubstitute 函式庫安裝完畢，可以開始使用了。

mock 的使用範例

mock 和 stub 是可以被交替使用的，有一個好方法可以了解它們，那就是從我們前面的 stub 實作開始。我們拿與 stub 相同的範例來，即測試 GetReal 方法。在該範例裡面，我們使用 stubbing 來當作我們的測試替身。那麼現在，我們要改用 mocking，所以我們使用跟之前一樣的測試，並且把 Arrange 的部分替換成下面這段程式碼：

```
// Arrange
...
//var clientStub = new ClientStub(today, realWeatherTemps);
var clientMock = Substitute.For<IClient>();
clientMock.OneCallAsync(Arg.Any<decimal>(),
  Arg.Any<decimal>(), Arg.Any<IEnumerable<Excludes>>(),
  Arg.Any<Units>())
  .Returns(x =>
  {
```

```
        const int DAYS = 7;
        OneCallResponse res = new OneCallResponse();
        res.Daily = new Daily[DAYS];
        for (int i = 0; i < DAYS; i++)
        {
            res.Daily[i] = new Daily();
            res.Daily[i].Dt = today.AddDays(i);
            res.Daily[i].Temp = new Temp();
            res.Daily[i].Temp.Day =
                realWeatherTemps.ElementAt(i);
        }
        return Task.FromResult(res);
    });
    var controller = new WeatherForecastController(null!,
        clientMock, null!, null!);
```

使用 stub 的時候，我們會產生整個類別，為的就是我們可以實體化（instantiate）它，這點你從「被註解的那一行程式碼」就可以看得出來。而當我們要 mocking（模擬化）物件時，NSubstitute 有一個神奇的方法 Substitute.For，只要一行程式碼，它就能產生一個 IClient 的具象類別，並且建立一個實體出來。

然而，建立出來的物件 clientMock 中，並沒有任何 OneCallAsync 方法的實作，所以我們還要使用 NSubstitute 提供的方法宣告：無論傳入 OneCallAsync 方法的參數（Is.Any<>）為何，皆回傳 Return 方法內使用 Lambda 運算式所描述的內容。在這裡的 Lambda 運算式的內容，與前面我們在 ClientStub 所定義的是一樣的。

我們只用了幾行程式碼，就動態地將一個方法的實作附加到一個物件內，這是相當令人印象深刻的，而且比前面 stub 的版本還要簡潔。模擬函式庫（mocking library）有能力為一個抽象類別建立出它的具象實體，在更進階的情境中，不只 mock（模擬化）出具象類別，還能抽換掉一部分的實作。

當然，如果你使用了 mocking，我們在 stubbing 的範例中所使用到 ClientStub 就不需要了，你只要選擇這兩者其中之一來使用即可。

我建立了一個名為 WeatherForecastControllerTestsWithMocking 的測試類別，用以區別使用了 stub 的測試類別。在實際的專案中，你不會這樣做，因為你通常只會使

用 stubbing 或 mocking 兩者之一。在本章中，以及在「**Part 2：使用 TDD 建立應用程式**」內，將會有許多使用了 mock 的範例。

spy

談到 mocking 的時候，我們很少會使用到 spy（情蒐或間諜物件）這個詞，因為 spy 功能通常都已內建在模擬框架（mocking framework）之中。在 stub 中，要做情蒐（spying），你是需要撰寫程式碼的，而在 mock 中，則是已經內建了情蒐功能。為了更清楚地說明，最好的方式就是使用我們前面的範例，即「使用 stub 來做情蒐」（spying with stub），將它修改成「使用 mock 來做情蒐」（spying with mock）：

```
public async Task
    GetReal_RequestsToOpenWeather_MetricUnitIsUsed()
{
    // Arrange
    // Code is the same as in the previous test

    // Act
    var _ = await controller.GetReal();

    // Assert
    await clientMock.Received().OneCallAsync(
      Arg.Any<decimal>(), Arg.Any<decimal>(),
      Arg.Any<IEnumerable<Excludes>>(),
      Arg.Is<Units>(x => x == Units.Metric));
}
```

Arrange 及 Act 這兩個部分並沒有改變；我們只是省略了 Act（執行）這個階段的輸出。改變的是我們的推斷（assertion）部分。NSubstitute 提供了一個名為 Received 的方法，來進行「對傳遞的參數做情蒐」，並結合 Arg.Is 方法，來驗證「參數所傳遞的內容」。

這是第一個「在 Assert 部分沒有使用到 xUnit Assert 類別」的範例。這是完全沒問題的，因為 Received() 方法本身就具有推斷的功能。

mock 的優點及缺點

mock 能產生簡潔的程式碼。如果我們拿它們來跟 stub 做比較，比起純粹的程式碼（沒有使用模擬函式庫的程式碼），它們會稍微增加閱讀的難度。

mock 的缺點是你需要相依於像是 NSubstitute 這樣的函式庫，另外還有學習上的難度及障礙需要克服。也有一些實踐者不喜歡模擬函式庫所使用「魔法」，即動態附加行為，他們更偏好使用簡單易懂的純粹程式碼（stub）。

接下來，我將要總結 mock 與 stub 之間的差異。

mock vs. stub

區別 mock 與 stub 是很重要的，因為你需要具備邏輯思維，才能選擇最適合你的最佳技術。下面簡單地快速列出兩者的差異：

- mock 和 stub 都被歸類為測試替身，你可以根據專案的需求或團隊的喜好來使用其中一種，但是在業界中，mock 比 stub 使用得還要普遍。
- mock 需要使用像是 Moq 或 NSubstitute 等第三方函式庫來協助實作，stub 則不需要相依於函式庫。
- mock 比 stub 更為簡潔，但是相對來說，它語法的閱讀難度略高於純粹的程式碼。
- mock 被聲稱具有一些魔法，但是有一些實踐者認為這會破壞單元測試，而 stub 則是沒有魔法的純粹程式碼（plain code），沒有這個問題。

Note

mock 與 stub 之間的差異是常見的面試題目。在回答問題的同時，進一步地提及「這兩者都是測試替身，主要用於單元測試」，這一點也很重要。

回顧前面的情境

重點回顧：我們使用了和 stub 相同的情境，但是當我們在 stubbing（擬態化）物件的時候，我們新增了一個類別，來封裝我們的 stub，並在單元測試中使用它。而在 mocking（模擬化）物件的過程中，我們則使用了一個模擬框架，這讓我們能夠在單元測試的內容中直接包含我們的實作。

mock 滿足我們之前提到的測試替身的所有條件。我希望前面的範例能幫助你對 mock 有所認識。接下來，我們將探討另一種測試替身的類型。

fake（假物件）

fake 是一些函式庫，它們會仿冒（mimic）部分或全部與真實環境相同的行為，它們存在的目的是為了方便測試。

Note

fake 這個詞在業界有很多種定義。本章節使用 Martin Fowler 的定義（`https://martinfowler.com/bliki/TestDouble.html`），如下所述：『Fake 物件實際上具有可運作的實作，但是通常會採取某些走捷徑（shortcut）的簡化方式，讓它們不適合在正式環境中使用（InMemoryTestDatabase（記憶體式的測試資料庫）就是一個很好的例子）。』

還有一個很容易混淆的名稱，那就是 Microsoft Fakes，這是一個 .NET 框架，用於隔離測試（isolation）！

其中一個最熱門的範例函式庫是 **FakeItEasy**，它用於 mock。此外，Microsoft 也有一個名為 Microsoft Fakes 的框架，用於隔離測試！

在 .NET 函式庫中，最常見的 fake 範例之一是 Entity Framework Core In-Memory Database Provider（EF Core 記憶體式資料庫提供者）。下面是從 Microsoft 官方文件（`https://learn.microsoft.com/en-us/ef/core/providers/in-memory/?tabs=dotnet-core-cli`）中所摘錄的一段話：『這個資料庫提供者（database provider）允許 Entity Framework Core 與一個記憶體式資料庫一起使用。記憶體式資料庫（in-memory database，又譯記憶體內部資料庫）對於測試來說非常有用，[...]。記憶體式資料庫是專門只為了測試而設計的。』

當資料儲存在記憶體內，執行每個獨立的單元測試時，很容易就能清除和重新建立儲存空間（storage）。這有助於重複測試，而不需要擔心資料的狀態被變更。但是，如果儲存空間是永久存放在磁碟機上的，例如真實的資料庫（SQL Server、Cosmos、Mongo 或其他），那麼在每個測試之前重置（reset）資料，並不是一件簡單的任務。記憶體式資料庫「易揮發（volatile）的性質」很適合單元測試。

假設「測試 A」將使用者名稱從 JohnDoe 變更成 JohnSmith，而「測試 B」則試圖將 JohnDoe 變更為 JaneSmith，如果「測試 A」所做的變更是永久的（儲存到物理磁碟的資料庫中），那麼「測試 B」絕對會失敗。使用揮發性記憶體式資料庫（volatile in-memory database）可以更輕鬆地在每個測試之間重置資料。這是一個重要的單元測試原則，稱為**無相依原則（no interdependency，即獨立原則）**。

fake 的目的是協助提供一個複雜系統（complex system）的實作，為的是嘗試使你的單元測試更貼近現實。如果你有一個使用關聯式資料庫並且相依於 EF Core 的系統，那麼前面提到的提供者，在單元測試時可能有所幫助：

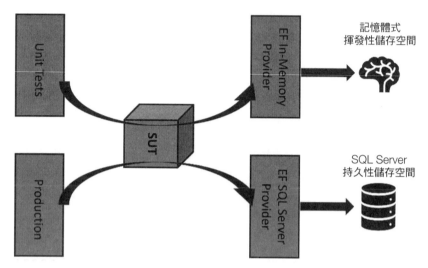

圖 4.3：記憶體式的儲存空間 vs. 正式環境的儲存空間

fake 滿足了我們之前提到的前 3 項測試替身條件。如果 fake 內嵌了 spying 的行為，它們將滿足第 4 項條件。

在「**Part 2：使用 TDD 建立應用程式**」中，我們將會使用這個提供者（provider），並且展示如何使用 fake。

isolation（隔離）

isolation 不是你在 TDD 中會使用到的，但是我為了內容的完整性，在這裡加入一個簡短的介紹。isolation 完全繞過了傳統的 DI，並使用了一種被稱為墊片（shim）的不同技術來進行 DI。墊片需要在執行時期修改「已編譯的程式碼行為」來進行注入。

由於隔離框架（isolation framework）的功能複雜性，在 .NET 上的框架並不多。以下可能是 **.NET Core** 中僅有的兩個可用框架：

- **Microsoft Fakes**：隨附於 Visual Studio 的 Enterprise 版本。
- **Telerik JustMock**：一個第三方的商業工具。它也有一個開放原始碼限制實作的版本，叫做 **JustMock Lite**。

我不清楚在 .NET 5 以上的版本中，有沒有一個功能完整且採用寬鬆或免費授權的隔離函式庫（isolation library）。

隔離框架主要用於對舊有系統（legacy system，遺留系統）進行單元測試，這些系統無法透過修改產品程式碼來讓它支援 DI。因此，隔離框架會在執行時期注入相依物件到 SUT 中。它們不與 TDD 一起使用的原因是，TDD 是在逐步修改產品程式碼的同時增加測試，然而 isolation 的目的不在修改產品程式碼。儘管你可以使用隔離框架來進行全新專案的單元測試，但它們並不是最適合此工作的工具。

雖然有隔離框架可以對舊有程式碼進行單元測試，但我不認為將單元測試運用在「無法變更的程式碼」上是團隊時間的最佳利用方式。我會在「**第 12 章，處理棕地專案**」中更詳細地討論這個議題。

我應該使用什麼工具來進行 TDD ？

讓我們使用排除法開始吧。isolation 以及隔離框架並不適合在 TDD 的情境下使用，因為它們不相容。

dummy 可以與所有類型的測試替身共存。在你大多數的單元測試中，在沒有使用到日誌記錄器的時候，改用一個 `NullLogger<>` 服務，或者傳遞 `null` 參數，是很常見的。所以，在可以使用 dummy 的情況下盡可能使用它；事實上，如果可能的話，使用 dummy 應該優先於其他類型。

團隊通常使用 mock 或 stub，但是兩種不會同時使用，除非專案正處於「由一種轉換為另一種」的狀態。關於哪一種比較好的爭議，在這本書中不會得到解答，網路上已經有相當多的討論了。然而，考慮到 stub 比較難以維護且需要手動建立，剛開始使用 mock 會比較好。先從 mock 開始，累積經驗之後，再來決定 stub 是否更適合你。

找到合適的 fake 是要碰一點運氣的。有時候，你可以找到實作良好的 fake，例如「EF Core 記憶體式資料庫提供者」；有時候，你可能會找到一個針對某些熱門系統的「開放原始碼 fake」；有時候，你可能很不幸地需要「自己創造一個」。但是，fake 與 mock 或 stub 是相輔相成的——正如我們將會在本書「**Part 2**」所看到的那樣，它們不是二選一的關係，而是兩者兼具。它們為你的測試增加價值，你需要根據每個情況來決定何時使用它們。

總結來說，對於任何不應該是 SUT 一部分的物件，或未使用到的相依物件，都應該使用 dummy。對於建置或測試的對象為相依物件，則應該使用 mock。並且在適當的情況下，加入 fake。

stub、mock、fake 這三者的含義有所不同，定義也有些混淆。我嘗試使用業界最常用的術語。最重要的，還是要了解所有可用的測試替身選項，並且適當地使用它們。

測試替身是使單元測試與其他測試類型有所不同的關鍵之處。當我們在討論其他測試類型時，進一步將這一點釐清，可以更好地理解單元測試的獨特性。

更多測試類型

你或許聽過很多除了單元測試以外的測試類型。這些包括**整合測試（integration testing）**、**回歸測試（regression testing）**、**自動化測試（automation testing）**、**負載測試（load testing）**、**滲透測試（pen testing）**、**元件測試（component testing）**——這個清單上還有許多其他項目，就不一一列舉了。我們無法涵蓋到這麼多的測試類型，因為解釋它們全部不在本書的範疇。取而代之，我們將會討論與單元測試具有共通點的兩個測試類型。第一個是**整合測試**，第二個我稱之為**類整合測試（Sintegration testing）**。我們還會特別提到**驗收測試（acceptance testing）**，因為它對於「建立一整套完整的測試類型」來說相當重要。

單元測試、整合測試、類整合測試有一個最大的不同之處，在於它們如何處理相依物件。了解這些差異，將有助於釐清單元測試在整個測試生態中的角色。

整合測試

幸運地是，整合測試很容易理解。它就跟單元測試一樣，但是使用的是真實的相依物件，而不是測試替身。一個整合測試會執行一個端點（endpoint），例如一個方法或是一個 API，這會觸發所有真實的相依物件，包括外部系統，例如 DB，並且依據一個準則來測試結果。

範例

xUnit 框架也可以執行整合測試和類整合測試，所以為了要舉例說明，我們可以建立一個整合測試專案，方法與建立單元測試專案一樣。從你的指令碼介面中，前往你的方案目錄並執行以下指令：

```
dotnet new xunit -o Uqs.Weather.Tests.Integration -f net6.0
dotnet sln add Uqs.Weather.Tests.Integration
```

我們剛剛使用 xUnit 框架建立了一個整合測試專案，並將其加入到我們的方案中。我們的整合測試專案將會使用 HTTP 來進行，並將對 JSON 值做反序列化（deserializing），因此我們需要執行以下指令：

```
cd Uqs.Weather.Tests.Integration
dotnet add package System.Net.Http.Json
```

這個會將 .NET JSON NuGet 套件加入到你的整合測試當中。

> **Note**
>
> 請注意，整合測試專案並沒有參考 Uqs.Weather。這是因為整合測試專案將透過 HTTP 觸發 RESTful API，並不需要使用 Uqs.Weather 中的任何型別。

在這個範例中，我們想要測試從「隔天」開始取得連續 5 天的天氣預報資訊：

```
private const string BASE_ADDRESS = "https://localhost:7218";
private const string API_URI = "/WeatherForecast/
    GetRealWeatherForecast";
private record WeatherForecast(DateTime Date,
    int TemperatureC, int TemperatureF, string? Summary);
```

在類別的層級上，我們加入上述的欄位。這些欄位指定了服務的位址，這個位址指向我的本機，並且也指定了 SUT 的 URI。藉由查看 Uqs.Weather 的 WeatherForecast 類別，我知道我會得到一個具有 5 個欄位的 WeatherForecast 陣列。因此，我為預期會從「RESTful API 呼叫」回傳的資料，建構了一個類似的 record 類別。

我的整合測試看起來像下面這樣：

```
public async Task
    GetRealWeatherForecast_Execute_GetNext5Days()
{
    // Arrange
    HttpClient httpClient = new HttpClient
    { BaseAddress = new Uri(BASE_ADDRESS) };
    var today = DateTime.Now.Date;
    var next5Days = new[] { today.AddDays(1),
        today.AddDays(2), today.AddDays(3),
        today.AddDays(4), today.AddDays(5) };

    // Act
    var httpRes = await httpClient.GetAsync(API_URI);

    // Assert
    var wfs = await
    httpRes.Content.ReadFromJsonAsync<WeatherForecast[]>();
    for(int i = 0;i < 5;i++)
    {
        Assert.Equal(next5Days[i], wfs[i].Date.Date);
    }
}
```

我們不知道測試會在哪一天執行，所以我們先取得今天的日期，然後計算出接下來 5 天的日期。接著，我們建立並設定一個 HttpClient 來發出 HTTP 請求。

在 Act 中，我們呼叫 RESTful API 的端點。

在 Assert 中，我們會將「回傳的 JSON 值」轉換成先前建立的 record 類別，並且檢查我們是否獲得了接下來 5 天的資料。

這個測試需要一個與「我們之前執行單元測試的方式」不同的設定。這是一個跨處理程序的測試，這意味著 API 在一個程序上執行，而測試則在另一個程序上執行。這兩個程序是透過 HTTP 彼此互相通訊的。因此，要執行這個測試，我們首先需要啟動 REST API 程序。點擊滑鼠右鍵，選擇 **Uqs.Weather | Debug | Start Without Debugging**。這樣會在一個主控台視窗中啟動 Kestrel 網頁伺服器，並使我們的 API 準備好接收 HTTP 呼叫。

現在，你可以像執行單元測試一樣執行這個整合測試了。

測試所觸發的行為

剛剛在我們的整合測試中執行的 API 呼叫，它觸發了多個相依物件來產生輸出結果。以下是其中一些觸發的相依物件：

- 在整合測試與 ASP.NET Web API 寄宿主機（host）之間的「網路」，包括 HTTPS 連線。
- 啟動了一個程序並且顯示在主控台視窗中的「ASP.NET Web API 寄宿主機」。
- 在 Controller 中用來分析請求並且執行正確 Action 方法的「路由程式碼」（routing code）。
- 決定要建立和注入哪些物件的「DI 容器」。
- 在 Uqs.Weather 和 OpenWeather API 之間的「HTTPS 連線」。

我們知道，每個相依物件都可以獨立運作。透過執行這個測試，我們確保所有的元件都已整合在一起，並能夠良好地運作。**圖 4.4** 提示我們，當我們執行測試時所發生的一些事情：

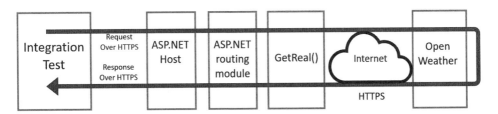

圖 4.4：經由（going through）相依物件的請求（Request）與回應（Response）

這些並非所有的元件，因為我忽略了一些，但是希望你已經理解大致的概念。

注意事項

這是我們在本書中的第一個整合測試（也是最後一個），我想藉此指出這個測試與其相等的單元測試之間的差異：

- 我們事先不知道日期──我們必須動態地決定日期，而在單元測試中，我們在 Assert 區塊有一個預先設定的日期。
- 沒有使用測試替身，所有的物件都是真實的。

- 我們有兩個執行中的程序;一個是寄宿了 API 的網頁伺服器,另一個是我們的整合測試。單元測試則是直接進行呼叫,而且是在程序內。
- 會有一些「與測試本身無關的失敗」的可能性。以下是測試可能失敗的原因:
  - » 防火牆問題
  - » OpenWeather 服務停擺
  - » 超過 OpenWeather 所授權的呼叫次數限制
  - » ASP.NET 網頁伺服器未啟動
  - » 路由模組未正確地設定
  - » 其他環境問題
- 這個測試雖然沒有被測量,不過它會花費比較長的時間,因為它在兩個程序之間通訊、與多個元件互動,以及經由包含了「序列化/反序列化」和「加密/解密」過程的 HTTPS。雖然執行的時長不明顯,但是 10 秒的整合測試時長將會逐漸累加。

單元測試 VS. 整合測試

整合測試和單元測試都是很棒的工具,然後將它們做比較可能會讓人誤以為要在兩者之間做選擇。這種想法是不正確的,因為兩者是互補的。整合測試適合測試完整的呼叫週期,單元測試則適合測試各種商業邏輯的情境。它們在品質保證方面扮演著不同的角色;如果它們互相干擾對方,就會出現問題。

> **Note**
>
> 單元測試和整合測試的差異是一個常見的面試問題,這可以讓面試官評估面試者是否理解相依管理、測試替身、單元測試、整合測試。

整合測試相較於單元測試的優勢

以下是一些可能促使我們使用「整合測試」而非單元測試的優勢:

- 整合測試檢查真實的行為,模擬終端客戶可能會做的事情,而單元測試則檢查開發人員認為系統應該做什麼。
- 整合測試更容易撰寫和理解,因為它們是常規的程式碼,不使用測試替身,也不用關心 DI。
- 整合測試可以涵蓋單元測試無法有效涵蓋到的情境,例如整個系統元件之間的整合,以及 DI 容器的註冊。

- 整合測試可以應用在舊有系統或全新系統。事實上，整合測試是測試舊有系統的建議方法之一，而單元測試則需要對舊有專案進行程式碼重構（code refactoring）。

- 有一些整合測試，像上面的範例一樣，可以用跨語言的方式撰寫。所以，前面的測試可以用 F#、Java、Python，或是像 Postman 這樣的工具來撰寫，而單元測試使用與產品程式碼相同的語言（在我們的情況是 C#）。

單元測試相較於整合測試的優勢

以下是一些可能促使我們使用「單元測試」而非整合測試的優勢：

- 單元測試的執行速度更快，當你執行數百次測試且尋求短週期的回饋時，執行速度就非常重要，特別是在將程式碼進行整合或發行到一個環境之前。

- 單元測試有可預測的結果，不會受到時間、第三方服務可用性、環境不穩定的問題所影響。

- 單元測試是可重複執行的，因為它們不會持久化任何資料，而整合測試可能會永久地更改資料，這可能會使得後續的測試不可靠。這種情況會發生在撰寫及編輯的時候。我們前面的範例是讀取資料（取得資料），因此沒有遇到這個問題。

- 單元測試更容易部署到 CI/CD 的流程中（我們將在「**第 11 章，使用 GitHub Actions 實作持續整合流程**」展示）。

- 相較於在整合測試尋找相同的錯誤，單元測試能夠更快地發現、更精準地定位問題。

- 單元測試可以在功能開發期間執行，而整合測試只能在功能完全準備好後才可以加入。

令人困惑的單元測試和整合測試

在各種整合測試的實作中，會使用 xUnit 或 NUnit 等框架。在框架名稱中有 Unit 這個詞，可能會誤導一些開發人員，讓他們認為在這些專案中所寫的是單元測試。再加上採用 AAA 慣例和方法名稱慣例，這也可能會誤導。事實上，我在前面的整合測試中就使用了這些慣例；但是採用一樣的單元測試慣例，並不能使一個測試成為單元測試。

建置基礎設施和建構 CI 流程會因「所實作的測試類型」而有所不同。雖然它們看起來一樣，但是區分它們以了解「所需要的工作和維護程度」是很重要的。

假使它們看起來一樣，你要如何區分兩者呢？有一個特徵是「如果測試沒有使用到真正的相依物件」，那麼它很可能是單元測試。如果測試使用真實的物件，並觸發真正的外部相依物件，那麼它很可能不是單元測試。

類整合測試

類整合測試（Sintegration testing）是介於整合測試和單元測試之間的一種測試。整合測試相依於真實的元件（real components），而單元測試則相依於測試替身（test doubles）。類整合測試嘗試透過混合單元測試的元素來解決整合測試的不足之處：

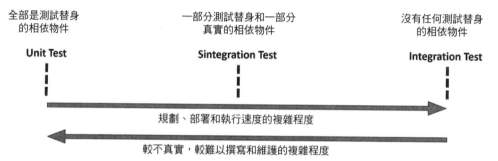

圖 4.5：單元測試（Unit Test）、類整合測試（Sintegration Test）、整合測試（Integration Test）

我發現有些開發人員將這種測試類型稱為**元件測試（component test）**。但在軟體工程中的元件測試，意思是不一樣的，而我覺得開發人員（理應）更關心「測試做了什麼」，而不是「正確的命名一個測試」。這個測試類型具有以下獨特的特點：

- 將某些相依物件用它們真實對應的物件進行替換（交換）
- 透過建立 fake（測試替身的 fake）來模擬某些真實的相依物件

由於替換（substitute）、交換（swap）、模擬（simulate）三個詞的英文皆是 S 開頭，而且與整合測試有所相似，因此我稱之為類整合測試（Sintegration testing）。一如往常，讓我藉由一個範例，將類整合測試解釋清楚。

範例

假設我們有一個 Web 專案，它使用了日誌、服務匯流排佇列（service bus queues）、Cosmos DB。日誌記錄儲存到雲端，所以它需要與雲端連線。佇列也是雲端元件，Cosmos DB 一樣也是雲端元件。

此外，假設我們有一系列的 API 來處理使用者個人資料，例如 UpdateName API 和 ChangePassword API。一個類整合測試可以執行以下動作：

- 使用 Kestrel 網頁伺服器，並且要有與正式環境相同的功能，因為 Kestrel 有足夠的彈性，可以按照需要，在本機、測試、線上等環境上執行。
- 寫入日誌需要存取雲端，因此我們注入一個 NullLogger<> 服務，它將會忽略日誌記錄，但仍然讓系統正常運作。
- 佇列僅能在雲端上是可用的，所以我們使用假的記憶體式佇列（fake in-memory queue）來替代，以便能輕鬆地在測試與測試的切換之間清除（wipe）佇列。
- Cosmos DB 沒有記憶體式的實作，但是雲端的版本可以輕鬆地在測試與測試的執行之間清除資料。因此，我們使用相同的 .NET Cosmos DB 客戶端函式庫，但是在測試時期，我們指向一個不一樣的資料庫──類整合測試 Cosmos DB。

下面是一張系統的專案元件圖：

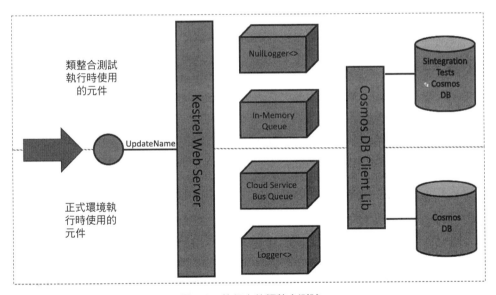

圖 4.6：執行中的類整合測試

在這種情境下，類整合測試使用了 fake、dummy 和真實的元件。它們涵蓋到系統整合的一部分；另一方面，佇列和 DB 可以在個別的測試之間輕鬆地被抹除，以確保類整合測試沒有影響到其他的測試。

近年來，類整合測試開始受到關注。也許是因為傳統的 .NET Framework 轉移到 .NET，促使這種類型的測試崛起，因為 .NET Core 的函式庫不再需要相依於特定的 Windows 元件，例如 IIS 網頁伺服器。此外，ASP.NET Core 有特定的實作方式，可以支援這種測試；但在過去，這些實作方式不是框架的一部分。這些實作方式之一是將 Kestrel 網頁伺服器納入成為 .NET 的一部分，可以不需要相依於特殊部署的程式，輕鬆地快速啟動它。

這是有關於類整合測試的簡要概述。雖然類整合測試不是 TDD 的一部分，但是了解它們很重要，因為它們與單元測試有關。

驗收測試

驗 收 測 試（acceptance testing） 是 針 對 完 整 的 功 能（functionality）或 特 性（feature）進行端到端的測試。一個常用於網站的驗收測試工具是 **Selenium**。你可能會發現，這類型的測試有不同的名稱，例如**功能測試（functional testing）**、**系統測試（system testing）** 和**自動化測試（automated testing）**。

範例

舉例來說，一個模擬「使用者更新名稱、按下 **Update** 按鈕，然後檢查名稱是否被更新」的測試。這個範例會測試不同操作的完整工作流程，可能與使用者觸發這些動作的順序相同。

你可以將驗收測試想像成是多個連續執行的整合測試。這些測試是不穩固的，而且速度較慢，所以最好減少它們的數量。然而，在系統中它們是必要的，因為它們涵蓋了單元測試和類整合測試無法涵蓋到的範圍。

選擇測試類型

在了解三種測試類型之後——即單元測試、類整合測試和整合測試——以及額外的驗收測試，你應該撰寫哪些測試呢？答案令人驚訝的是所有四種都寫（如果可能的話）。不過，如果你實作了類整合測試和驗收測試，那麼可以省略整合測試。

測試金字塔

有一個被稱為是**測試金字塔（testing triangle）**的概念，在業界廣為流傳，此概念聲明了必須實作的基本測試類型，以及每個類型的測試數量。然而，就像所有的軟體工程概念一樣，基本的測試類型因金字塔而異。現在，讓我們來看看一個全新專案（greenfield project）的測試金字塔：

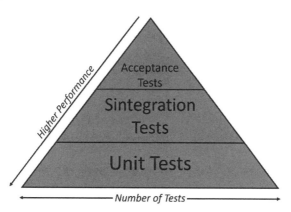

圖 4.7：測試金字塔

圖 4.7 中的金字塔主張「單元測試」應該要比其他兩種測試類型還要多。假設你有這三種測試的經驗，你會發現，比起其他兩種測試，實作「單元測試」所花費的時間最少，而且只需要幾秒就可能執行數百個單元測試（在編譯和載入程式碼之後）。

關於在舊有專案中使用這個金字塔，我們將會在「**第 12 章，處理棕地專案**」中進行討論。希望本章透過探討整合測試和類整合測試，可以幫助你更好地理解單元測試。

小結

在本章中，我們比較了單元測試與其相等層級的測試：整合測試和類整合測試。我們列出了測試替身，並給了每種測試替身一個範例，而且我們還看到了 xUnit 和 NSubstitute 的實際應用。

我們學習單元測試和測試替身的旅程並不會在這裡結束，我們將會在本書其餘部分的內容中，涵蓋更多這兩個主題的範例。

到目前為止，你可以依據你在本章學習到的知識，認為你已經達到 TDD 5 個級別中的第 3 級！現在，你應該能夠撰寫出使用了測試替身的單元測試。

我們還沒有討論單元測試的優缺點——是的，它也有缺點！我們也還沒有討論到 TDD 與單元測試之間的關係，以及單元測試的最佳實踐，因為這是下一章「解說測試驅動開發」的主題。

延伸閱讀

如果讀者想要了解更多，可以參考以下資源：

- Martin Fowler 對測試替身的定義*：https://martinfowler.com/bliki/TestDouble.html
- NSubstitute：https://nsubstitute.github.io

---

*譯者註：Martin Fowler 對測試替身的定義，翻譯如下，供讀者們參考：

- **Dummy** 物件會被當成參數傳遞，但實際上，它們並沒有實質的作用。通常它們只是用來填滿參數清單（parameter lists）。
- **Fake** 物件實際上具有可運作的實作，但是通常會採取某些走捷徑（shortcut）的簡化方式，讓它們不適合在正式環境中使用（InMemoryTestDatabase（記憶體式的測試資料庫）就是一個很好的例子）。
- **Stubs** 為「在測試期間所進行的呼叫」提供了預先自訂的回應，通常不會對「測試程式碼範圍以外的任何事情」做出反應。
- **Spies** 是一種特殊的 Stubs，除了提供預先自訂的回應之外，還會根據「被呼叫的方法」來記錄一些資訊。例如，有一個記錄了發送多少封郵件的電子郵件服務，即是一種可能的形式。
- **Mocks** 是被預先用程式編寫了「特定的期望」（可能是值或行為），這些期望會對「預期所接收的呼叫」形成規範。如果「所接收到的呼叫」不在預期之內，有可能會拋出例外錯誤，而且會在驗證期間進行檢查，以確保接收到所有「預期內的呼叫」。

5

解說測試驅動開發

測試驅動開發（test-driven development，TDD）是一套建立在單元測試基礎之上的實踐方法。它改變了你設計程式碼和撰寫單元測試的方式。基本上，它是一種不同於傳統的寫程式方式，傳統的方式是「先寫程式再寫測試」。

說 TDD 不只是要先進行測試，這已經是老生常談了，但是與其由我來告訴你，倒不如等你讀完了「**第 5 章**」和「**第 6 章**」之後，你自己來判斷。

在本章中，你會學到下列這些主題：

- 探討 TDD 的基柱
- 按照 TDD 風格實作一個軟體功能
- 討論 TDD 的常見問題（FAQ）與批判
- 探討如何搭配類整合測試進行 TDD

讀完本章，你將能夠運用 TDD 完成基本的程式任務，並且了解到相關的主題，以及 TDD 在軟體生態系統中的定位。

技術需求

讀者可以在本書的 GitHub 儲存庫找到本章的範例程式碼：`https://github.com/PacktPublishing/Pragmatic-Test-Driven-Development-in-C-Sharp-and-.NET/tree/main/ch05`。

TDD 的基柱

TDD 是一套指定「如何」以及「何時」應該撰寫單元測試的實踐方法。你可以不使用 TDD 撰寫單元測試，但是 TDD 必須搭配一種與之相關聯的測試類型。有時候，你會聽到 TDD 和單元測試被當成同樣的東西在使用，但它們是不同的。

雖然 TDD 的生態系統相當複雜，它涉及到軟體工程的許多方面，但是 TDD 單獨作為一個概念，是非常容易解釋和理解的。我們可以把 TDD 概括為以下兩個基柱（pillars）：

- **測試先行（Test First）**
- **紅燈、綠燈、重構（Red, Green, Refactor，RGR）**

讓我們來探討這些基柱。

測試先行（Test First）

這裡的概念是在開始撰寫產品程式碼之前，先撰寫測試程式。這實際上的意思是要測試尚不存在的程式碼！

「測試先行」改變了我們撰寫程式的方式，因為現在你轉而要在實作之前思考類別結構和公開方法。這鼓勵開發人員從客戶端的角度（client's perspective）反思設計（客戶端指的是從「外部」呼叫你的程式碼的程式，也稱為呼叫端（caller））。

我們將透過一些範例示範如何開始進行測試，讓你熟悉這個概念，並且了解實作的方法。然後，我們將在**「第 6 章，TDD 的 FIRSTHAND 準則」**的第一節中詳細探討此方法的好處。

紅燈、綠燈、重構（RGR）

RGR 是用 TDD 風格撰寫程式碼時所使用的流程。這個流程與「測試先行」的準則密不可分。它的步驟如下：

1. 你正計畫要寫一個程式編寫任務（coding task），該任務的內容是你想要新增到程式碼中「某個功能（feature）」的一部分。

2. 在產品程式碼尚未存在的時候（因為你還沒有撰寫它），你會先撰寫單元測試。此外，也許你正計畫「更新」現有的產品程式碼，因此，你會先撰寫一個單元測試，假設最終的產品程式碼已經就位。

3. 你執行單元測試的時候，它會失敗（紅燈），有以下兩種可能的原因之一：
   » 程式碼無法編譯，因為尚未撰寫產品程式碼。
   » 正在編譯的同時，實作新程式編寫任務的邏輯不正確，因為現有的程式碼尚未更新以展現新功能，所以測試會失敗。

4. 快速地撰寫出最少的程式碼，來讓測試通過（綠燈）。在這個階段，不要對程式碼過於追求完美；你也可以從網路上複製符合預期的程式碼（the intended code，即參考用的程式碼）。重點是開始動手做。

5. 現在，我們知道我們的程式編寫任務已經完成，而且運作正常；但是，如果產品程式碼存在以下方面的問題，你可能要考慮進行重構：
   » 可讀性
   » 效能
   » 與其餘程式碼不一致的設計

6. 執行單元測試，確保在重構時沒有出現任何問題。如果測試失敗（紅燈），那麼很自然地你就會回到「步驟 3」。

現在你明白了，為什麼選擇這些顏色名稱：

- **Red**：代表失敗的測試，在測試執行器（例如 VS Test Explorer）中呈現紅色。
- **Green**：代表已通過的測試，在測試執行器中呈現綠色。

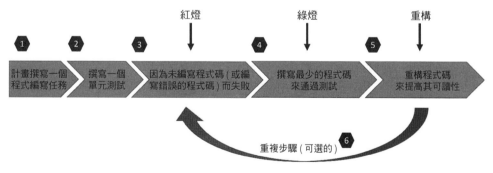

圖 5.1：紅燈、綠燈、重構的流程

圖 **5.1** 強調了我們剛剛在 RGR 流程中討論的步驟。

我們可以繪製圖表並談論更多關於 TDD 的內容,或者我們可以透過範例來進行示範,這就是我們接下來要做的事情。

以範例來實踐 TDD

透過範例是最好理解 TDD 的方式,所以讓我們以一個故事(story)為例,用 TDD 風格來撰寫它。我們將會實現這個故事所描述的功能:

故事主題:

變更一個使用者名稱

故事描述:

作為一個顧客

假設我已經有一個帳戶

當我進入到我的個人資料頁面時

然後我可以更新我的使用者名稱

驗收條件:

使用者名稱只能包含 8 到 12 個字元,包括:

- 有效:AnameOf8、NameOfChar12
- 無效:AnameOfChar13、NameOf7

只允許字母、數字和底線:

- 有效:Letter_123
- 無效:!The_Start、InThe@Middle、WithDollar$、Space 123

如果使用者名稱已存在,則產生錯誤。

讓我們開始實作這個故事,不要浪費時間。

建立解決方案的骨架

我們將會建立一個類別函式庫,名為 Uqs.Customer,我們也會新增一個用來測試的單元測試專案,名為 Uqs.Customer.Tests.Unit,然後把它們加入到名為 TddByExample.sln 的方案中。讓我們開始吧:

1. 在一個名為 TddByExample 的目錄中,建立一個類別函式庫和下面的 xUnit 專案:

    ```
    dotnet new classlib -o Uqs.Customer -f net6.0
    dotnet new xunit -o Uqs.Customer.Tests.Unit -f net6.0
    ```

2. 建立一個方案檔,並將這些專案加入其中。方案名稱(solution name)將會是該目錄的名稱(directory name)。因此,在這個例子中,它會自動被命名為 TddByExample.sln:

    ```
    dotnet new sln
    dotnet sln add Uqs.Customer
    dotnet sln add Uqs.Customer.Tests.Unit
    ```

3. 在單元測試專案中加入產品程式碼專案的參考:

    ```
    dotnet add Uqs.Customer.Tests.Unit reference Uqs.Customer
    ```

4. 當你打開方案時,你會看到以下畫面:

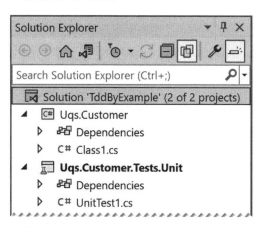

圖 5.2:Solution Explorer 顯示新建立的專案

現在,讓我們進入撰寫程式碼的階段。

新增程式編寫任務

這個需求是由多個小型程式編寫任務（挑戰（challenges））組成，因此，你將會新增多個單元測試，每個程式編寫任務至少要一個單元測試。

我會從最快得到回應的挑戰開始，並且逐步往上進行。這樣可以幫助我建立最初的結構，而不必同時擔心所有問題。這還可以避免一開始就面對像是「連線到資料庫」、「確認資料庫內的使用者名稱是否可用（使用者名稱已被使用）」之類的任務。然後，按照複雜度的順序逐步增加更複雜的挑戰。接下來，讓我們來看看如何達成。

程式編寫任務 1：驗證使用者名稱是否為 null

我通常花很少的時間分析最簡單的程式編寫挑戰，然後依靠我的直覺來做決定。我感覺最簡單的方法就是檢查使用者名稱是否為 null。現在，將 UnitTest1.cs 的範本測試類別（template test class）重新命名為 ProfileServiceTests.cs，並將內容替換為以下程式碼：

```
namespace Uqs.Customer.Tests.Unit;

public class ProfileServiceTests
{
    [Fact]
    public void
      ChangeUsername_NullUsername_ArgumentNullException()
    {
        // Arrange
        var sut = new ProfileService();

        // Act
        var e = Record.Exception(() =>
            sut.ChangeUsername(null!));

        // Assert
        var ex = Assert.IsType<ArgumentNullException>(e);
        Assert.Equal("username", ex.ParamName);
        Assert.StartsWith("Null", ex.Message);
    }
}
```

上述的程式碼是為了準備將 null 傳遞到我們預定的方法，它執行該方法並記錄該方法所產生的例外錯誤。

最後，我們檢查是否得到了一個 ArgumentNullException 型別的例外錯誤，該例外錯誤有 username 作為參數（argument），並且訊息的開頭為 Null。

在執行這個之前，讓我們回顧一下至今為止發生了什麼事。

命名你的測試類別

一開始，我必須要做的決定是想出「產品程式碼類別」的名稱，因為這樣我才能在其後加上 Tests 字尾，並建立「測試類別」的名稱（請記住這個慣例：ProductionCodeClass**Tests**）。在我的架構中，我是遵循**領域驅動設計（domain-driven design，DDD）**的原則，所以我直接把這當成是一個服務類別（service class）。現在不用擔心 DDD 術語以及它如何與 TDD 結合，因為後續將會有一章專門講解 DDD，即「**第 7 章，領域驅動設計的實務觀點**」。

我沒有太深入思考我的類別要取什麼名字，因為我總是可以不費吹灰之力地重新命名我的類別。我最終選擇了 ProfileService，所以我可以稱呼我的單元測試類別為 ProfileServiceTests。請注意，我目前還沒有建立 ProfileService。

> **Note**
> 有一些開發者會先寫一個沒有意義的測試類別名稱，然後在完成第一個單元測試後，再將其重新命名。請做能讓你更有效率的事情。這個流程不是一個僵化的流程。

單元測試方法的命名

當我想寫我的單元測試時，我需要思考我在測試什麼，以及我應該預期什麼，遵循 MethodName_Condition_Expectation 的命名方式。所以，我選擇我的方法名稱（method name）為 ChangeUsername，條件（condition）是檢查是否為 null。

預先決定你預期的結果

預期的結果（expectation）需要你稍微停下來思考。我預期呼叫此方法的客戶端不會傳遞 null，因為它們已經由 UI 或藉由其他方式檢查過了。所以，如果結果不符合我的期望，我會毫不留情地拋出例外錯誤（exception），讓客戶端自行處理。

這裡的重點是，我直接從客戶端的角度出發，並專注於我所預期的方法的外部行為。

確認測試失敗

在這個階段，你可以看到 VS 用波浪線標記你的程式碼，所以，這不需要天才般的智商就能推斷出程式碼無法編譯，因為尚未撰寫任何產品程式碼。

你已經邁出了 RGR 的第一步，也就是你遇到了紅燈。

建立產品程式的類別結構

至少先讓程式碼可以編譯，這樣 VS 才能提供 IntelliSense 功能的輔助。所以，在 Uqs.Customer 專案中，將 Class1.cs 更名為 ProfileService.cs，然後將其內容修改為以下內容：

```
namespace Uqs.Customer;
public class ProfileService
{
}
```

然而，考量到你會經常做這個動作，這個動作有快捷鍵可以使用。舉例來說，如果你有使用 ReSharper，那麼它會給你選項，根據你的單元測試來產生產品程式碼。使用 VS 的話，不要像前一個步驟那樣重新命名 Class1.cs，只需要刪除它，然後按照以下步驟做同樣的動作：

- 將滑鼠游標停留在有波浪線的 ProfileService() 上面，此時 VS 會出現一個燈泡。點擊燈泡，然後選擇 **Generate new type...**，如下圖所示：

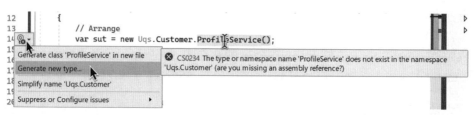

圖 5.3：選擇重構燈泡（refactoring bulb）

> **Note**
>
> 有時候燈泡需要花一些時間才會出現；你可以隨時使用 Ctrl + . 的快捷鍵來強制它出現。

- 當對話方框出現時，你可以按照以下方式變更設定：

圖 5.4：Generate Type 對話方框

這樣一來，你就能夠產生與之前相同的 `ProfileService.cs` 類別。

> **Note**
>
> 選擇燈泡選單中的第一個選項 **Generate class 'ProfileService' in a new file**，並不會完成工作，因為 VS 會將檔案產生在「單元測試專案」中，而你卻是打算將檔案產生在「產品程式碼專案」中。

現在，我們已經建立了類別結構，讓我們繼續進行產品程式碼的撰寫流程吧。

建立產品程式的方法結構

要建立 ChangeUsername 方法,請將滑鼠游標停留在該方法上面,然後點選下列的燈泡圖示:

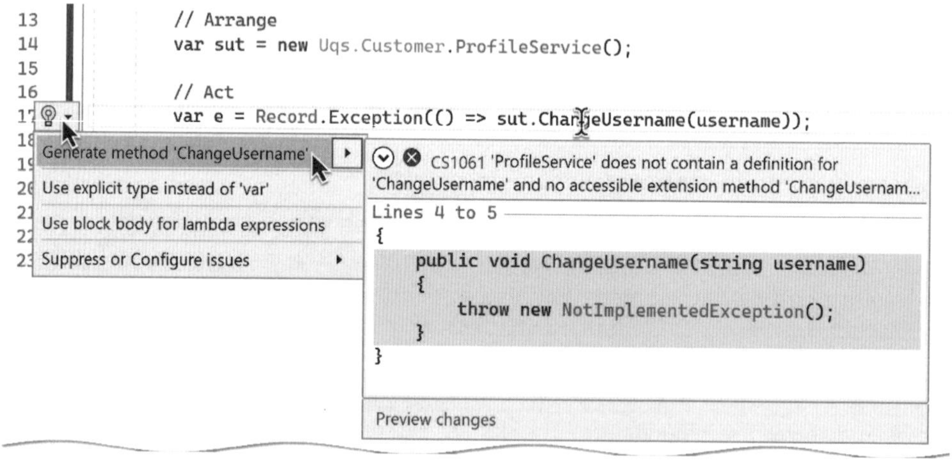

圖 5.5:產生方法

它就會在顯示視窗中呈現即將產生的內容。這正是我們想要的內容,所以選擇 **Generate method 'ChangeUsername'**。這就會將此段程式碼加入到 ProfileService 類別中:

```
public void ChangeUsername(string username)
{
    throw new NotImplementedException();
}
```

這是自動產生的程式碼。當然,你也可以自行撰寫。

> **Note**
>
> 這裡使用 C# 10,所以沒有使用 string?(在 string 後面加上問號)作為參數,這樣會警告呼叫端,此方法不期望參數為 null。但是呼叫端仍然可以強制傳入 null。值得注意的是,這個單元測試在 Act 區塊中,已經藉由在 null 後面加上驚嘆號來強制傳入 null 了:sut.ChangeUsername(null!)。

注意產生的程式碼,裡面已經為你新增了一個 NotImplementedException。

> **Note**
>
> 在方法中使用 `NotImplementedException` 是一個好習慣，它可以讓閱讀
> 程式碼的人知道「這個方法還沒有被實作」，並在誤用時拋出例外錯誤，
> 以防你忘記這一點而將程式碼推送到版本控制。

現在到了有趣的部分：實作。

撰寫 null 檢查的邏輯

所有這些都是為了撰寫以下邏輯的片段：

```
public void ChangeUsername(string username)
{
    if (username is null)
    {
        throw new ArgumentNullException("username", "Null");
    }
}
```

在這個例外錯誤中的第一個參數代表參數名稱，第二個參數代表錯誤訊息。

從 Test Explorer（Ctrl + R, A）執行單元測試，這樣你應該可以編譯程式碼，並且所
有測試都會通過（綠燈）。

重構

在我撰寫完程式碼後查看它，我認為它可以透過以下方式進行改善：

> 『在程式碼內使用神奇字串（magic string）來比對我的參數名稱不是一個好
> 的做法，因為當我更改參數名稱時，字串不一定會跟著更改。因此，我會使
> 用 nameof 關鍵字。』

以下是我重構後的程式碼：

```
throw new ArgumentNullException(nameof(username), "Null");
```

現在我完成了這些修改，再次執行測試，然後它們就都通過了。

雖然這個重構的範圍較小，而通常在更講求簡單快速的範例中，重構會更加複雜，但這個範例已經足以讓你了解如何實作一個選擇性的重構（an optional refactoring）。

我們完成了第一個程式編寫任務！通常第一個任務會比其他的任務還要長，因為在第一個任務中，你需要建立程式的結構並決定一些名稱。我們的第二個任務會短一點。

程式編寫任務 2：驗證最小和最大長度

同樣地，我沒有花太多時間思考第二個要測試的事情，我想到的是長度驗證（length validation），根據故事的描述，使用者名稱的長度應該在 8 到 12 個字元之間，包括兩端邊界值，所以這是我針對這個情境的第二個單元測試：

```
[Theory]
[InlineData("AnameOf8", true)]
[InlineData("NameOfChar12", true)]
[InlineData("AnameOfChar13", false)]
[InlineData("NameOf7", false)]
[InlineData("", false)]
public void ChangeUsername_VariousLengthUsernames_
    ArgumentOutOfRangeExceptionIfInvalid
    (string username, bool isValid)
{
    // Arrange
    var sut = new ProfileService();

    // Act
    var e = Record.Exception(() =>
        sut.ChangeUsernam(username));

    // Assert
    if (isValid)
    {
        Assert.NullI;
    }
    else
    {
        var ex =
        Assert.IsType<ArgumentOutOfRangeException>(e);
        Assert.Equal("username", ex.ParamName);
```

```
        Assert.StartsWith("Length", ex.Message);
    }
}
```

上面這段程式碼為符合與不符合長度的使用者名稱準備了很多測試情境。它使用了 Theory 標記，將多個情境傳遞給單元測試。最後，我們檢查是否得到了 ArgumentOutOfRangeException 型別的例外錯誤。我們使用 if 陳述式（statement）建立了邏輯分支（branch），因為合法的使用者名稱不會產生例外錯誤，因此我們會得到 null。

> **Note**
> 有些實踐者反對在單元測試中加入任何邏輯，例如 if 陳述式。我是屬於另一派，主張具有簡潔明確的輕度邏輯，有助於減少單元測試中「重複程式碼」的數量。請根據你和你的團隊在閱讀程式碼上的感受來進行撰寫。

這個樣本測試資料（sample test data）可能來自於撰寫故事的人（例如產品負責人、商業分析師或產品經理），也可能來自於你，或者兩者皆是。

紅燈階段

執行單元測試，這個新增的單元測試應該會失敗，因為我們還沒有撰寫實作。

綠燈階段

將下面的邏輯加入到你的方法中：

```
if (username.Length < 8 || username.Length > 12)
{
    throw new ArgumentOutOfRangeException
        ("username","Length");
}
```

從 Test Explorer（Ctrl + R, A）執行單元測試，應該能夠成功編譯程式碼並通過所有的測試。我們會獲得綠燈。

重構階段

在我撰寫完程式碼後查看它，我認為它可以透過以下方式進行改善：

> 『我需要取得長度兩次才能進行比較。幸運的是，C# 8 引入了模式比對（pattern matching），這將帶來更易讀的語法 (這一點有爭議)。此外，C# 可能會進行一些優化的魔法，以防止 Length 屬性被執行兩次。』

以下是我重構後的程式碼：

```
if (username.Length is < 8 or > 12)
{
  throw new ArgumentOutOfRangeException(
    nameof(username), "Length");
}
```

現在我完成了這些修改，再次執行測試，然後它們就都通過了。

程式編寫任務 3：確保只有字母、數字和底線符號

根據需求，我們只允許使用字母、數字和底線，所以讓我們為此撰寫測試：

```
[Theory]
[InlineData("Letter_123", true)]
[InlineData("!The_Start", false)]
[InlineData("InThe@Middle", false)]
[InlineData("WithDollar$", false)]
[InlineData("Space 123", false)]
public void
    ChangeUsername_InvalidCharValidation_
        ArgumentOutOfRangeException
        (string username, bool isValid)
{
    // Arrange
    var sut = new ProfileService();

    // Act
    var e = Record.Exception(() =>
        sut.ChangeUsername(username));
```

```
    // Assert
    if (isValid)
    {
        Assert.Null(e);
    }
    else
    {
        var ex =
            Assert.IsType<ArgumentOutOfRangeException>(e);
        Assert.Equal("username", ex.ParamName);
        Assert.StartsWith("InvalidChar", ex.Message);
    }
}
```

執行測試，除了第一個 Letter_123 的測試是有效的測試之外，其他測試都應該失敗。
我們希望所有測試都失敗，以確保我們沒有出錯。以下是 Test Explorer 的輸出：

圖 5.6：驗證字母有效性的 Test Explorer 輸出

你可以依照下列兩種解決方案的其中之一來讓測試失敗：

1. 前往產品程式碼，並寫出會導致這個測試失敗的程式碼。我個人不太喜歡這種方
   法，因為我覺得這是一種純粹主義（purist）的方法，但是這樣做也沒有什麼問
   題。
2. 對程式碼進行除錯（debug），看看為什麼在沒有任何實作的情況下卻通過了。
   這是我所採用的方法，看來這仍然是一個有效的情境，所以它應該通過。我可以
   忽略通過的測試，假設所有的測試都失敗了。

那麼，讓我們撰寫正確的實作。

> **Note**
>
> 你可以看到，我們在所有的測試中，不僅推斷了是否有例外錯誤發生，還推斷了例外錯誤的類型和其中的兩個欄位。這種方式將有助於我們捕捉到正在尋找的特定例外錯誤，並避免捕捉到由其他原因引發的例外錯誤。

最快的方法是使用「只允許字母、數字和底線」的正規表示式（regex）。然後在網路上搜尋「只允許字母、數字和底線」的 C# 正規表示式。我就在 StackOverflow 上找到了這個正規表示式：`^[a-zA-Z0-9_]+$`。

請記得，我的意圖是讓這個測試趕快通過，不需要過多思考程式碼或優化。以下是新的程式碼：

```
if (!Regex.Match(username, @"^[a-zA-Z0-9_]+$").Success)
{
    throw new ArgumentOutOfRangeException(nameof(username),
        "InvalidChar");
}
```

再次執行測試，它就會通過了。

然而，這段程式碼存在效能問題，因為有內嵌的正規表示式（an inline regex）會讓程式變慢。讓我來優化效能並改善可讀性。這是我重構後的整個類別：

```
using System.Text.RegularExpressions;
namespace Uqs.Customer;
public class ProfileService
{
    private const string ALPHANUMERIC_UNDERSCORE_REGEX =
        @"^[a-zA-Z0-9_]+$";
    private static readonly Regex _formatRegex = new
    (ALPHANUMERIC_UNDERSCORE_REGEX, RegexOptions.Compiled);

    public void ChangeUsername(string username)
    {
        if (username is null)
        {
            throw new ArgumentNullException(nameof(username),
            "Null");
```

```
    }
    if (username.Length is < 8 or > 12)
    {
      throw new ArgumentOutOfRangeException(
        nameof(username), "Length");
    }
    if (!_formatRegex.Match(username).Success)
    {
      throw new ArgumentOutOfRangeException(
        nameof(username), "InvalidChar");
    }
  }
}
```

進行重構後，再次執行測試。老實說，由於我在重構時漏複製正規表示式的一個字母，所以測試對我而言是失敗的。重新執行測試後，我發現我的重構沒有成功，因此我修正了程式碼，並再次嘗試。

程式編寫任務 4：檢查使用者名稱是否已被使用

很明顯地，檢查使用者名稱是否已經被使用，是需要到資料庫去查詢的，而測試這個功能需要使用測試替身。此外，由於你要執行 IO 行為（存取 DB），所有方法都必須遵循 async await 模式。

這個功能的程式編寫任務，以及其他剩餘的程式編寫任務，都需要存取資料庫才能完成，但我刻意避開這一點。我希望本章節可以讓你熟悉 TDD，而不必深入測試替身和更進階的主題。在「**Part 2：使用 TDD 建立應用程式**」中，我們會有專門的章節介紹 TDD、DDD、測試替身和 DB 的整合。所以，現在我們就到這裡為止。否則，如果我在這裡說明所有的內容，我該如何鼓勵你繼續閱讀呢？

本章的程式編寫任務到此告一段落，希望你已經掌握了 TDD 節奏。

重點回顧

開始一個新功能的時候，你需要將此功能想像成是一系列的程式編寫挑戰。每一個程式編寫挑戰都從一個單元測試開始，就像圖 **5.7** 一樣：

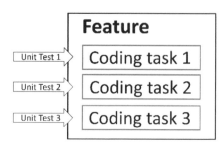

圖 5.7：功能（Feature）由多個程式編寫任務（Coding task）組成，每個任務都有對應的單元測試（Unit Test）。

有時候，你還沒有建立單元測試專案，所以你需要學習如何建立。有時候，你會將你的單元測試加到現有的單元測試專案中，這樣你就可以馬上開始撰寫測試了。

你需要事先思考客戶端如何與你的產品程式碼互動，然後依照客戶端的期望設計所有功能。

你在每個程式編寫任務中都遵循了 RGR 模式，並且看到過多個這樣做的範例。更進階的情境則保留在本書的「**Part 2：使用 TDD 建立應用程式**」中。

常見問題與批判

在現代軟體開發中，TDD 是最具爭議性的主題之一。你會發現，有些開發人員堅信它的價值，而另一些人則聲稱它沒有用。

我將試著客觀地回答這些問題，並在適當的時機向你展示兩種觀點。

為什麼我需要使用 TDD？我不能只做單元測試嗎？

正如本章一開始所描述的那樣，TDD 是一種撰寫單元測試的風格（style）。因此，是的，你可以撰寫單元測試，而不必遵循 TDD 風格。在下一章中，我們會介紹 FIRSTHAND 準則當中的「First（優先）準則」，內容將著重於「遵循 TDD 風格」所帶來的好處。

我發現，有些團隊因為種種原因而抗拒使用 TDD。我的建議是，假如你的團隊不願意遵循 TDD，也不要放棄單元測試。也許，如果你從使用單元測試開始，下一個演化的階段就會是 TDD 了。對於某些團隊來說，這會減緩變動（change）的速度。

我之前有說過這個嗎？即使你沒有遵循 TDD，也不要放棄單元測試。

TDD 在軟體開發流程中感覺不自然！

我相信，當你第一次學習程式設計時，主要關注的是理解基本的程式結構，例如 for 迴圈、函式和 OOP。你的擔憂，或者你的導師的擔憂，並不是製造可擴展（scalable）的高品質軟體，因為你只想要一個能運作的程式，雖然有些地方可能會出現錯誤。

這種方法在你學習時是可行的，這可能就是你覺得自然的部分，因為你從第一天起就一直這樣做。

在真實世界中，現代對軟體的期待是：

- **可擴展**：雲端方案已成主流，微服務（microservices）逐漸進入主導地位。
- **自動化**：手動測試流程變得過時。測試開發人員成為一項熱門職業。自動化測試成為現代趨勢。
- **DDD**：物件之間以高度複雜的方式互動。
- **發行管線（release pipeline）隨時準備就緒（CI/CD）**：本書中 CI 有專門的章節。簡而言之，你的軟體應該支援漸進式的功能增加，並不時地將其推送到正式環境當中。

上述情境是現今軟體開發者所關注的議題，為此，你需要將工作策略轉變為符合新的現實標準。這需要你在撰寫程式碼的方式上進行典範轉移（paradigm shift），因此，就有了 TDD 開發規範。

使用 TDD 會讓我們變慢！

啟動一個專案時，短期內不做任何形式的測試，可能會帶來更快的成果。請參考**圖 5.8**，它描述了這個概念：

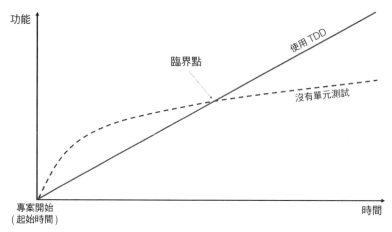

圖 5.8：「TDD」與「沒有測試」在時間和功能方面的對比

如果你從零開始建立無相依且缺乏功能的軟體，不需要進行測試也能輕鬆運作，甚至可以由某人手動執行測試。該專案規模小、易於管理，且方便修改和部署。

在早期階段，不做測試的軟體開發速度會很快，直到你開始擁有一堆相互相依的功能，當你改變其中一個功能時，另一個功能就會出問題！這正是「有測試保障的軟體」開始展現其優勢的地方，在這裡，新增功能時，對既存功能引入錯誤（bug）的機率較低，因為這些問題應該會被「良好實作的測試」捕捉到。我常常聽到產品負責人（product owner）說這樣的話：『每次我們新增一個功能，另一個看似無關的地方就出現問題！』他們通常會責怪開發人員，或是讓這個錯誤漏掉的測試人員。對於非開發人員來說，很容易以為各個功能是互不相關的，但你我都知道事實並非如此。

顯然地，在臨界點（critical point）之後，沒有測試的軟體開發速度變慢，主要是因為功能（features）變得難以管理。功能迅速變化，開發人員轉移到其他工作範疇，甚至離開該專案，新的開發人員會取代他們。

所以，沒錯，TDD 可能會讓你的開發速度變慢，但這取決於你處在開發過程中的哪個階段。如果你已經通過了圖 5.8 中的臨界點，那麼你將開始收獲你投資的回報。

TDD 是否適用於新創公司？

參與新創公司（start-up）的開發者通常壓力很大，並且不斷地受到大量的功能需求轟炸。公司的生存與資金可能取決於下一組功能。產品負責人很少關心長遠的策略，因為如果新創企業的前途充滿風險，又何必煩惱？我們日後再來擔心未來的事情吧。

如果新創公司在臨界點（**圖 5.8** 所示）之前就可能失敗，那麼是否值得投入 TDD 呢？但如果他們已經越過了這個臨界點，卻沒有單元測試，該怎麼辦？也許在公司獲得投資者和客戶支持後，他們會重寫 codebase（程式庫）。他們將增加單元測試，或者，也許他們不會，然後在新增功能時遇到困難。

新創公司的情況很複雜；你從先前的論述中就可以看出。這個問題的答案取決於個別情況。

我不愛使用 TDD，我喜歡先進行程式碼設計！

如果你在撰寫測試之前就先建立你的類別結構，那你仍然在使用 TDD。記住，TDD 是一套最佳實踐，擁有自己的風格並不會把你排除在外。

單元測試並非對實際情況進行測試！

這是 TDD 社群正積極努力改善的批評。這主要與使用測試替身有關。

測試替身試圖模仿真實物件的行為，而問題就在於「試圖」（try）這個詞。模仿真實物件的問題在於它取決於開發者對真實物件行為做最佳的猜測。這可以透過以下三種方式完成：

1. 閱讀真實物件的文件，並嘗試在測試替身中撰寫類似的程式碼。
2. 閱讀原始程式碼，如果有的話，並提取其精髓來建構測試替身。
3. 做一個概念性驗證的範例（a proof-of-concept sample）來呼叫真實物件，以檢查其行為。

這些方法需要研究和經驗。有時候，測試替身物件（test double object）無法實際反映真實物件（real object），這可能導致錯誤的測試並引發潛在的問題。讓我們舉一個第三方方法的例子：

```
public string LoadTextFile(string path){...}
```

上述方法會載入一個文字檔案，並將其作為字串回傳。如果我們要建立一個包含此方法的測試替身，那麼問題來了，如果該檔案在指定的路徑上不存在，會怎麼樣呢？

- 它會回傳 null 嗎？
- 它會回傳一個空字串（empty string）嗎？
- 它會拋出例外錯誤嗎？如果是，那麼這個例外錯誤是什麼？

撰寫測試替身的開發人員將會進行必要的詳細調查，以釐清這些問題的答案，但他們可能會弄錯。前面的範例相對簡單，但當涉及到更複雜的方法時，測試替身與真實物件之間的差異會變得更大。要將這個問題的影響程度降到最低，就需要在建立測試替身時進行適當的詳細調查。

我聽過倫敦學派 TDD 和經典學派 TDD。它們是什麼？

在網路上有著關於我們應該使用哪一種以及哪一種更好的辯論。倫敦學派 TDD（London-school TDD）專注於測試替身，更適合商業應用程式。商業應用程式（business applications）是處理資料庫和使用者介面的應用程式。經典學派 TDD（classic-school TDD）則更適合演算法類型的程式編寫。

在本書中，我們只針對「倫敦學派的 TDD」進行探討，因為我們正在開發商業應用程式。

為什麼有些開發者不喜歡單元測試和 TDD？

單元測試增加了產品開發的時間和複雜性，這顯然是有充分理由的，儘管如此，它仍然是額外的負擔。單元測試有四個主要缺點：

1. **開發時間**：加入單元測試會使開發時間增加多倍。在時間壓力下，需要儘快交付功能的開發人員會覺得單元測試的負擔太重。
2. **修改既存功能**：這會需要「更新」單元測試。雖然可以被降低到最小程度，但如果不從單元測試大幅度地轉移到類整合測試，就很難消除。下一節將討論這個問題。

3. **使用測試替身**：一些開發者對於使用測試替身抱持強烈的反感，因為如果測試替身的撰寫不當，就往往會產生不夠真實的測試結果。

4. **單元測試具有挑戰性**：它需要進階的程式編寫技能和團隊成員之間的協調，這需要協作。

單元測試並非易事。我理解這些觀點，但同時，我也知道追求高品質產品的公司應該投入更多時間在單元測試上。上述的缺點 2 與缺點 3 可以透過改進程式編寫規範來解決，而這同樣也需要付出更多努力。

TDD 與敏捷 XP 之間的關係是什麼？

市面上有很多敏捷工作流程的風格，最常見的是**敏捷 Scrum（Agile Scrum）**和**敏捷 Kanban（Agile Kanban）**。然而，還有一個相對不那麼受歡迎且專注於軟體工程的，就是**敏捷 XP（Agile XP）**，XP 的意思是**極限開發（Extreme Programming）**。

XP 將單元測試，尤其是 TDD，作為其實踐的核心，而其他熱門的敏捷實踐並未涉及這麼深入的技術細節。XP 還試圖解決常見的軟體工程問題，如專案管理、文件撰寫和知識分享。

使用單元測試文件化程式碼

XP 認為，最好的程式碼文件化方式（code documentation）是將單元測試附加至程式碼，而非在其他地方撰寫某些文件，那樣的話，文件很快就會與程式碼脫節。另一方面，單元測試反映了系統的當前狀態，因為它們會定期檢查和更新。

開發者可以透過查看單元測試來了解任何商業規則的細節，而不必閱讀「細節可能不夠深層」的文件。

沒有 TDD，系統能夠繼續存活嗎？

我會將問題反問開發者：你是否需要 TDD 帶來的額外品質？你是否同意，隨著軟體的擴展和團隊的變動，你需要一個品質保障？

的確，你可以在沒有 TDD 和單元測試的情況下生存（繼續運作），但品質可能會受到影響。

有些在企業中成功運作的軟體系統沒有單元測試,這是事實。然而,這些系統背後的團隊維護成本較高,發佈速度可能較慢,或許他們有專門的人員負責修復錯誤,甚至可能遵循瀑布式 SDLC。只要組織對品質和成本感到滿意,並認為系統是成功的,那麼這是可以接受的。

使用 TDD 進行類整合測試

一個對單元測試的批評是,單元測試程式碼與實作會緊密耦合(tightly coupled)。修改產品程式碼將產生連鎖反應,迫使更新、增加和刪除多個單元測試。

有一些方法可以減少單元測試的耦合(coupling),我們會在「**第 6 章,TDD 的 FIRSTHAND 準則**」的「**Single-Behavior(單一行為)準則**」小節中討論這些方法。然而,所提供的解決方案確實減少了耦合,但無法完全消除它們。

另一方面,整合測試相依於受測功能的輸入和輸出。如果我們正在對 API 進行整合測試,那麼我們在意的是「我們傳遞給 API 的參數」以及「我們獲得的回應」,即輸入和輸出。這與程式碼形成了鬆散耦合(loose coupling)。以下是整合測試和單元測試運作方式的提醒:

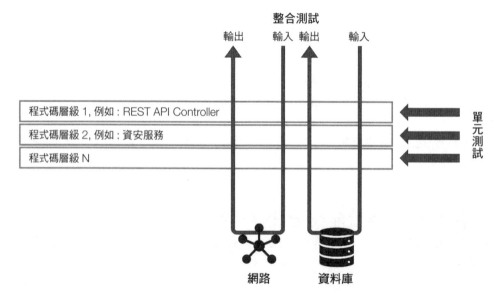

圖 5.9:整合測試與單元測試的比較

如你所見，單元測試需要理解各層級（layer）的一些細節，而整合測試則關注輸入和輸出。這就是為什麼「單元測試」與「實作細節」的耦合程度較高的原因。

整合測試也有其自身的缺點，但正如我們在「**第 4 章，實際在單元測試中使用測試替身**」中討論的，類整合測試解決了其中的一些缺陷。

以「類整合測試」作為「使用 TDD 進行單元測試」的替代方案

近年來，類整合測試開始與單元測試競爭，以解決單元測試的這兩個問題：

- 從終端使用者的角度進行測試（使用者可能是軟體客戶端，而不一定是人類）。這也被稱為**由外而內的測試（outside-in testing）**。
- 與程式碼之間具有低度的耦合性。

將 TDD 原則應用於類整合測試，可以透過以下方式達到良好的效果：

- 測試先行的方法可以像單元測試一樣運用。
- 紅綠燈重構法可以類似單元測試那樣運作。
- 從測試的角度進行設計，與單元測試中的方式相同。
- 類整合測試可以使用相同的模擬框架（mocking framework）來建立 fake。
- 類整合測試可以使用相同的 AAA 和方法命名慣例。

主要的缺點是，儘管單元測試針對小型 SUT 提供了快速的回饋，但類整合測試對開發人員的回饋速度卻不如單元測試那麼快。原因是在類整合測試通過之前，需要建構整個功能的多個元件。

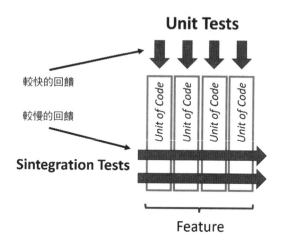

圖 5.10：回饋速度的快與慢

在**圖 5.10** 中，你可以看到單元測試僅在小範圍的程式碼單元上運作，而在建立這些單元時，你可以立即獲得單元測試的結果。另一方面，類整合測試的回饋將會在整個功能被實作時出現。

思考這個範例。假設你正在撰寫一個更新使用者名稱的功能。該功能將包括但不限於以下程式碼單元（units of code）：

- 檢查使用者名稱的長度
- 檢查使用者名稱中的不合法字元
- 檢查使用者是否有權限更改使用者名稱
- 檢查使用者名稱是否已被使用
- 如果使用者提供了已被使用的使用者名稱，則給予他們替代選項的畫面
- 將使用者名稱儲存到資料庫
- 向使用者確認他們的名稱已更改

在理論上，這些程式碼單元中的每一個都可以有多個單元測試，並且在每個單元被撰寫的同時就能獲得回饋；然而，類整合測試需要等到功能實作完畢後，才能獲得回饋。

類整合測試面臨的挑戰

類整合測試仍然要依靠測試替身中的 fake（假物件）。fake 比使用 mock（模擬物件）或 stub（擬態物件）更難以建立和維護。要熟練地建立 fake，需要具備建立 mock 和 stub 的經驗，因為 fake 通常更為複雜，並且需要進階的程式編寫技巧。

此外，建立 fake 會增加額外的時間成本，這將延遲專案的啟動，因為在撰寫第一個類整合測試之前，所有相關的 fake 都應該已經就緒。舉例來說，如果你的類整合測試需要存取文件式資料庫（document database）和雲端儲存空間（cloud storage），你可能需要在做任何有效的類整合測試之前，先為這些元件建立 fake。

使用類整合測試來實踐 TDD，比使用單元測試來實踐 TDD，需要更多的經驗。然而，好消息是，遵循本書的內容將幫助你取得進步，所以當時機成熟，你和你的團隊決定專注於使用類整合測試時，你已經獲得所需的經驗了，可以協助團隊來實現這一點。

小結

我們已經探討了 TDD 的基礎知識和原則，因此，我相信在這個階段，你可以有自信地向同事描述這個過程。然而，這一章只是學習 TDD 的開始，隨著你繼續閱讀本書，你的知識將不斷地累積。

我控制住自己的筆（好吧，是我的鍵盤）不去寫更進階的範例，就此停下來，讓介紹能更加流暢。我希望我已經清楚地解釋了這個概念，並鼓勵你繼續閱讀本書，因為接下來的章節將提供更多實用的範例，讓你具備將 TDD 應用到自己專案的經驗。

在下一章中，我們將討論 TDD 的準則（guidelines），以及那些我稱之為FIRSTHAND 的準則。你將明白為什麼「測試先行」很重要，以及它能為你帶來什麼價值。

延伸閱讀

如果讀者想要了解更多，可以參考以下資源：

- Martin Fowler 談測試驅動開發：`https://martinfowler.com/bliki/TestDrivenDevelopment.html`

- 極限開發：`https://www.agilealliance.org/glossary/xp`
- 「經典學派 TDD」或「倫敦學派 TDD」？：`http://codemanship.co.uk/parlezuml/blog/?postid=987`（**編輯註**：若此連結失效，有興趣的讀者可再另外參考這個 YouTube 影片「"London School vs. Classic TDD"? Nope. It's London School AND Classic TDD.」：`https://www.youtube.com/watch?v=uVHGt2qbjXI`，或是這份 PDF：`https://codemanship.co.uk/tdd_jasongorman_codemanship.pdf`。）

6

TDD的FIRSTHAND準則

TDD 不僅僅是測試先行的單元測試或紅綠燈重構法。TDD 還包括最佳實踐（best practices）和準則（guidelines），它們將引導我們如何與單元測試一起工作。

我想根據我自己的經驗，針對單元測試與 TDD 中最實用的準則，整理出一份令人記憶深刻的指南。所以，這裡有 9 個經過驗證的最佳實踐，我將其縮寫為 **FIRSTHAND**。FIRSTHAND 分別代表：

- **F**：First（優先）
- **I**：Intention（意圖）
- **R**：Readability（可讀性）
- **S**：Single-Behavior（單一行為）
- **T**：Thoroughness（全面性）
- **H**：High-Performance（高效能）
- **A**：Automation（自動化）
- **N**：No Interdependency（無相依）
- **D**：Deterministic（確定性）

在本章中，我們將逐一介紹這 9 項準則，並提供相應的實用範例。讀完本章，你應該對 TDD 的生態系統及其準則有相當程度的了解。

技術需求

讀者可以在本書的 GitHub 儲存庫找到本章的範例程式碼：`https://github.com/PacktPublishing/Pragmatic-Test-Driven-Development-in-C-Sharp-and-.NET/tree/main/ch06`。

1：First（優先）準則

我們應該優先撰寫單元測試。一開始，這可能看起來有點奇怪或不直覺，但選擇這樣做是有充分理由的。

稍後就是永不

你聽過多少次『我們稍後再測試』這樣的話？我從來沒有看過，有哪個團隊在完成專案並發佈上線之後，還會花時間對程式碼進行單元測試。

再者，最後才加入單元測試，將需要對程式碼進行重構，這可能會導致產品出現問題，並且很難向非技術人員解釋，一個運作良好的系統因為團隊增加單元測試而出現故障。事實上，『我們在加入單元測試時破壞了正式環境』這句話聽起來很諷刺。確實，你可以在其他測試類型（如類整合測試和整合測試）的保護下，對運作良好的系統進行重構，但很難想像，一個之前沒有時間進行單元測試的團隊，會有時間建立其他完全涵蓋系統的測試。

「測試先行」確保單元測試和功能一同開發，並且不會遺漏測試。

做好相依注入的準備

當你習慣了「先建立服務再注入」的現代軟體開發方式後，你就回不去了。軟體框架已經發展到讓 DI 具有重要地位。以下是一些例子：

- **Angular 網頁開發框架**：你只能透過 DI 在 Angular 中取得服務，使用其他方式會相當困難。
- **Microsoft MAUI**：MAUI 是 Xamarin.Forms 的改進版，從 Xamarin 轉換為 MAUI 的一個重要變化就是將 DI 視為第一要件。

- **.NET Core 主控台**：傳統的 .NET Framework 主控台應用程式並不支援 DI，但在 .NET Core 中已經原生支援，這為在主控台應用程式上建立其他支援 DI 的函式庫鋪路，例如 ASP.NET Core。
- **ASP.NET Core**：傳統 ASP.NET 和 ASP.NET Core 之間的一個主要區別是將 DI 作為第一要件（first-class citizen，又譯一等公民）。

這些都是強烈的訊號，告訴你，無法避免地要使用 DI。如果在軟體實作後才加入 DI，將需要進行大規模的重構和重新思考一切。

從一開始就使用單元測試，將強制在第一時間就使用 DI。

從客戶端的角度進行設計

TDD 鼓勵你從客戶端（呼叫者）需求的角度思考，而不是陷入實作細節的困境。它鼓勵你在思考方法的實作細節（例如方法的主體）之前，先思考 OOP 設計，例如類別名稱、抽象型別、確定方法簽章和回傳型別等。

如果你有一個公開介面（由類別和方法組成），被其他系統或函式庫使用，相較於變更程式碼實作（例如針對優化目的），更改此介面會比較困難，因為它可能已經被其他系統使用。

TDD 強制以客戶端的觀點來設計程式碼。

提倡行為測試

單元測試應該關注 SUT（受測系統）的行為（behavior），而不是其執行方式。在單元測試中，你要做的是傳入某個特定的輸入，檢查對相依物件的影響，並檢查輸出結果。你不應該檢查的是 SUT 內部如何完成所有的這些功能。

如果你決定檢查 SUT 的內部，你的單元測試將與「實作細節」緊密耦合。這意味著方法中的每個變更都會對「相關的單元測試」產生連鎖反應。這將導致更多的單元測試和不穩定的測試。值得重提的是，測試既是資產也是負債。擁有更多「經常用不到的測試」意味著更多的維護成本。

「測試先行」會讓你自然地思考輸入、輸出和副作用，而不是關注 SUT 的實作細節。相反的，在實作後才進行測試，會導致我稱之為「作弊」（cheating）的行為，即開發人員查看 SUT 的實作程式碼並以此撰寫測試。這可能會不經意地導致對實作細節進行測試。

TDD 提倡的單元測試宗旨：測試「行為」，而非測試「實作細節」。

消除偽真誤報

偽真誤報（false positive）是指測試因錯誤原因而通過。這種情況並不經常發生，但一旦發生，就很難察覺。

TDD 使用紅綠燈方法來消除偽真誤報。

杜絕臆測性程式碼

我們都曾經寫過這樣的程式碼，心想未來可能會需要它，或者讓我把它留在這裡，其他同事可能會覺得有用。這種做法的缺點是，這些程式碼可能永遠不會被使用，卻要花時間維護。更糟糕的是，如果未來真的使用了它，可能會給人一種已經經過測試的錯覺，而實際上，它一直在等待未來的開發者進行測試。

TDD 透過撰寫僅用於正式環境的程式碼來杜絕臆測性程式碼（speculative code）。

2：Intention（意圖）準則

當你的系統不斷成長時，它將驅使更多單元測試自然地涵蓋系統行為和說明文件。而更多的測試也意味著更大的責任：**可讀性（readability）和維護性（maintenance）**。

測試的數量增加到一定程度時，團隊可能無法回憶起撰寫這些測試的原因。當你看到一個失敗的測試時，可能會為了尋找測試意圖的線索而撓頭。

你的單元測試應該要在最少的時間和努力下就能被理解；否則，它們將變得更像是負債而不是資產。敏捷開發團隊應該事先為此類測試的失敗情境做好準備。透過擁有「明確的方法簽章」和「結構組織良好的方法主體」，就可以表達測試的意圖。

從方法簽章（method signature）開始，以下是兩個流行的慣例，應該能說明單元測試的意圖。

Method_Condition_Expectation

在整本書中，我一直使用這種命名慣例來為單元測試方法命名：Method_Condition_ Expectation。這是一個簡潔明瞭的命名方式，不鼓勵創新的方法命名，而在我看來，這樣可以將創新保留給其他任務。雖然它產生的方法名稱（method name）較無趣，但卻是標準的。以下是一個例子：

```
LoginUser_UsernameDoesntExist_ThrowsInvalidOperationException
```

雖然這並非一個非常精確的慣例，但它已經夠好了。舉例來說，有些開發者可能會反對使用 Throws 這個詞，因為 Exception 已經被用上了，這個命名已經夠明顯了。

在這裡，重要的是能在很短的時間內，從上述的方法名稱中的三個部分確定這個測試的目的。

> **Note**
> 我曾經看過一些團隊省去 Method 部分，只使用 Condition_Expectation 的命名方式，特別是在整個單元測試類別只針對某一方法時。

Method_Should_When

另一個比較受歡迎的命名慣例，能讓語言表達更自然，是採用 Method_Should_When 的形式。這種慣例更近似自然語言的程式碼撰寫風格，讓程式碼像英語句子一樣流暢。以下是一個範例：

```
LoginUser_Should_Throw_InvalidOperationException_When_
UsernameDoesntExist
```

在某些情況下，這種慣例的擁護者還喜歡使用**流暢式推斷（fluent assertions）**來進行驗證：

```
// Assert
IsSaved.Should().BeTrue();
```

你或許已經注意到，上面這段程式碼與書中所使用的 xUnit 風格有所不同：

```
// Assert
Assert(true, IsSaved);
```

如果你對於使用「流暢式推斷」有興趣，可以查看一個叫做 **Shouldly** 的 .NET 函式庫：`https://github.com/shouldly/shouldly`。在「**Appendix A，單元測試相關的常用函式庫**」中，我們會介紹一個類似的函式庫：**Fluent Assertions**。

下一個要明確說明意圖的部分，是闡明方法主體（clarifying the method body）。

單元測試結構

主要用在單元測試主體結構的方法是熱門的 **Arrange-Act-Assert（AAA）**。讓我們更進一步探討「每個部分應該做什麼」的意圖。

Arrange

Arrange 的目的在於達成兩項目標：

- 初始化變數
- 建立 SUT 的狀態

Arrange 區塊可能與單元測試類別的建構式共用，因為建構式可能會進行一些準備工作，以減少每個單元測試中的 Arrange 程式碼。換句話說，可能會有一些測試執行前的安排（arrangement）*會發生在這個區塊之外。我們將會在「**Part 2：使用 TDD 建立應用程式**」中看到這方面的範例。

---

*譯者註：在單元測試中，arrangement 指的是在執行目標測試方法之前的「前置作業」、「前置準備」，可理解為「鋪陳」或「鋪墊」，最後我選擇了「執行前的安排」當作 arrangement 的譯詞。

「物件的初始化」和「期望值的初始化」會發生在 `Arrange` 區塊中，這是顯而易見的部分，不太明顯的部分是，這個區塊會設定一個狀態（state）。以下是一個說明狀態意涵的範例：

```
LoginUser_UsernameDoesntExist_ThrowsInvalidOperationException
```

`Arrange` 會建立一個「使用者尚未存在於系統中」的狀態，而在大多數情況下，該程式碼將與 `Method_Condition_Expectation` 中的 `Condition` 密切相關。在這個例子中，測試執行前的安排（arrangement）應該與 `UsernameDoesntExist` 有所連結。

Act

`Act` 大多是一行程式碼，它呼叫的方法，與方法名稱中第一部分所指定的方法相同。在前面的範例中，我預期 `Act` 看起來會像這樣：

```
// Act
var exception = Record.Exception(() => sut.LoginUser(...));
```

這個方法重新強調了方法簽章中所表明的意圖，並提供整潔的程式碼。

Assert

`Assert` 是針對方法簽章的最後一個部分，也就是 `Expectation` 的條件進行推斷。

方法簽章的慣例和主體結構相互配合，共同呈現清楚的意圖。請記住，無論你使用了哪種慣例，最重要的是保持一致性和清晰度。

意圖明確的單元測試，有助於更容易的維護和更準確的文件。

3：Readability（可讀性）準則

這個方法是否具有可讀性？你是否需要執行它並開始除錯，才能理解它的作用？`Arrange` 區塊是否讓你眼花撩亂？若是如此，這可能違反了可讀性原則。

設立 Intention（意圖）準則確實很好，但這還不夠。相較於產品程式碼，你的單元測試中的程式碼行數將至少多 10 倍。所有這些都需要維護，並隨著系統其餘部分一起發展。

為了提高可讀性而改進單元測試的做法，與產品程式碼相同。不過，在單元測試中有些情境更為常見，我們將在這裡討論它們。

SUT 建構式的初始化

初始化你的 SUT，需要準備所有的相依物件，並將它們傳遞給 SUT，如下所示：

```
// Arrange
const double NEXT_T = 3.3;
const double DAY5_T = 7.7;
var today = new DateTime(2022, 1, 1);
var realWeatherTemps = new[]
    {2, NEXT_T, 4, 5.5, 6, DAY5_T, 8};
var loggerMock =
    Substitute.For<ILogger<WeatherController>>();
var nowWrapperMock = Substitute.For<INowWrapper>();
var randomWrapperMock = Substitute.For<IRandomWrapper>();
var clientMock = Substitute.For<IClient>();
clientMock.OneCallAsync(Arg.Any<decimal>(), Arg.Any<decimal>(),
    Arg.Any<IEnumerable<Excludes>>(), Arg.Any<Units>())
    .Returns(x =>
    {
        const int DAYS = 7;
        OneCallResponse res = new OneCallResponse();
        res.Daily = new Daily[DAYS];
        for (int i = 0; i < DAYS; i++)
        {
            res.Daily[i] = new Daily();
            res.Daily[i].Dt = today.AddDays(i);
            res.Daily[i].Temp = new Temp();
            res.Daily[i].Temp.Day =
                realWeatherTemps.ElementAt(i);
        }
        return Task.FromResult(res);
    });
var controller = new WeatherController(loggerMock,
    clientMock, nowWrapperMock, randomWrapperMock);
...
```

現在，我們已完成所有程式碼編寫的準備工作，我們可以初始化 SUT（在我們的例子中是 Controller），並將正確的參數傳遞給它。這將在大多數相同 SUT 的測試中重複

進行，導致閱讀程式碼變成一場惡夢。這段程式碼可以輕易地移到單元測試類別的建構式中，變成像下面這樣：

```
private const double NEXT_T = 3.3;
private const double DAY5_T = 7.7;
private readonly DateTime _today = new(2022, 1, 1);
private readonly double[] _realWeatherTemps = new[]
    { 2, NEXT_T, 4, 5.5, 6, DAY5_T, 8 };

private readonly ILogger<WeatherForecastController> _loggerMock
  = Substitute.For<ILogger<WeatherForecastController>>();
private readonly INowWrapper _nowWrapperMock =
    Substitute.For<INowWrapper>();
private readonly IRandomWrapper _randomWrapperMock =
    Substitute.For<IRandomWrapper>();
private readonly IClient _clientMock =
    Substitute.For<IClient>();
private readonly WeatherForecastController _sut;

public WeatherTests()
{
    _sut = new WeatherForecastController(_loggerMock,
        _clientMock,_nowWrapperMock, _randomWrapperMock);
}
```

上面這段程式碼的優美之處在於，它可以被「同一個類別中的所有單元測試」重複使用。你的單元測試中的程式碼會變成像下面這樣：

```
// Arrange
_clientMock.OneCallAsync(Arg.Any<decimal>(),
    Arg.Any<decimal>(),
    Arg.Any<IEnumerable<Excludes>>(), Arg.Any<Units>())
    .Returns(x =>
    {
        const int DAYS = 7;
        OneCallResponse res = new OneCallResponse();
        res.Daily = new Daily[DAYS];
        for (int i = 0; i < DAYS; i++)
        {
            res.Daily[i] = new Daily();
            res.Daily[i].Dt = _today.AddDays(i);
```

```
        res.Daily[i].Temp = new Temp();
        res.Daily[i].Temp.Day =
            _realWeatherTemps.ElementAt(i);
    }
    return Task.FromResult(res);
});
...
```

在這個類別中，你的單元測試中 Arrange 區塊的程式碼量已經減少了。請記住，你在這裡看到的是一個單元測試方法，但是對於同一個 SUT 來說，你可能有多個單元測試。

你可能會認為，雖然我們已經清除了 Arrange 區塊中一些重複的程式碼，但它仍然很繁忙。讓我們使用建造者設計模式（builder design pattern）來解決這個問題。

建造者模式

對於同一個 SUT，每個單元測試的執行前安排（arrangement）與其他的略有不同。當我們建立一個具有多種可能設定選項（configuration options）的物件時，**建造者設計模式（builder design pattern）**非常有用，這對於這種情境來說很適合。

> **Note**
> 這跟**四人幫（GoF）**的建造者設計模式不同。

針對前述的範例，建造者類別如下所示：

```
public class OneCallResponseBuilder
{
    private int _days = 7;
    private DateTime _today = new (2022, 1, 1);
    private double[] _temps = {2, 3.3, 4, 5.5, 6, 7.7, 8};

    public OneCallResponseBuilder SetDays(int days)
    {
        _days = days;
        return this;
    }
```

```
    public OneCallResponseBuilder SetToday(DateTime today)
    {
        _today = today;
        return this;
    }

    public OneCallResponseBuilder SetTemps(double[] temps)
    {
        _temps = temps;
        return this;
    }

    public OneCallResponse Build()
    {
        var res = new OneCallResponse();
        res.Daily = new Daily[_days];
        for (int i = 0; i < _days; i++)
        {
            res.Daily[i] = new Daily();
            res.Daily[i].Dt = _today.AddDays(i);
            res.Daily[i].Temp = new Temp();
            res.Daily[i].Temp.Day = _temps.ElementAt(i);
        }
        return res;
    }
}
```

這個類別值得注意的地方是：

1. 每個方法都會回傳該類別的實體。這有助於像這樣串聯（chain）方法：

```
OneCallResponse res = new OneCallResponseBuilder()
    .SetDays(7)
    .SetTemps(new []{ 0, 3.3, 0, 0, 0, 0, 0 })
    .Build();
```

2. Build() 方法將把所有的設定組合在一起，並回傳一個可用的物件。

前面的單元測試的 Arrange 區塊，經過重構之後，如下所示：

```
// Arrange
OneCallResponse res = new OneCallResponseBuilder()
    .SetTemps(new []{ 0, 3.3, 0, 0, 0, 0, 0 })
    .Build();

_clientMock.OneCallAsync(Arg.Any<decimal>(),
    Arg.Any<decimal>(), Arg.Any<IEnumerable<Excludes>>(),
    Arg.Any<Units>())
    .Returns(res);
```

上面的程式碼充分利用了我們之前所建立的建造者類別（builder class）。你可以清楚地看到，程式碼將隔天的溫度設定為 3.3 度。

使用「SUT 建構式的初始化」和「建造者模式」只是讓你的單元測試更具有可讀性的幾個範例。

你可以在本書原始碼中的 WeatherForecastTestsReadable.cs 裡面找到重構後的類別，以及在 WeatherForecastTestsLessReadable.cs 中找到原始類別。

可讀性促進了單元測試 codebase（程式庫）的健康發展。從一開始就要保持良好狀態。

4：Single-Behavior（單一行為）準則

每個單元測試應該只測試一種行為。在這本書中，這個觀念已經自然地落實了，主要體現在：

- 單元測試方法簽章的命名，反映了一個條件與一個期望。
- 一個 AAA 結構，強制只有一個 Act。

在更深入地探討之前，我想先定義一下行為（behavior）這個詞。

什麼是行為？

在業界中，行為的定義各有不同，因此對於本書的背景而言，訂立一個準確的定義非常重要。每個 SUT 都應該做某些事情。SUT 透過以下方式來執行這些事情：

- **與相依物件進行溝通**：溝通可以透過「呼叫相依的方法」或「設定一個欄位或屬性」來實現——這被稱為外部行為（external behavior）。
- **向外部環境（呼叫端）回傳一個值**：這可以透過 Exception（例外錯誤）或回傳值（如果不是 void 或 Task 方法的話）來實現——這也被稱為外部行為。
- **把所有元素整合在一起**：執行各種指令，以便為「接收輸入」、「發送輸出（回傳值）」，或「與相依物件溝通」做準備——這被稱為 SUT 的內部機制（internals），或內部行為（internal behavior）。

外部行為會在整個系統中傳播，因為它牽涉到其他相依的項目，而內部行為則封裝在 SUT 中，不向外部環境展示。

當我們單獨使用「行為」一詞時，指的是外部行為，所以 Single-Behavior（單一行為）準則指的是單一的外部行為。通常來講，定義似乎比實際情況更複雜，所以讓我們用一個例子來加強這個定義。

行為的範例

讓我們回顧一下「**第 2 章，藉由實際例子了解相依注入**」中 **WFA（天氣預報應用程式）** 的這段程式碼：

```
public async Task<IEnumerable<WeatherForecast>> GetReal()
{
    const decimal GREENWICH_LAT = 51.4810m;
    const decimal GREENWICH_LON = 0.0052m;
    OneCallResponse res = await _client.OneCallAsync
      (GREENWICH_LAT, GREENWICH_LON, new[]{Excludes.Current,
      Excludes.Minutely, Excludes.Hourly, Excludes.Alerts},
      Units.Metric);

    WeatherForecast[] wfs = new
        WeatherForecast[FORECAST_DAYS];
    for (int i = 0; i < wfs.Length; i++)
    {
```

```
            var wf = wfs[i] = new WeatherForecast();
            wf.Date = res.Daily[i + 1].Dt;
            double forecastedTemp = res.Daily[i + 1].Temp.Day;
            wf.TemperatureC = (int)Math.Round(forecastedTemp);
            wf.Summary = MapFeelToTemp(wf.TemperatureC);
        }
        return wfs;
    }
    private string MapFeelToTemp(int temperatureC)
    {
        ...
    }
```

在上述程式碼中，所有外部行為都存在於 _client.OneCallAsync 的呼叫和 return 陳述式中。其餘的程式碼則都屬於內部。你可以將「內部程式碼」的作用看成是「為了觸發 _client 相依物件並回傳一個值」。

一旦觸發了這兩個外部行為，內部行為就沒關係了；它們被執行並被遺忘，而外部行為則傳播到其他服務。

僅對外部行為進行測試

假如內部行為的作用僅限於為外部行為做準備，那麼只測試外部行為就能涵蓋對全部程式碼的檢驗。你可以將其理解為，測試內部程式碼是測試外部行為時順帶的結果。

這裡有一些測試行為（外部行為）的單元測試範例。這些範例已在「**第 3 章，單元測試入門**」的原始碼中完整實作（**WF** 是 **Weather Forecasting** 的縮寫）：

```
GetReal_NotInterestedInTodayWeather_WFStartsFromNextDay

GetReal_5DaysForecastStartingNextDay_
    WF5ThDayIsRealWeather6ThDay

GetReal_ForecastingFor5DaysOnly_WFHas5Days

GetReal_WFDoesntConsiderDecimal_RealWeatherTempRoundedProperly

GetReal_TodayWeatherAnd6DaysForecastReceived_
    RealDateMatchesLastDay
```

```
GetReal_TodayWeatherAnd6DaysForecastReceived_
    RealDateMatchesNextDay

GetReal_RequestsToOpenWeather_MetricUnitIsUsed

GetReal_Summary_MatchesTemp(string summary, double temp)
```

在只針對外部行為執行這些測試之後,程式碼涵蓋率工具(code coverage tool)將顯示,前述範例中展示的所有程式碼,都已被我們的測試所涵蓋。這包括 GetReal() 公開方法(public method)和 MapFeelToTemp() 私有方法(private method)中的程式碼。讓我們來看一個程式碼涵蓋率的範例:

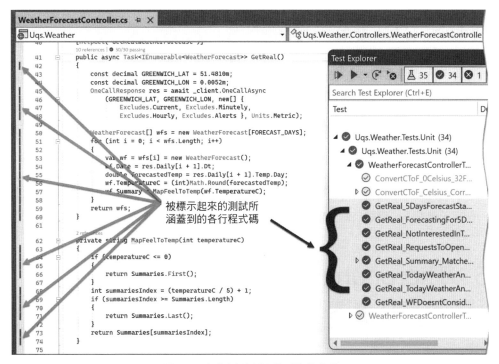

圖 6.1:行為測試所涵蓋到的程式碼

在**圖 6.1** 中,我使用了一個叫做 **Fine Code Coverage(FCC)**的 VS 擴充套件,來顯示被「**圖 6.1** 右側選擇到的測試」所涵蓋的各行程式碼。結果顯示,這些測試涵蓋了 SUT 中的所有程式碼。我們將會在「**Thoroughness(全面性)準則**」小節中,更詳細地討論涵蓋率和這個擴充套件。

為何不測試內部行為？

在單元測試中，一個常見的錯誤是開發人員試圖測試 SUT 的內部行為。以下是測試內部行為時可能會遇到的一些問題：

- 在測試外部行為時，SUT 已經被涵蓋到，所以沒有必要增加單元測試的數量，這會增加維護工作（負債）。
- 測試內部行為將導致 SUT 與測試之間緊密耦合，這會產生脆弱的測試，這些測試將不得不經常修改。
- 內部行為通常隱藏在非公開方法之後；為了要測試它們，必須將程式碼改為公開，這違反了 OOP 封裝（encapsulation）的特性。

每個測試只涵蓋單一行為

現在行為的定義已經明確，我們可以說明「測試單一行為」意味著什麼。「測試單一行為」與「Intention（意圖）準則」相互配合。如果我們針對單一行為進行測試，我們的測試將提高意圖的表達力和可讀性，而當測試失敗時，我們應該能夠及時地找出原因。

單一行為的測試由 SUT、一個條件、一個期望和最少的推斷所組成。之前清單中的單元測試簽章（請見**「僅對外部行為進行測試」小節**），即是針對單一行為的範例。同時，本書中所有的範例都遵循相同的準則。

一個單元測試方法應該只測試單一行為，而且絕不測試內部行為。

5：Thoroughness（全面性）準則

在單元測試的過程中，自然會出現以下問題：

- 多少測試才足夠？
- 我們有測試涵蓋率的衡量標準嗎？
- 我們需要測試第三方元件嗎？
- 我們應該對哪些系統元件進行單元測試，以及該略過哪些系統元件？

Thoroughness（全面性）準則試圖要來給這些問題一個答案。

針對相依性測試的單元測試

當你遇到一個相依物件時，無論它是來自系統內部的相依物件，還是第三方的相依物件，你都應該為它建立一個測試替身，並將其隔離，以便對 SUT 進行測試。

在單元測試中，你不應該直接呼叫第三方相依物件；否則你的程式碼將變成整合測試，這樣一來，你會失去單元測試的所有優勢。例如，在單元測試中，你不應該進行這樣子的呼叫：

```
_someZipLibrary.Zip(fileSource, fileDestination);
```

為了進行這個測試，你需要為 .zip 函式庫建立一個測試替身，以避免呼叫到真正的物件。

這是一個單元測試不能也不應該涵蓋的範圍，這讓我們遇到了涵蓋率的問題，因為程式碼的某些部分是無法進行單元測試的。

為了測試與相依物件的互動，並克服先前無法對某些程式碼進行單元測試的問題，我們可以改用其他類型的測試，例如：類整合測試、整合測試和驗收測試。

我們開始談論到涵蓋率（coverage）了；現在，我們可以深入探討這個主題。

什麼是程式碼涵蓋率？

要理解全面性的第一步是了解程式碼涵蓋率。**程式碼涵蓋率（code coverage）**是指你的測試（單元測試、類整合測試、整合測試等）所執行的系統程式碼行數，佔整個系統總程式碼行數的百分比。假設我們有一個方法，用來判定一個整數是否為偶數：

```
public bool IsEven(int number)
{
    if(number % 2 == 0) return true;
    else return false;
}
```

我們來撰寫一個單元測試，驗證一個數字是否是偶數：

```
public void IsEven_EvenNumber_ReturnsTrue() {...}
```

這個單元測試涵蓋到了 `if` 這一行程式碼，但它沒有執行 `else` 這一行。這就構成了 50% 的程式碼涵蓋率。很顯然的，再加一個測試來驗證奇數，將使涵蓋率達到 100%。

重要的是要明白，程式碼覆蓋率不一定僅僅是單元測試涵蓋率，而可能是單元測試、類整合測試和整合測試的組合。但是，在所有的測試中，單元測試通常涵蓋了程式碼的最大一部分，因為它們比其他測試更容易撰寫。此外，當使用 TDD 風格時，功能實作好的當下，你立刻就獲得了高涵蓋率，因為所有相關的單元測試都已經附上。

涵蓋率測量工具

為了測量（measure）測試涵蓋了多少程式碼，通常你會在**持續整合（Continuous Integration，CI）**流程（將在「**第 11 章，使用 GitHub Actions 實作持續整合流程**」討論），以及／或者在開發機器上進行測量。有很多商業的測試涵蓋率工具，以及一些免費的選擇。以下是幾個例子：

- NCover（商業）
- dotCover（商業）
- NCrunch（商業）
- VS Enterprise 程式碼涵蓋範圍（商業）
- SonarQube（商業版和社群版）
- AltCover（免費）
- FCC（免費的 VS 擴充套件）

如果你想了解程式碼涵蓋率如何運作，可以按照下列步驟安裝 FCC：

1. 從功能選單中點選 **Extensions | Manage Extensions**，這會開啟 **Manage Extensions** 的對話視窗。
2. 點選 **Online | Visual Studio Marketplace**。
3. 搜尋 **Fine Code Coverage**，接著點擊 **Download**。

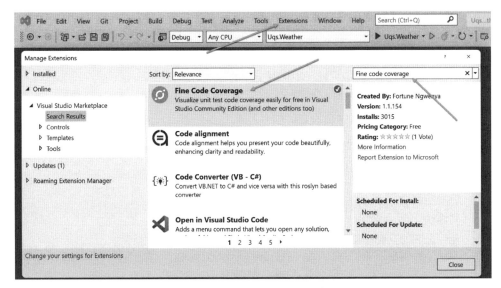

圖 6.2：安裝 FCC 的對話視窗

4. 重新啟動 VS。

安裝完成後，你可以開啟「**第 3 章，單元測試入門**」的專案，並執行所有的單元測試
（**Test | Run All Tests**）。測試執行幾秒鐘後，這項工具將會自動觸發。如果要查看
結果，一個類似**圖 6.3** 的視窗會在 VS 的底部出現，顯示測量結果：

▾Name	▾Covered	▾Uncovered	▾Coverable	▾Total	▾Line coverage	▾Covered	▾Total	▾Branch coverage
− Uqs.Weather	47	38	85	154	55.2%	6	10	60%
Program	0	21	21	36	0%	0	2	0%
Uqs.Weather.Controllers.WeatherForecastController	44	11	55	89	80%	6	8	75%
Uqs.Weather.WeatherForecast	3	1	4	12	75%	0	0	
Uqs.Weather.Wrappers.NowWrapper	0	1	1	6	0%	0	0	
Uqs.Weather.Wrappers.RandomWrapper	0	4	4	11	0%	0	0	
+ Uqs.Weather.Tests.Integration	14	0	14	38	100%	2	2	100%
+ Uqs.Weather.Tests.Unit	145	0	145	309	100%	6	6	100%

圖 6.3：FCC 分析的結果

如果你看不到這個視窗，你可能需要在功能選單上點選 **View | Other Windows | Fine
Code Coverage**。

我只對產品程式碼的涵蓋率有興趣,在這個例子中就是 Uqs.Weather。我可以看到我的總涵蓋率是 55.2%。

我們將在之後的幾個小節中,進一步探討上面的程式碼涵蓋結果。

單元測試涵蓋範圍

單元測試非常適合用於測試以下內容:

- 商業邏輯
- 驗證邏輯
- 演算法
- 元件之間的互動(請不要與「元件之間的整合」混淆)

另一方面,單元測試在測試以下的內容時,並不是最佳選擇:

- 元件之間的整合,即「從元件 A 經過到元件 B」的呼叫流程,例如從資料庫取得資訊並分析資料。
- 服務啟動元件(service booting components),例如 Program.cs。
- 直接呼叫相依物件(例如前面所述的相依性測試)。
- 包裝真實元件的包裝器,例如以下範例中的 RandomWrapper:

```csharp
public interface IRandomWrapper
{
    int Next(int minValue, int maxValue);
}
public class RandomWrapper : IRandomWrapper
{
    private readonly Random _random = Random.Shared;

    public int Next(int minValue, int maxValue)
    {
        return _random.Next(minValue, maxValue);
    }
}
```

單元測試不應該關注在這個類別所測試的任何內容,因為此類別直接包裝了真實元件。

現在，如果我們回頭看一下程式碼涵蓋率的結果，就可以明白為什麼 `Program.cs`、`NowWrapper.cs` 和 `RandomWrapper.cs` 的涵蓋率為 0%。這些檔案中的程式碼最好不要用單元測試進行測試，而我們也沒有這麼做。

`WeatherForecastController` 的涵蓋率為 80%。你可以開啟檔案來查看 FCC 所突顯的部分。

圖 6.4：來自 FCC 的醒目提示

看起來，在 `GetRandom` 中沒有一行程式碼是被測試過的，因為它們全都是紅色的。可能我在所有測試中，沒有任何一個是針對這個方法進行測試的。很明顯地，如果我使用 TDD 的話，就不會出現「完全沒有被測試的方法」；不過，沒關係，因為這是一個隨附於 VS ASP.NET 專案範本程式碼的方法。

現在我們已經了解什麼是程式碼涵蓋率，以及哪些程式碼可以被涵蓋，我們可以來說明什麼是全面性測試了。

做到全面性

毫無疑問，最理想的涵蓋率是 100%；或者至少這應該是我們的目標，但要達到這個目標並不容易，而有時候，為了達到這個目標所付出的成本和努力是不值得的。

首先，如同我們所討論的，單元測試的目的並非是為了要達到 100% 的涵蓋率，所以它們需要其他類型的測試來協助。如果我們希望透過單元測試來達到 100% 的涵蓋率，這樣我們會把單元測試硬套用到不太適合進行單元測試的地方。

全面性測試（being thorough）是指結合單元測試、類整合測試、整合測試和使用者驗收測試。

成本、時間和品質的三角法則

這可能不是你第一次聽到這個概念。它是一個專案管理的概念，並非僅限於軟體工程領域。以下是著名的三角法則：

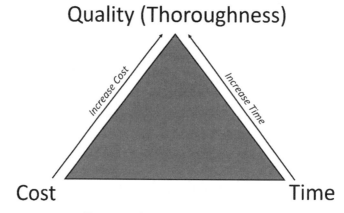

圖 6.5：成本、時間和品質的三角法則

在我們的三角法則中，**品質（Quality）** 代表了我們希望做到的全面性（Thoroughness）。很顯然地，它與**時間（Time）**和**成本（Cost）**密切相關。

一般來說，測試是一個耗時的過程，單元測試所耗費的時間與撰寫產品程式碼差不多，甚至可能更多。單元測試是由撰寫產品程式碼的開發人員來編寫的，通常不是同時進行的；而是按照順序完成。TDD 的紅綠燈重構流程是由撰寫程式碼的同一個人或團隊完成，而不是由另一位獨立的測試人員同步來進行。

如何做到全面性？

將涵蓋率目標設定為超過 80% 是很好的。在合理努力下，最高可以達到 95% 的涵蓋率。這只適用於單元測試與類整合測試相結合，或單元測試與整合測試相結合的情況。驗收測試通常不包括在涵蓋率的計算之內。

要做得更全面並提高涵蓋率，會花費更多的時間和成本。所以，涵蓋率應達到多少，是一個專案管理及團隊要面對的問題。

全面性測試是指透過結合單元測試與類整合測試，或單元測試與整合測試，來達到高涵蓋率。這同時考慮了時間、金錢和品質之間的三角法則。

6：High-Performance（高效能）準則

在現今的硬體設備上，你的單元測試執行時間理應不超過 5 秒，最理想的情況是在測試載入完成後，僅需幾秒鐘。但是為什麼要這麼糾結呢？我們難道不能讓測試隨意執行，而不用去費心它們的執行時間嗎？

首先，你的單元測試將在一天內需要執行很多次。TDD 的精神在於，每次更改後都要執行一部分或所有的單元測試；因此，你不會想花時間等待，進而損失了那些可以更有效地利用的寶貴時間。

其次，你的單元測試需要為「你的 CI 流程」提供快速的回應。你會希望你的原始碼分支始終保持綠燈狀態，這樣其他開發者在任何時間提取（pulling，拉取）的程式碼都會是正常的，而當然它也可以隨時推送至正式環境（ship to production）。對於大型團隊來說，這一點更加重要。

那麼，你該如何讓你的單元測試盡量保持快速執行呢？我們會在下一個小節嘗試回答這個問題。

偽裝成單元測試的整合測試

我曾經在很多專案中都看過這種情況：開發人員之所以稱他們的整合測試為單元測試，只是因為它們是由 NUnit 或 xUnit 執行的。

整合測試本質上是比較慢的，因為它們會執行 IO 行為，例如「從磁碟寫入或讀取」、「連線至資料庫」和「透過網路執行操作」等等。這些動作會耗時，導致測試需要花費幾分鐘甚至更多時間才能執行。

單元測試使用測試替身而且仰賴記憶體和 CPU 來執行。在專案載入後，執行 10,000 個單元測試應該只需要一些秒數，**所以你要確保，你正在執行的不是整合測試。**

高度消耗 CPU 和記憶體的單元測試

你可能正在進行相依於數學函式庫的單元測試，而這些函式庫沒有使用測試替身來處理，或是你的程式碼包含了複雜的邏輯。

你可以設定多種類型的單元測試，分別在不同時刻執行。xUnit 把這項功能稱為 **Trait**。你可以用一個 Trait 來標示那些進度較慢的測試。

在實踐 TDD 的過程中，你可以執行速度較快的測試，並在將程式推送到 codebase（版本控制）之前，執行所有測試。

過多的測試

假如在成為 TDD 專家並擁有 100,000 個測試後，你開始遇到「需要超過 5 秒才能完成的測試」。

我會直接詢問：

- 你的專案是不是過於龐大的單體式（monolith）應用程式？
- 你面臨的問題是：測試速度過慢？還是專案應該拆分成微服務？

針對這個問題的暫時解決方案是建立多個 VS 方案，然後弄清楚如何將相關的專案拆分到各種方案中。

擁有過多的測試是架構薄弱的訊號。此時，可以考慮採用其他架構，例如微服務，這樣單元測試的問題或許能自動解決。

從一開始，你就應該努力追求高效能的單元測試，並在建構專案的過程中保持關注。

7：Automation（自動化）準則

當我們提到自動化時，指的是 CI。**「第 11 章，使用 GitHub Actions 實作持續整合流程」**會專門講述 CI，因此在這裡就不再深入討論。

這條準則是讓你明白，單元測試將會在除了你的本地開發機器（local development machine）之外的其他平台上執行。那麼，你要如何確保你的單元測試已經做好自動化的準備呢？

從一開始就實施 CI 自動化

敏捷開發團隊會在第一個 sprint（第一個迭代階段）專門設定開發環境，其中包含 CI 流程。這個階段通常被稱為 sprint（零次衝刺）或 iteration zero（零次迭代）。如果在建立專案的第一天就設定好 CI 來監控版本控制，將減少遺漏測試或引入與 CI 不相容的測試的機會。

從專案一開始就實施 CI。

跨平台

.NET 具有跨平台特性，現在的趨勢是在 Linux 伺服器上執行 CI 流程。同時，開發者的開發環境可以是 Windows、macOS 或 Linux。

請確保你的程式碼不相依於特定作業系統的功能，除非是真的有必要，這樣你才能自由選擇用於 CI 流程的 OS。

CI 上的高效能

如今，CI 流程通常是從 CI 提供者，例如 Azure DevOps 或 GitHub Actions，所租用的服務。這些租用服務（leased services）在資源（CPU 和記憶體）方面較為有限，且在多個專案之間共享。

公平地說，如果你有一台效能很好的本地開發機器，而且你也不會在 CI 的資源上投資大量的費用，那麼在 CI 上執行測試所需花費的時間，將會是本地開發機器的兩倍，甚至更多。

這個再次表明「擁有高效能的測試」是必要的。

確保你在開發機器上撰寫的任何測試，都已準備好可以在 CI 上執行。

8：No Interdependency（無相依）準則

首先，我想將這個準則（guideline）升級為一項原則（principle）。這項原則確保單元測試不會永久地改變狀態；換句話說，執行單元測試不應該儲存（persist，保存）資料。根據這個原則，我們有以下規則：

- 「測試 A」不應該影響「測試 B」。
- 無論「測試 A」是在「測試 B」之前還是之後執行，都無所謂。
- 無論「測試 A」和「測試 B」是不是同時執行，都無關緊要。

如果你仔細想想，單元測試是在記憶體中建立測試替身並執行操作的，而當測試執行完畢後，除了測試報告之外，所有的變更都會消失。資料庫、檔案或任何地方，都不會儲存任何內容，因為所有的這些相依物件都是以「測試替身」的形式呈現。

遵守這一原則還確保了測試執行器（例如 Test Explorer），可以在需要時，以平行（parallel）和使用多執行緒（multi-threading）的方式執行測試。

保證遵守這一原則是單元測試框架與開發人員共同承擔的責任。

單元測試框架的職責

單元測試框架應確保在執行每個單元測試方法後重新初始化單元測試類別。單元測試類別應避免像一般類別那樣保持狀態。讓我舉個例子來說明：

```
public class SampleTests
{
    private int _instanceField = 0;
    [Fact]
    public void UnitTest1()
    {
        _instanceField += 1;
        Assert.Equal(1, _instanceField);
```

```
    }
    [Fact]
    public void UnitTest2()
    {
        _instanceField += 5;
        Assert.Equal(5, _instanceField);
    }
}
```

當單元測試框架執行 UnitTest1 和 UnitTest2 時,不應該使用同一個物件執行它們;它要為每個方法的執行建立一個新的物件。這意味著它們不共享實體物件的欄位。否則,如果 UnitTest1 在 UnitTest2 之前執行,那麼我們應該推斷結果為 6。

> **Note**
> 在一個方法中修改實體物件的欄位(an instance field),然後在同一個方法中進行推斷,這不是一個良好的單元測試實踐,但在這裡是為了示範才這樣做的。

xUnit 確實遵守了「確保不共享狀態」的原則。但是,如果使用靜態成員(static member),就可以讓它執行不同的行為。

開發人員的職責

身為開發人員,你知道在單元測試期間不應該儲存資料。否則,按照定義,這就不是一個單元測試。

如果開發人員使用測試替身來代替資料庫、網路和其他相依物件,那麼他們就是遵循了這個規則。然而,問題發生在開發人員選擇使用靜態欄位時。靜態欄位(static fields)會在各個獨立方法的呼叫之間保持(preserve)狀態。以下是一個例子:

```
public class SampleTests
{
    private static int _staticField = 0;
    [Fact]
    public void UnitTest1()
    {
        _staticField += 1;
        Assert.Equal(1, _staticField);
```

```
    }
    [Fact]
    public void UnitTest2()
    {
        _staticField += 5;
        Assert.Equal(6, _staticField);
    }
}
```

上述的程式碼違反了這個規則，因為在執行 UnitTest1 之前先執行 UnitTest2 的話，會導致測試失敗。事實上，我們無法根據它們在類別中的順序，保證「第二個方法」會在「第一個方法」之後執行。

在某些例子中，使用靜態欄位可以提高效能。假如我們需要在所有測試中使用一個記憶體式唯讀資料庫（in-memory read-only database）。同時假設它的初始化耗時很長，例如 100 毫秒（ms）：

```
private readonly static InMemoryTerritoriesDB =
    GetTerritories();
```

這個欄位是唯讀的，類別的內容也是唯讀的，例如 readonly record。但是，在這種情況下，我會質疑你是否真的需要資料的所有範圍，或者你可以建立一個適合單元測試的精簡版本（a cutdown version）？這樣或許可以加快載入速度，並且消除對靜態欄位的需求。

作為開發人員，你應該注意，不要在多個單元測試之間產生狀態（state）。如果你在單元測試領域還是新手的話，這很容易被忽略。

無相依性（no interdependency）可讓程式碼更容易維護，並減少單元測試中的錯誤。

9：Deterministic（確定性）準則

單元測試應具有確定性的行為，並應產生相同的結果。無論是在以下何種情況，都應該如此：

- **時間**：包括時區的變更和在不同時間進行測試。
- **環境**：例如在本地機器或 CI/CD 伺服器。

讓我們來討論一些可能導致非確定性單元測試（non-deterministic unit tests）的案例。

非確定性的案例

有些情況可能導致非確定性單元測試。以下是其中的一些例子：

- 擁有「相互相依的單元測試」，例如「將資料寫入靜態欄位」的測試。
- 在開發機器上使用絕對路徑（absolute path）載入檔案，其檔案位置與「自動化機器上的位置」不符。
- 存取「需要更高權限的資源」。舉例來說，以系統管理員身分執行 VS 可能沒有問題，但在 CI 流程中執行時，卻可能會失敗。
- 使用隨機結果的方法（randomization methods），卻未將它們視作相依物件。
- 相依於系統時間（system's time），卻未將其視為相依物件。

接下來，我們將看到一個不相依於變動時間（varying time）的案例，使我們的單元測試具有確定性。

凍結時間的範例

如果你的測試相依於時間，你應該使用測試替身來凍結時間（freeze the time），以保證測試的結果是具有確定性的。下面有一個範例：

```
public interface INowWrapper
{
    DateTime Now { get; }
}
public class NowWrapper : INowWrapper
{
    public DateTime Now => DateTime.Now;
}
```

這是一個包裝器，用來將現在時間（current time）作為相依物件。要在 Program.cs 中註冊這個包裝器，如下所示：

```
builder.Services.AddSingleton<INowWrapper>(_ => new
    NowWrapper());
```

你的服務看起來可能像這樣：

```
private readonly INowWrapper _nowWrapper;
public MyService(INowWrapper nowWrapper)
{
    _nowWrapper = nowWrapper;
}
public DateTime GetTomorrow() =>
    _nowWrapper.Now.AddDays(1).Date;
```

上述程式碼中的計算僅供展示用途，並未考慮日光節約時間（Daylight Saving Time）。在單元測試中注入現在時間：

```
public void GetTomorrow_NormalDay_TomorrowIsRight()
{
    // Arrange
    var today = new DateTime(2022, 1, 1);
    var expected = new DateTime(2022, 1, 2);
    var nowWrapper = Substitute.For<INowWrapper>();
    nowWrapper.Now.Returns(today);
    var myService = new MyService(nowWrapper);

    // Act
    var actual = myService.GetTomorrow();

    // Assert
    Assert.Equal(expected, actual);
}
```

上面的單元測試已將「現在時間」凍結為指定值（a specified value）。這讓程式碼不再受限於作業系統的時鐘，因此變得具有確定性。

無論時間或環境因素，執行單元測試應該始終獲得一致的結果。

小結

FIRSTHAND 匯集了業界寶貴的指引和最佳實踐。我相信本章加強了前幾章的學習，有助於加深你對 TDD 及其生態系統的理解。我也希望，這些準則能讓你牢記於心，因為 TDD 經常在開發人員的討論中出現，而且很有可能成為面試的主題。

這一章為「**Part 1**」的最終章，我們在這個部分探討了相依注入、單元測試和 TDD。「**Part 1**」只是對 TDD 的初步介紹，提供了一些零散小型和中型的範例。如果你已經讀到了這裡，那麼恭喜你，你已經掌握了 TDD 的基本知識。

「**Part 2**」將把所有基礎知識應用到更真實的情境中。為了確保你已經準備好應用這些知識，並模擬一個實際使用 TDD 的應用程式，我們下一章將介紹**領域驅動設計**（**domain-driven design**，**DDD**），因為你將會在後面的章節中，運用到 DDD 的概念。

Part 2

使用TDD建立應用程式

測試驅動開發（TDD）通常與**領域驅動設計（DDD）**架構相結合。在 Part 2 中，我們將運用 Part 1 學到的知識，使用 TDD 和 DDD 來建構一個完整的應用程式。在其中一個案例中，我們將使用關聯式 DB（第 9 章），而在另一個案例中，我們將使用文件式 DB（第 10 章），用以展示這會如何影響我們的單元測試實作。

讀完 Part 2，你將能夠從零開始使用 TDD 和 DDD 建構一個應用程式。Part 2 包含了以下內容：

- 第 7 章：領域驅動設計的實務觀點
- 第 8 章：設計一個服務預訂應用程式
- 第 9 章：使用 Entity Framework 和關聯式資料庫建置服務預訂應用程式
- 第 10 章：使用資源庫和文件式資料庫建置服務預訂應用程式

7

領域驅動設計的實務觀點

領域驅動設計（domain-driven design，DDD）是一套廣泛用於現代企業級應用程式
（enterprise applications）的軟體設計原則。Eric Evans 在 2003 年將它們彙整成書
《*Domain-Driven Design*》，讓它們流行起來。

你可能會好奇，這與**測試驅動開發（test-driven development，TDD）**有什麼關係？
難道是因為它們的縮寫字母相似？實際上，TDD 和 DDD 是相互配合的，TDD 針對客
戶的需求和品質來規劃設計，而 DDD 則補充了設計的其他部分。在工作交談與職務需
求中，你經常會聽到這兩個詞彙一起出現，在「**Part 2：使用 TDD 建立應用程式**」結
束時，這其中的原因將會變得清晰。

本章的目的是作為 DDD 的入門指南，讓你具備「結合 TDD 和 DDD 來建構完整應用
程式」的基本能力。

DDD 既是技術性的，也是哲學性的主題。考量到本書的務實性以及本章的篇幅，我們
會將焦點放在 DDD 的實務層面，也就是與「我們將在後續章節中實作的應用程式」有
關的那些方面。

在本章中，你會學到下列這些主題：

- 使用範例應用程式
- 探討「領域」
- 探討「服務」

- 探討「資源庫」
- 整合所有元素

讀完本章，你將了解基本的 DDD 術語，並且有能力向同事解釋。

技術需求

讀者可以在本書的 GitHub 儲存庫找到本章的範例程式碼：`https://github.com/PacktPublishing/Pragmatic-Test-Driven-Development-in-C-Sharp-and-.NET/tree/main/ch07`。

使用範例應用程式

我們需要一個範例應用程式來展示 DDD 的概念。在你的專案中，應用程式（application）這個詞可以有各種含義。它可以是以下其中一項：

- 一個**單一微服務（single microservice）**，它是更大的應用程式中的一部分
- 一個獨立運作的**單體式應用程式（monolith application）**

本章將使用單體式應用程式，因為這樣更容易解釋概念，且整體脈絡會比較清晰。所以，我們將集中在 DDD 的特點上，而不是深入更為複雜的架構。

讓我們以部落格應用程式為例。一個使用 DDD 風格的部落格應用程式，在 Microsoft **Visual Studio（VS）** 中可能看起來像這樣：

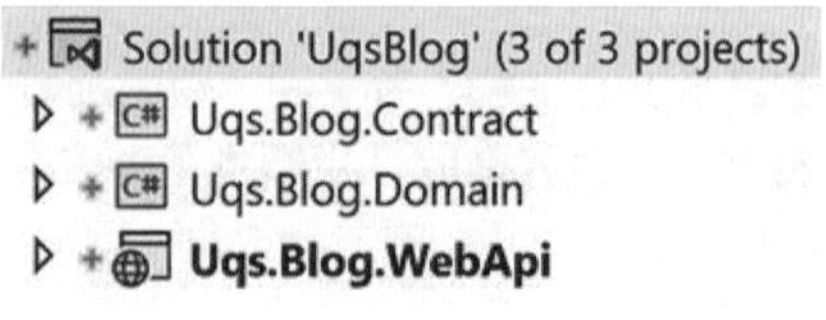

圖 7.1：一個在 VS 中的部落格應用程式

UQS 是我們虛構的公司名稱的縮寫，它代表 **Unicorn Quality Solutions**。這些專案彼此之間具有以下相依關係：

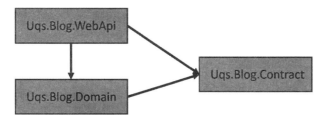

圖 7.2：專案之間的相依關係

這裡沒有什麼特別之處：這只是一組常見的專案相依關係。讓我們深入研究每個專案的角色。

應用程式專案

我們的方案與外部的世界、客戶端以及 `Uqs.Blog.WebApi` 專案進行溝通。此方案使用 RESTful Web API 跟 UI 進行溝通。這樣可以方便基於瀏覽器的 UI 層（如 **React**、**Angular**、**Vue**、**Blazor** 等等）交換資料（以合約的形式）。

此外，它還可以作為一個獨立的 API 專案存在，這被稱為是無頭部落格（a headless blog），這是一個特別的詞彙，表示這只是一個沒有 UI 的後端平台。多個 UI 可以與之互動，所以它不會與某個特定的 UI 緊密結合。

這可以是一個標準的 ASP.NET Core Web API，類似於我們在之前章節中使用的那種。

在「第 2 章，藉由實際例子了解相依注入」和「第 3 章，單元測試入門」中，你已經看過了 **DI（dependency injection，相依注入，又譯依賴注入）** 的範例，在那些範例中，我們將一些相依物件注入到 `WeatherForecastingController` 中。用 DDD 術語來說，該 Controller 扮演了一個**應用程式服務（application service）**的角色。

合約物件專案

為了與外界溝通，你的資料應該具有明確的結構。這個明確的結構由類別組成，它位於 `Uqs.Blog.Contract` 專案中。

如果這是一個 UI 專案，這些合約可能會被稱為**檢視模型（view model）**，因為它們是直接綁定到 UI（View）上的模型。此外，它們也可能被稱作**資料傳輸物件（data transportation object，DTO）**，因為它們將資料從伺服器傳送到客戶端。在 API 專案中，它們通常被稱為**合約（contract）**。

簡單來說，如果 RESTful API 有一個請求完整貼文資訊的 API，其網址如下：

```
https://api.uqsblog/posts/1
```

那麼，合約可能看起來會像這樣：

```
public record Author(int Id, string Name);
public record Post(int Id, string Content, Author Author,
    DateTime CreatedDate, int NumberOfComments
    , int NumberOfViews, ...);
```

這通常會以 JSON 格式進行傳輸。以下是將前述 C# 合約序列化為 JSON 的範例：

```
{
  "id": 1,
  "content": "Some content",
  "author": {
    "id": 100,
    "name": "John Smith"
  },
  "createdDate": "2022-01-01T01:01:01",
  "numberOfComments": 5,
  "numberOfViews": 486,
  ...
}
```

合約並不是 DDD 理念中的一部分，但是為了打造出完整的應用程式，這裡就需要它們。

領域層專案

這一層的元件位於 `Uqs.Blog.Domain` 專案。這裡包含了所有與領域設計相關的類型。

> **Note**
>
> 分層、命名專案以及按照分層進行安排,是一個具有高度主觀性的過程。
> 目前沒有被廣泛接受的業界標準來界定最佳做法。所以,請把這裡的方式
> 看作是一個範例,而非唯一的方法。

這一層包含以下內容:

- 商業邏輯
- 資料庫持久化

我們的專案呈現出與**圖 7.3** 相似的設計:

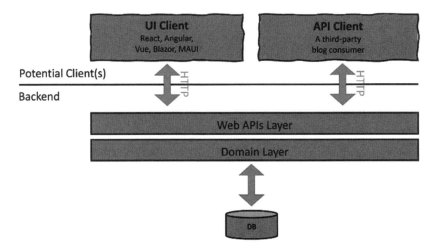

圖 7.3:應用程式的設計圖

這個設計圖展示了我們的應用程式;然而,值得注意的是,DDD 著重於後端
(Backend),而非客戶端。

接下來,我們將深入了解 DDD 的構成要素,首先從領域著手。

探討「領域」

DDD 是一套軟體設計哲學和最佳實踐的集合。有不少專門探討 DDD 的書籍，其中大多數都超過 500 頁。所以，我們可以詳細討論 DDD，但這本書的主題並非 DDD，因此我們只會做簡單的介紹。

DDD 著重於商業邏輯以及與資料庫和外界的互動，並採用一套實踐方法來做穩固的軟體設計。在 DDD 中，領域（domain）一詞是指商業領域（business domain），可以是汽車保險、會計、帳單、銀行、電子商務等。正如領域驅動（domain-driven）這個術語所暗示的，DDD 重視商業領域。

接下來，我們將探討構成 DDD 實際應用的架構元件。

領域物件

領域物件（domain object）代表現實生活中的商業實體。在探索我們的部落格專案時，領域物件可能是這樣：

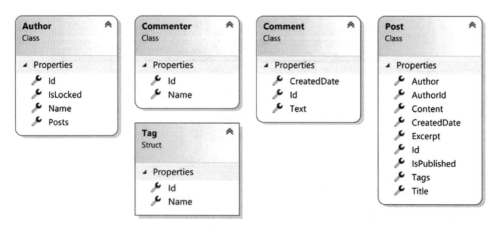

圖 7.4：負責部落格領域的類別和 struct（結構）

你可以看到，這些型別和屬性的名稱如何呈現部落格的商業特性。這些實體一般與關聯式資料庫的資料表直接對應，所以你會擁有貼文（Posts）、作者（Author）、標籤（Tags）等相關的資料庫資料表。

在文件式資料庫裡面，領域物件可能直接或不直接儲存到你的集合內。

> **Note**
>
> 雖然 DDD 沒有明確指出領域物件應該對應到關聯式資料庫的資料表，但是在實務中，這樣做更具有實用性，特別是在使用像是 **Hibernate（Java）**和 **Entity Framework（.NET）**這一類**物件關係對映（object-relational mapper，ORM）**的工具時。

你經常會發現，模型（model）、商業物件（business object）和領域物件（domain object）等詞彙被交替使用，它們所指的都是同一件事情。

不是所有的領域物件都具有相同性質。在 DDD 中，領域物件分為兩類：實體和值物件。

實體和值物件

DDD 會區分具有識別性的物件，稱為**實體（entity）**，不具有識別性的物件，稱為**值物件（value object）**。值得注意的是，這裡的識別（identity）並不是指 Id 屬性，而是代表英文中一般意義上的 identity。

值物件

值物件（value object）代表一種類別的值，它不具有概念上的識別性。最常見的值物件例子就是貨幣（money）。一張 5 英磅的鈔票沒有識別性，如果被另一張 5 英鎊的鈔票替換，那麼什麼都沒有改變。換言之，如果有兩個人互換了 5 英鎊的鈔票，它們仍然具有相同的價值，我們不需要擔心或是去追查這些鈔票。

> **Note**
>
> 在大多數情況下，一張 5 英鎊的鈔票會被視為值物件，除非該鈔票的序號具有重要意義。例如，如果它是英格蘭銀行的貨幣發行專案中的一部分，才有可能出現這種情況。

有很多可以作為值物件的範例。以下是一些例子：

- 日期
- 名字（first name），因為單單名字無法產生識別性
- 地址

值物件在 **C#** 中的建模方式就像實值型別一樣。使用 **struct（結構）** 來建模值物件是很合適的。在部落格專案中，你可以看到一個以 struct 建模的值物件範例，也就是 Tag struct。

像 .NET、DDD 和 TDD 這樣的部落格標籤並不需要 ID。但對於資料庫儲存來說，具有識別碼（identifier）可能更為實際，因為它能更好地管理標籤。

> **Note**
>
> 單純從 DDD 的角度來看，標籤應該是 Post 的一個屬性，不是一個獨立的商業物件。但是，如果標籤拼寫錯誤，你想要修正它時，該怎麼辦？或者是，你想要為使用者顯示現有標籤清單，以便做自動完成呢？將其視為「獨立的領域物件」並儲存在單獨的表格或儲存空間中，可能對於「提高效能」和「管理的便利性」更有幫助。

在實務上，.NET 的開發者很少使用結構（structures），除非他們正在開發較低階的東西，例如「效能優化」或「與非受控資源互動」。通常，值物件會使用類別建模，這並不是非常符合 DDD 的原則。

實體

一個主要由其識別性定義的物件被稱為**實體（entity）**。它是一種領域模型（domain model），需要隨著時間進行追蹤，其屬性（attribute）可能會隨著時間改變。一個很好的例子就是「人」（person）這個實體，它有可變更的電子郵件和住家地址，但是具有固定的識別，即「人」本身。

在我們前述的部落格範例中，Post、Author、Comment 和 Commenter 都是實體。

Comment 有些特別，因為有人可能會認為它是一個值物件！但如果它可以編輯的呢？那麼，它的識別就變得相當重要。

實體通常以類別和 Record 來呈現，它們一定有一個**識別碼（identifier，ID）**。

實體與值物件的區別

在設計你的領域時，了解這些區別，對於選擇正確的設計來說非常重要。以下是主要的不同之處：

- **生命週期**：實體在連續的狀態下存在，而值物件可以輕易地被建立和銷毀。
- **不可變性**：如果物件在建立後其「值」無法變更，則認為它具有不可變性。實體具有可變性（mutable），而值物件具有不可變性（immutable）。
- **識別碼**：實體物件需要識別碼，但是值物件不需要。
- **類別或 struct**：實體使用類別，並遵循 .NET 參考型別（reference type）的原則（儲存在堆積（heap）中、傳遞參考等等）；值物件則是 struct（至少按照 DDD 的建議是如此），並遵循 .NET 實值型別（value type）的原則（儲存在堆疊中、傳遞值等等）。

總結一下，當我們設計領域物件時，可以根據它們是否具有識別性來將它們設計為實體或值物件。

聚合

聚合（aggregate）是組成一個商業目的（business aim）的一群類別。前面的部落格類別設定了一個明確的商業目的，即管理部落格貼文。這些類別組成了一個聚合。

> **Note**
> DDD 中 的 聚 合（aggregate）， 與 **OOP** 和 **UML** 中 所 提 到 的 聚 合（aggregation），是不同的概念。

聚合根（aggregate root）指的是一個聚合中的主要實體。DDD 建議透過聚合根來存取（呼叫方法）聚合內的任何領域物件。在部落格範例中，很明顯地 Post 領域物件就是聚合根。

貧血模型

當我們學習 OOP 時，我們了解到「一個物件負責處理自己的資料和行為」。所以，如果我們有一個叫做 Person 的類別，在這個類別中，就可能會有一個名為 Email 的唯讀屬性。此外，要設定電子郵件地址，你可能會有一個被創意地命名為 void

ChangeEmail(string email) 的方法，它會在設定電子郵件之前執行一些商業邏輯和驗證。根據 DDD，我們的類別看起來會像這樣：

```
public class Person
{
    public string Email { get; private set; }
    public void ChangeEmail(string email)
    {
        ...
    }
    // other properties and methods
}
```

這個類別儲存了它自己的資料。例如，Email 屬性儲存了電子郵件的值，並且存在一種行為，由 ChangeEmail 方法呈現，用於改變已儲存的 Email。

貧血模型（anemic model） 是一個包含很少或沒有行為的物件，主要專注於承載資料。我們將前面 Person 類別轉換為貧血模型的版本，以此作為貧血模型的範例：

```
public class Person
{
    public string Email { get; set; }
    // other properties
}
```

現在電子郵件有了設定存取子（setter），但如果驗證和其他商業邏輯不在類別本身內部，那該如何實作呢？答案是另外一個類別會負責，像是下面這個：

```
public class PersonService
{
    public void ChangeEmail(int personId, string email)
    {
        Person person = ...; // get the object some how
        // validate email format
        // check that no other person is using the email
        person.Email = email;
    }
}
```

在這種情境下，另一個類別 `PersonService` 會負責處理 `Person` 類別的行為，而 `Person` 類別將更多的行為外包給其他類別，這使得 `Person` 類別變得更貧血。

在貧血模型中，客戶端要自行理解領域物件的目的和用途，而商業邏輯則會在其他類別中實作，就如同前面的範例一樣。貧血模型被視為一種反模式（anti-pattern），因為它違反了 OOP 的原則。

然而，在領域物件中使用貧血模型這個反模式，在開發人員之間相當常見，這是因為開發人員經常使用像是 **Entity Framework（EF）** 這樣的 ORM，以及其他實用的做法，而這些會與「DDD 的最佳實踐」產生衝突。

本書的其餘部分將採用貧血模型的方式，因為它在市場上是最主要的方法。這種方法更務實，並且能很好地與 ORM 協同工作。

通用語言（ubiquitous language）

根據劍橋詞典的解釋，ubiquitous 這個字，發音為 yu-bikwitus，意指「似乎無處不在的」。

從 DDD 的角度來看，它指的是在為你的領域物件命名時，要使用類似於業務人員使用的、他們熟悉的術語。換句話說，不要創造自己的術語，而是遵循現有的語言，即商業語言（business language）。

這個方法帶來了幾個顯著的好處：

- 商業利害關係人（business stakeholder）與開發人員之間的交流變得更加流暢
- 新進的開發人員能夠快速掌握商業邏輯和程式碼

在部落格範例中，我使用了部落格領域常用的專業術語。這個概念也適用於大型專案。

到目前為止，你應該已經對 DDD 中的領域物件和聚合有大致上的了解。在下一個小節中，我們將深入探討一個重要的 DDD 主題，在「**Part 2：使用 TDD 建立應用程式**」中，我們也將廣泛應用這個主題。

探討「服務」

DDD 的**服務**（**service**）可以分為三種類型，但現在我們先集中討論領域服務（**domain service**），然後再來探討其他兩種：**基礎設施服務**（**infrastructure service**）和**應用程式服務**（**application service**）。

領域服務是 DDD 生態系統中負責商業邏輯的單元。領域服務具有以下職責：

- 透過資源庫（repository，又譯儲存庫）的協助載入領域物件
- 執行商業邏輯
- 利用資源庫將領域物件持久化

要明白，領域服務對於「資料如何從儲存媒介載入和存放」是一無所知的，這一點很重要。它們只知道如何透過資源庫的協助來請求資料的載入或進行持久化的動作。這一章後面會詳細講解資源庫。

讓我們為部落格專案增加一些服務，來協助我們發佈貼文，以及取得和更新它們。

貼文管理

如果你以前發佈過部落格貼文或網路文章，你對這個流程一定不陌生。當你打開文字編輯器撰寫部落格貼文時，你需要填寫標題、內容和其他欄位，但即使沒有完成所有內容也可以儲存。在編輯過程中，即使沒有填寫所有必要欄位也可以儲存，但當你想要發佈時，應該填寫所有內容。

我們開始來實作管理貼文所需的領域服務吧。

新增貼文的服務

新增一篇貼文需要作者的 ID，但不需要其他欄位。這個服務的程式碼可以這樣撰寫：

```
public class AddPostService
{
    private readonly IPostRepository _postRepository;
    private readonly IAuthorRepository _authorRepository;

    public AddPostService(IPostRepository postRepository,
```

```
        IAuthorRepository authorRepository)
    {
        _postRepository = postRepository;
        _authorRepository = authorRepository;
    }

    public int AddPost(int authorId)
    {
        var author = _authorRepository.GetById(authorId);
        if (author is null)
        {
            throw new ArgumentException(
                "Author Id not found",nameof(authorId));
        }
        if (author.IsLocked)
        {
            throw new InvalidOperationException(
                "Author is locked");
        }
        var newPostId = _postRepository.CreatePost
            (authorId);
        return newPostId;
    }
}
```

首先，你會注意到，我專門為一個類別 AddPostService 配置了一個單獨的方法 AddPost。有些設計會建立一個單一的服務類別，例如 PostService，並且在其中加入多個商業邏輯方法。我選擇採用「在單一類別中配置單一公開方法」的方式，以遵循 **SOLID** 的單一職責原則。

我已經將商業邏輯所需的兩個資源庫注入到類別中：author 和 post 資源庫。若要回顧 DI，請參閱「**第 2 章，藉由實際例子了解相依注入**」。

我實作了一個商業邏輯，檢查方法中是否被傳入了不存在的作者。另外，若作者沒有被禁止發佈，我就建立一篇貼文，並取得其建立的 ID。我原本可以使用 Guid，但 UI 需要的是一個整數。

值得注意的是，服務並不知道 Author 是如何被載入的。它可能是從關聯式 DB、文件式 DB、記憶體式 DB，抑或是文字檔案中載入的！服務將這份責任委託（delegate）給了資源庫。

這個服務專注於單一職責，也就是「新增貼文」的商業邏輯。這是關注點分離（separation of concerns）的一個例子。

更新標題的服務

部落格標題最長可為 90 個字元，並且隨時可以修改。下面是實現這個功能的範例程式碼：

```csharp
public class UpdateTitleService
{
    private readonly IPostRepository _postRepository;
    private const int TITLE_MAX_LENGTH = 90;
    public UpdateTitleService(IPostRepository postRepo)
    {
        _postRepository = postRepo;
    }
    public void UpdateTitle(int postId, string title)
    {
        if (title is null) title = string.Empty;
        title = title.Trim();
        if (title.Length > TITLE_MAX_LENGTH)
        {
            throw new
                ArgumentOutOfRangeException(nameof(title),
                $"Title max is {TITLE_MAX_LENGTH} letters");
        }
        var post = _postRepository.GetById(postId);
        if (post is null)
        {
            throw new ArgumentException(
                $"Unable to find a post of Id {postId}",
                nameof(post));
        }
        post.Title = title;
        _postRepository.Update(post);
    }
}
```

上述的邏輯相當簡單明瞭。這裡新增加的程式碼是服務載入實體的方式，修改其中的一個屬性，接著要求資源庫處理更新的動作。

在這兩個服務裡，商業邏輯並不需要知道任何有關資料平台的資訊。這些資料平台可以是 SQL Server、Cosmos DB、MongoDB 等。DDD 把這些工具的函式庫視為是基礎設施，因此，服務對基礎設施一無所知。

應用程式服務

我們在前面介紹了領域服務。而應用程式服務則是負責與外界的互動，或者是讓客戶端能向系統發出請求的媒介。

一個應用程式服務的完美範例是 **ASP.NET** 的 Controller，Controller 可以使用領域服務來回應 **RESTful** 的請求。應用程式服務通常會同時使用領域服務和資源庫來處理外部的請求。

基礎設施服務

這些功能是用來將技術性的問題給抽象化（例如雲端儲存、服務匯流排、電子郵件提供者等）。

在「**Part 2：使用 TDD 建立應用程式**」中，我們將廣泛使用服務。因此，我希望你對它們有所了解。稍後，我們將實作一個涵蓋多個服務的端到端專案（an end-to-end project）。

服務的特性

在 DDD 中有關於如何建立服務的指引。我們將在這裡簡單介紹幾個。不過，如果你想進一步了解更多，建議你參考本章結尾的「**延伸閱讀**」小節。

我們將探討無狀態的服務、通用語言，以及使用領域物件取代服務。

無狀態

一個服務不應該擁有狀態。擁有狀態就像是記憶「資料」，簡單來講，就是將一些商業資料儲存在服務類別的欄位或屬性中。

請避免在你的服務中維持狀態，因為這會讓你的架構變得更加複雜，如果你覺得需要維持狀態，那麼這就是資源庫的用途所在。

使用通用語言

和往常一樣，請使用通用語言（ubiquitous language）。在前面的範例中，我們根據商業行為來為服務和方法命名。

在相關情境中使用領域物件

DDD 是反對貧血模型的，因此它建議使用者去檢查領域模型是否能執行操作（行為），而不是在服務中完成操作（行為）的執行。

在我們的範例中，DDD 會建議我們在 Post 中加入行為（公開方法）。如果我們遵循 DDD 的建議，我們的 Post 類別看起來會像這樣：

```
public class Post
{
    public int Id { get; private set; }
    public string? Title { get; private set; }
    // more properties...
    private readonly IPostRepository _postRepository;
    private const int TITLE_MAX_LENGTH = 90;
    public Post(IPostRepository postRepository)
    {
        _postRepository = postRepository;
    }

    public void UpdateTitle(string title)
    {
        ...
    }
}
```

第一點要注意的是，這些屬性（property）的設定存取子（setter）現在是私有的，因為只有類別內的方法才能設定這些屬性值。第二點要注意的是，UpdateTitle 方法不需要取得 Id 屬性作為參數，因為它可以從類別內存取 Id。它只剩需要標題作為參數。

這種做法的好處在於你的類別不會出現貧血狀況，並且遵循 OOP 的原則。很明顯的，我們在實作的過程中並沒有遵循 DDD 的建議，而是將 `UpdateTitle` 方法寫在服務類別中。

我之所以這麼做並不是想讓 DDD 的實踐者不高興，而是出於實際目的！讓我們列舉一下，使用 EF 這個 .NET 主要的 ORM 時，你可能會遇到的、這種做法所帶來的潛在問題：

- **資源庫的 DI**：你將需要讓你的 DI 容器，在執行時期將資源庫注入到 `Post` 類別中。這不是一種常見的做法，而且我甚至不確定在不使用破解性程式碼的情況下是否可行。
- **EF 中的私有設定存取子（private setter）**：EF 不能設定私有屬性值。所以，如果它從資料庫讀取 `Post`，它將無法設定屬性值，使得 EF 變得毫無作用。
- **商業邏輯分散**：如果領域類別中包含商業邏輯，那麼你的商業邏輯有時候可能在服務中，有時候則在領域物件中，而不是都只集中在其中之一。換句話說，商業邏輯將散落在多個類別中。

雖然有方法可以使這種做法成功，但付出的努力並不值得。在這裡，DDD 的理論就與實務操作配合不起來，這也是我選擇採用貧血領域物件的原因。重點是你要了解 DDD 所倡導的理念以及背後的原因，並且知道我們為什麼要改變這種做法。

服務無需擔心資料如何被載入和儲存，因為那是資源庫的職責，這也自然引導我們進入下一個主題。

探討「資源庫」

資源庫（repository）是屬於基礎設施的類別。它們熟悉底層的儲存平台（storage platform），並能與資料儲存系統（data store system）的具體細節進行互動。

它們不應該含有業務邏輯，且它們應該只需專注於資料的載入和儲存。

資源庫是實現單一職責（就像 SOLID 中的單一職責原則）的一種方法，讓「服務」和「領域」負責商業邏輯，但不負責資料持久化。DDD 把資料持久化的職責交給「資源庫」。

資源庫的範例

在前面的 `UpdateTitleService` 類別中，你已經看過這行程式碼：

```
var post = _postRepository.GetById(postId);
```

在這裡，我們將會向你展示一個 `GetById` 可行的實作方式。

搭配 SQL Server 使用 Dapper

Dapper 是一個 .NET 的函式庫，被歸類在微型 ORM（micro-ORM）的類型。它非常受歡迎，並在 **StackOverflow** 中被廣泛使用。

Dapper 可用於存取 SQL Server DB，所以假設我們的部落格 DB 是 SQL Server，我們將使用 Dapper 來實作 `PostRepository` 的 `GetById` 方法。

要在任何專案中使用 Dapper，你可以透過 **NuGet** 安裝相同名稱的套件。而要搭配 SQL Server 一起使用 Dapper，你還需要安裝 `System.Data.SqlClient` 這個 NuGet 套件：

```
using Dapper;
using System.Data.SqlClient;
...
public interface IPostRepository
{
    int CreatePost(int authorId);
    Post? GetById(int postId);
    void Update(Post post);
}

public class PostRepository : IPostRepository
{
    public Post? GetById(int postId)
    {
        var connectionString = ... // Get con string from config
        using var connection = new SqlConnection
          (connectionString);
        connection.Open();
        var post = connection.Query<Post>(
```

```
            "SELECT * FROM Post WHERE Id = @Id", new {Id =
                    postId}).SingleOrDefault();
        connection.Close();
        return post;
    }
    ...
}
```

通常，資源庫類別會有一個對應的介面，讓它們可以被注入到服務中。請注意，在我們前面的 PostService 中，我們已經注入了 IPostRepository。上面這段程式碼展示了資源庫的運作方式，但它並不符合 DI 原則，不過，在下一個小節中它將會符合。

SqlConnection 類別是一個 **ADO.NET** 類別，可以讓你管理與 SQL Server DB 的連線。

Query() 是 Dapper 提供的一個擴充方法（extension method）。它允許你執行一個常規的 **T-SQL** 查詢，並且把結果對應（map，映射）到一個物件。

搭配 SQL Server 使用 Dapper 以及 DI

你可能已經注意到了，我們並未將 SqlConnection 注入，而是直接在程式碼中實體化它。顯然，這不是最佳實踐！下面的實作方式是利用注入「連線物件」（connection object）完成的：

```
public class PostRepository : IPostRepository
{
    private readonly IDbConnection _dbConnection;

    public PostRepository(IDbConnection dbConnection)
    {
        _dbConnection = dbConnection;
    }

    public Post? GetById(int postId)
    {
        _dbConnection.Open();
        var post = _dbConnection.Query<Post>(
            "SELECT * FROM Post WHERE Id = @Id", new {Id =
```

```
                    postId}).SingleOrDefault();
            _dbConnection.Close();
            return post;
    }
    ...
}
```

SqlConnection 實作了 IDbConnection，我們可以在啟動檔案中的 DI 區塊設定它，以便在執行時期注入適當的物件（這裡沒有呈現出來，因為這是一個虛構的範例）。DI 將負責實體化連線物件，因此我們不需要在這裡做這些事。

GetById 方法使用 Dapper 的 ADO.NET 擴充方法，將查詢結果對應到 C# 物件。雖然有更簡潔的方式來達成這個目的，但在這個範例中，我選擇了可讀性最高的方法。

使用其他 DB

在前面的範例中，我們使用了 SQL Server DB；但是，其他資料庫也是適用的。唯一會變動的實作是在 PostRepository 類別內。對於 IPostRepository 的使用者將不會有變化。

在接下來的章節中，我們將展示使用 SQL Server（搭配 EF）和 Cosmos DB 的端到端實作。

EF 與資源庫

EF 是 .NET 主要的 ORM。ORM 是一個專業術語，是指將「關聯式 DB 的資料記錄」轉換為「物件」。

EF 提供了一個高度抽象的概念，其中涵蓋多種 DDD 的模式，尤其是資源庫模式。當使用 EF 時，資源庫模式（repository pattern）將被 EF 取代，程式碼設計變得更為簡化。

在本章中，理解這個觀念就足夠了。在「**第 9 章，使用 Entity Framework 和關聯式資料庫建置服務預訂應用程式**」中，我們將提供一個完整的實作，包含 EF 完整能運作的原始碼，讓你明白如何從頭到尾完成所有事情。

整合所有元素

這是我最喜愛的部分。我一直在各處提供一些小的程式碼片段,希望現在你能從
「DDD 的觀點」明白「所有事物是如何互相串連」的全貌。我已經將這些程式碼片段
收錄在原始碼資料夾中。

Solution Explorer 視窗

在這個專案中,我們收集了一系列的程式碼片段。讓我們來看看它們:

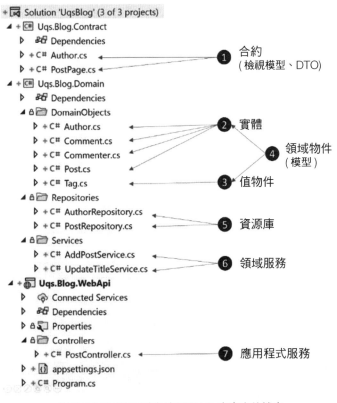

圖 7.5:從 DDD 的角度呈現 VS 方案中的檔案

讓我們回顧一下每個項目:

1. **合約(Contracts)**:這是外界所看到的。這些合約代表「後端」與「客戶端」
   之間資料的交換格式。客戶端應該知道合約的資料元素,這樣就知道從你的無頭
   部落格(headless blog)中能獲得什麼。

2. **實體（Entities）**：具有識別性的領域物件。

3. **值物件（Value Objects）**：不具識別性的領域物件。

4. **領域物件（Domain Objects）**：你系統中的實體和值物件組合。

5. **資源庫（Repositories）**：這些類別將負責從資料儲存空間（關聯式 DB、文件式 DB、檔案系統、部落格儲存空間等）載入和儲存你的資料。

6. **領域服務（Domain Services）**：負責商業邏輯的部分，它將與資源庫進行 CRUD 的互動。這些服務不會對外界開放。

7. **應用程式服務（Application Services）**：Controller 在一般的情境下，就作為應用程式服務使用，負責與領域服務互動，以處理 REST 請求。應用程式服務會對外界開放。

同時，我們只有一個聚合，即所有的領域物件。不過，一個領域可能會有多個聚合。此外，我們把 Post 當作我們的聚合根。

架構視圖

我們已經看到了一個可能符合 DDD 的專案和檔案結構，現在，讓我們從軟體設計的視角來探討一下：

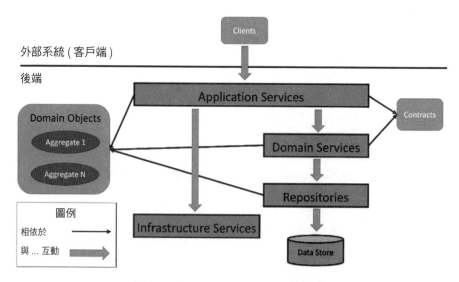

圖 7.6：簡化過後的 DDD 軟體設計視圖

讓我們來探討一下這個遵循 DDD 風格的系統：

- **應用程式服務（Application Services）**：它們與客戶端（Clients）和領域服務互動。根據合約（Contracts）將資料傳遞給客戶端，並直接與領域服務進行溝通。
- **領域服務（Domain Services）**：它們為**應用程式服務**提供服務。
- **基礎設施服務（Infrastructure Services）**：它們提供與領域無關的服務，例如查詢郵遞區號及對應的城市。
- **聚合（Aggregate）**：每個聚合包含了若干個領域物件，並且有一個聚合根。
- **領域物件（Domain Objects）**：它們是所有聚合中的所有實體和值物件。

我希望我能夠從程式碼和專案結構以及架構的視角，向你展示 DDD 設計的基本概念，即使這樣會讓某些概念重複解釋兩次。

小結

有些 DDD 的主題我在此未提及，因為它們並未與本書的其他內容有直接關聯，例如 bounded context（限界上下文，又譯有界情境）、領域事件（domain event）、工作單元（units of work）等。我在「**延伸閱讀**」小節中提供了一些額外的資源，來協助你更深入地探索這些概念。

我們已經討論了 DDD 的基本知識，我期望這一章能讓你對此有所了解，這樣我們在後面的章節中，就可以毫無顧忌地使用像是領域物件、領域服務和資源庫等術語，而你也不會對這些術語感到困惑。此外，我們還看了 DDD 中不同組成部分的範例程式碼。

我們也看到了，在哪些情況下，我們會選擇偏離 DDD 的準則進行更務實的做法，並解釋了其中的原因。

在下一章中，我們將建立一個完整專案的基礎，該專案將會運用你迄今為止學到的所有內容，包含 DDD。

延伸閱讀

如果讀者想要了解更多，可以參考以下資源：

- 《*Domain-Driven Design*》，Eric Evans，Addison-Wesley，2003（博碩文化出版繁體中文版《領域驅動設計：軟體核心複雜度的解決方法》）
- 《*Implementing Domain-Driven Design*》，Vaughn Vernon，Addison-Wesley，2013（博碩文化出版繁體中文版）
- 《*Hands-On Domain-Driven Design with .NET Core*》，Alexey Zimarev，Packt Publishing，2019（博碩文化出版繁體中文版《領域驅動設計與 *.NET Core*：應用 *DDD* 原則，探索軟體核心複雜度》）
- 「設計 DDD 導向微服務」：`https://learn.microsoft.com/en-us/dotnet/architecture/microservices/microservice-ddd-cqrs-patterns/ddd-oriented-microservice`
- Martin Fowler 談 DDD：`https://martinfowler.com/bliki/DomainDrivenDesign.html`
- Quickstart: Azure Cosmos DB for NoSQL client library for .NET：`https://learn.microsoft.com/en-us/azure/cosmos-db/nosql/quickstart-dotnet?tabs=azure-portal%2Cwindows%2Cpasswordless%2Csign-in-azure-cli`
- Dapper 的 GitHub 儲存庫：`https://github.com/DapperLib/Dapper`

8

設計一個服務預訂應用程式

在前幾章中，我們提供了一些範例實作，但範圍有限，由於涵蓋的主題眾多，要為每一個主題都展示一個完整的應用程式，是不切實際的。

本章介紹的設計，是一個髮型設計師的服務預訂應用程式（a barber appointment booking application），它將結合我們在前面章節所學到的知識：

- 相依注入
- 單元測試
- 使用 mock 和 fake 作為測試替身
- DDD
- 實施 TDD

「**第 9 章**」和「**第 10 章**」將會介紹本章的實作過程。這一章主要關注商業需求和設計決策，而不是具體的實作（程式碼）。

在開始閱讀本章和本書「**Part 2**」的其餘章節之前，我強烈建議你先熟悉上述提到的主題。這些主題在「**第 2 章**」到「**第 7 章**」都有詳細的介紹。

在本章中，你會學到下列這些主題：

- 收集預訂應用程式的商業需求
- 遵循 DDD 的精神進行系統設計
- 實作應用程式的方法

讀完本章，你將更加了解以真實生活問題為基礎的實際 DDD 分析。

技術需求

讀者可以在本書的 GitHub 儲存庫找到本章的範例程式碼：`https://github.com/PacktPublishing/Pragmatic-Test-Driven-Development-in-C-Sharp-and-.NET/tree/main/ch08`。

收集商業需求

你在一家名為 **UQS（Unicorn Quality Solutions）** 的軟體顧問公司工作，該公司正在為一家有許多員工的時尚髮廊 **Heads Up Barbers** 開發一個服務預訂應用程式（appointment booking application）。

所需開發的應用程式，將由三個子應用程式組成：

- **服務預訂網站**：顧客將在此預訂髮型設計服務。
- **服務預訂手機 App**：與網站相同，但是原生手機 App（不是在手機網頁瀏覽器上的網站）。
- **後台管理網站**：這是一個供業主內部使用的應用程式。用來為髮型設計師（員工）排班、取消預訂、計算髮型設計師的佣金等。

「第一階段」（Phase 1）的交付僅包括第一個子應用程式（預訂網站），它具有最大的商業價值，因為它讓使用者能夠在桌上型電腦和手機網頁瀏覽器上進行預訂。

這是我們在本書「**Part 2**」的其餘內容中所要關注的重點。**圖 8.1** 是一張呈現出專案三個階段的圖表：

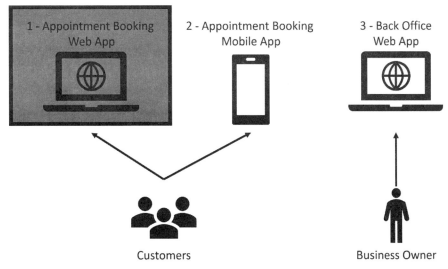

圖 8.1：所需要的三個子應用程式

儘管我們只專注於建構「第一階段」，但在設計中仍需考慮到在這之後的階段，我們的架構要支援手機 App。

商業目標

在當今時代，許多顧客都喜歡在網路上預訂，尤其是自從 COVID-19 以來，商店透過預約的方式減少人潮在空間中群聚。

Heads Up Barbers 想要一個能實現以下目標的預訂應用程式：

- 宣傳現在的髮型設計服務。
- 允許顧客預約特定或隨機的髮型設計師。
- 在預訂的時段之間為髮型設計師安排休息時間，一般為 5 分鐘。
- 髮型設計師在店內要輪不同的班，並且在不同天休假，所以系統需要依據髮型設計師的可用時間來選擇空檔。
- 不需要透過電話或親自安排預訂，節省時間。

使用者故事

在分析了商業目標之後，UQS 以使用者故事和設計草圖（mockup）的形式，想出了更詳細的需求。接下來，我們將一起探討這些內容。

故事 1 – 選擇服務

作為一位顧客：

我想要看到一份所有服務及其價格的清單，以便我能夠選擇一項服務進行預訂。
接著前往預訂的頁面。

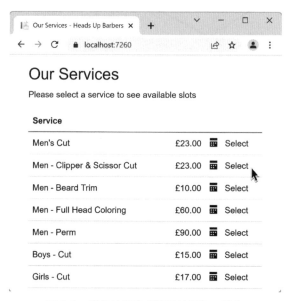

圖 8.2：提供的服務項目及其價格一覽表

這個設計草圖顯示了所有可提供的服務和它們的價格，並且有 **Select** 超連結引導使用者前往所選服務的預訂頁面。

故事 2 – 預設選項

作為一位顧客：

我希望預訂頁面預設選擇 **[Any employee]** 和今天的日期，這樣我就可以減少點擊次數，更快完成預訂。

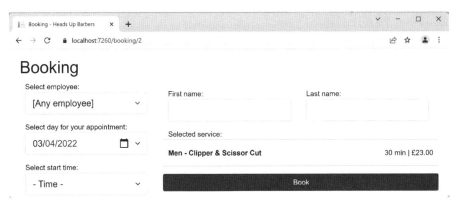

圖 8.3：已選取預設選項的預訂頁面

請注意，預設已選取 **[Any employee]** 和目前日期 **2022-04-03**。

故事 3 – 選擇髮型設計師

作為一位顧客：

我希望能選擇任何一位員工或者指定某位員工，來為我的預訂進行服務，這樣的話，如果我有喜愛的髮型設計師，我就可以選擇他／她。

圖 8.4：選擇指定的員工

顧客將會有一份 Heads Up Barbers 的髮型設計師清單，可以從清單中選擇自己最喜歡的一位。

故事 4 – 預約日期

作為一間髮廊：

我們希望提供顧客包含當天在內最多 7 天的範圍，讓他們選擇預約的日期。

同時，如果被選定的員工完全無法提供服務，我們想要縮小這個日期的選擇範圍。

這樣的話，我們才能確保員工的可用預約時段。

圖 8.5：顯示從 2022-04-03 開始的 7 天選擇範圍的日曆

這張設計草圖有將「所選員工的行程變化」考慮進去，並且只顯示所選員工的空檔時段。

故事 5 – 選擇時間

作為一間髮廊：

我希望向顧客呈現所選員工在所選日期的可預約時段，並考慮到員工現有的預約及輪班。

將所有預約時間四捨五入至最接近的 5 分鐘。

同時考慮預訂時段之間的 5 分鐘休息時間，以確保顧客選到的員工確實有空檔。

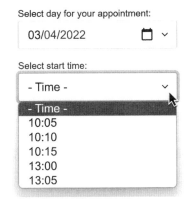

圖 8.6：所選日期內「員工的可預約時段」

讓我們舉幾個例子來說明需求。

請注意，所有的分鐘數都是 5 的倍數。

案例 1 – 沒有可輪班的時段

如果員工在所選日期沒有安排輪班，則可預約時段清單將顯示空白，顧客無法進行預訂。

案例 2 – 沒有預約時段被預訂

員工 Tom 在 2022-10-03 有一個 9:00 到 11:10 的班，而且沒有被預訂。顧客想預訂一個 30 分鐘的服務。可選擇的開始時間將有以下幾個選項：09:00、09:05、09:10、……、10:35 和 10:40。

案例 3 – 多個預約時段在輪班結束時被預訂

員工 Tom 在 2022-10-03 有一個 9:00 到 11:10 的班，但是他在 09:35 到 11:10 的時段已經被預訂。顧客想預訂一個 30 分鐘的服務。可選擇的開始時間只有以下選項：09:00。**圖 8.7** 顯示了可預約時段及休息空檔。

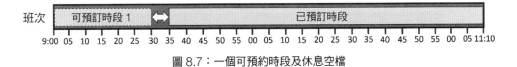

圖 8.7：一個可預約時段及休息空檔

案例 4 – 多個預約時段在輪班結束時被預訂

Tom 在 2022-10-03 有一個 9:00 到 11:10 的班，但是他在 09: 40 到 11:10 的時段已經被預訂。顧客想預訂一個 30 分鐘的服務。可選擇的開始時間將有以下幾個選項：09:00 和 09:05。

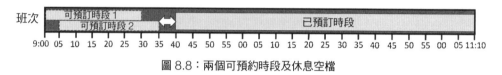

圖 8.8：兩個可預約時段及休息空檔

案例 5 – 班次中間有預訂時段

Tom 在 2022-10-03 有一個 9:00 到 11:10 的班，但是他在 09: 40 到 10:35 的時段已經被預訂。顧客想預訂一個 30 分鐘的服務。可選擇的開始時間將有以下幾個選項：09:00、09:05 和 10:40。

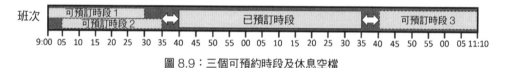

圖 8.9：三個可預約時段及休息空檔

故事 6 – 填寫姓名

作為一位顧客：

我需要填寫我的姓名作為我出現在髮廊時的身分證明，這樣的話就能識別我唯一的身分。

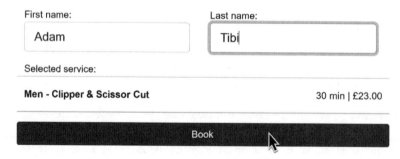

圖 8.10：名字和姓氏的欄位

故事 7 – 預覽服務

作為一位顧客：

我希望收到我所選擇的服務名稱、價格和所需時間的提醒，好讓我在點擊 **Book** 按鈕之前檢視我的選擇。

故事 8 – 驗證所有欄位皆為必填

作為一位顧客：

在預約之前，我必須選擇並填寫所有欄位，以避免出現驗證錯誤。

故事 9 – 隨機選擇任何一位員工

作為一間髮廊：

當 [Any employee] 選項被選擇時，如果在所選的時段內有超過一名員工有空檔，並且我按下了 **Book**。

系統會隨機分配一名有空檔的員工。

這樣的話，就可以確保我們的員工能公平地獲得預約。

案例 1 – 同一時段有三名空閒員工

如果顧客選擇 [Any employee]，而且在 09:00 時有三位空閒的員工（Thomas、Jane 和 William），顧客選擇了 **09:00** 並且點擊 **Book**，不需要考慮其他因素，系統將隨機分配 Thomas、Jane 或 William 其中一位給這個預約時段，並選定該名員工。

故事 10 – 預約確認頁面

作為一位顧客：

我希望能看到我的預約已經完成。

這樣的話，我就能確定預約已經被安排好了。

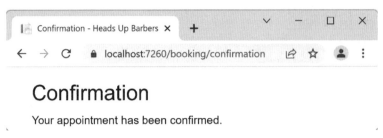

圖 8.11：預約確認頁面

上面的預約確認頁面是一個簡單的靜態頁面。

你應該已經意識到，從商業邏輯的角度來看，「故事 5」是最具挑戰性的，這將是我們單元測試的重點對象。

正如你所看到的，實作範圍有限。將來，我們可進一步擴充，例如：

- 線上付款
- 使用者登入
- 電子郵件驗證
- 等等……

不過，到目前為止的故事描述了一個強健（robust）且栩栩如生的系統。有些人可能稱之為 **MVP（minimum viable product，最小可行性產品）**；但我不會這麼說，因為這可能給人一種系統品質較低的錯覺。

現在是時候將焦點從「商業需求」轉移到「設計我們系統時的基本原則」。

遵循 DDD 的精神進行設計

在之前的章節中，我們已經學到了 DDD 的大致概念。在我們的實作中，我們將秉持 DDD 的精神來設計商業類別。

領域物件

如果我們讀過所有的故事，並且構思一個領域模型，我們可能會想到以下幾個類別：

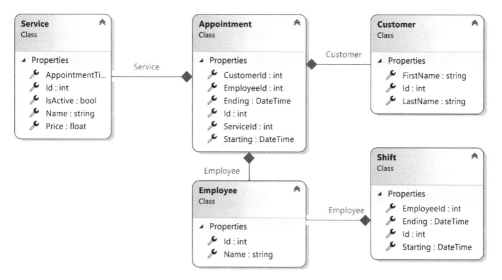

圖 8.12：領域類別圖

- **服務（Service）**：指的是髮型設計師所提供的各項服務，`AppointmentTimeSpanInMin` 表示服務的持續時間，而 `IsActive` 設為 true 表示該服務可供顧客選擇。
- **顧客（Customer）**：代表一位顧客。我們目前只關心他們的名字。
- **員工（Employee）**：這個類別將在後續階段進一步擴充以獲得更多資訊，但現在我們只需知道名字。
- **班次（Shift）**：代表髮型設計師特定的工作時間。後台應用程式（不在這次範圍內）將允許業主每天為員工排班，至少提前排 7 天的班。因此，每當我們向顧客提供日期選擇時，我們至少有未來 7 天的時間範圍（可供顧客做選擇）。
- **預約（Appointment）**：很明顯的，「預約」將一個「服務」與「員工」和「顧客」關聯起來。它還確定了「預約」的開始和結束時間。

我們在實作中，有一個包含前面所有類別的單一聚合（aggregate），很明顯 `Appointment` 類別就是我們的聚合根（aggregate root）。

領域服務

領域服務包含控制系統行為（system behavior）的商業邏輯。我們的系統將處理四類商業邏輯，這可能產生四個領域服務：

圖 8.13：領域服務的初步設計

目前的服務僅是初步設計。你通常會使用 TDD 的流程來設計服務，而不是預先設計服務，並且這個過程通常是逐個進行，依次設計每個服務。

系統架構

雖然我們只進行到系統的「第一階段」（Phase 1），但我們的架構（architecture）應該要為後續的階段做好準備，因為在下一個階段，我們將會開發一款與預約網站相同邏輯的手機 App。考慮到這一點，**圖 8.14** 的架構能夠適用於各個階段：

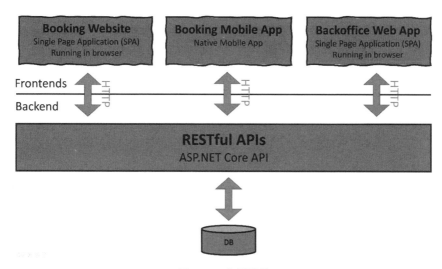

圖 8.14：架構設計

透過一個後端（Backend）來支援所有客戶端，能整合一套商業邏輯，以滿足所有客戶端的需求，因此，我們所有的商業邏輯將實作在我們的 RESTful API 應用程式中。

同時，我們的後端將扮演一個單體式應用程式（monolith application），這個單體式應用程式由「單一專案中多個 API」和「單一 DB」組成。這是可以接受的，因為這是一個範圍有限的專案，採用微服務架構可能會過於複雜。

這是一個眾所周知的架構模型，它將商業邏輯隱藏在 Web API 背後，以支援多個客戶端並將邏輯集中。當我們在未來的階段增加「預約手機 App」和「後台管理網站」時，不應該對架構進行調整。

實作的方式

我們將採用不同的方式實作後端。每種實作都將產生相同的 API 結果，但這樣做的目的是讓我們在每種實作中都能體驗多種單元測試和測試替身的情境。

你的團隊可能正在使用這些架構方式的其中一種，因為他們可能使用文件式 DB 或關聯式 DB，就像大部分現代的應用程式一樣。

前端

在這本書中，我們更關注後端，所以並未介紹在前端實作 TDD 的內容。

> **Note**
>
> 有一些單元測試框架可以用來測試前端。在這裡，我們將會使用一個熱門的 Blazor 函式庫，**bUnit**，它能與 xUnit 一起運作。

在所有熱門的 JavaScript **單頁應用程式（single page application，SPA）**平台中，如 React、Angular 和 Vue，我選擇用 Microsoft 的 **Blazor** 來開發前端。

Blazor 是一個使用 C# 而非 JavaScript 的網頁開發框架。簡單來說，Blazor 把 C# 轉成一種名為 **WebAssembly（Wasm）** 的低階語言，瀏覽器可以解讀這種語言。

我之所以選擇 Blazor，是因為我認為，對於沒有 SPA 經驗或 JavaScript/TypeScript 經驗的 C# 開發人員來說，使用 Blazor 應該會更容易。

前端採用最精簡的實作，而在前面描述「故事」的那一個小節中，所提到的設計草圖皆截取自 Blazor 應用程式。你可以在本章 GitHub 儲存庫中的 Uqs. AppointmentBooking.Website 找到它。

> **Note**
>
> 這個前端實作的目標是強調可讀性和簡單性，而非著重於網頁設計、使用者體驗（UX）、穩定性和最佳實踐。

啟動網站：

1. 在 VS 中開啟 UqsAppointmentBooking.sln。
2. 在 Uqs.AppointmentBooking.Website 上 按 右 鍵， 選 擇 **Set as a Startup Project**。
3. 直接從 VS 執行。

不妨嘗試啟動網站並且隨意四處點擊。你會發現它只是模擬出來的，沒有使用真實的 DB，而是使用範例資料。由於本書主要專注於 TDD 和後端，因此關於前端的討論僅限於此小節。

關聯式資料庫的後端

通常，採用像是 SQL Server 和 Oracle 這種關聯式 DB，會使用 **Entity Framework**（**EF**）。讓你的後端相依於 EF，會影響到你組織測試的方式，以及你將使用的測試替身類型。

在「**第 9 章，使用 Entity Framework 和關聯式資料庫建置服務預訂應用程式**」中，我們將專注於使用關聯式資料庫（SQL Server）與 EF 來實作需求。

文件式資料庫的後端

當採用像是 Cosmos DB、DynamoDB 和 MongoDB 這樣的文件式 DB 時，你不會使用 EF。這意味著你將會實作更多的 DDD 模式，例如資源庫模式（Repository pattern）。從測試替身和 **DI（相依注入）**的角度來看，這會讓「文件式 DB 的實作」與「使用 EF 的實作」有相當大的差異。

在「**第 10 章，使用資源庫和文件式資料庫建置服務預訂應用程式**」中，將重複「**第 9 章**」的實作過程，但因為使用了文件式 DB，所以約有 50% 的程式碼會有所不同。

透過呈現這兩種版本，你可以看到這兩種實作之間的區別，希望能提高你對測試替身和 DI 的理解。不過，如果你僅對特定類型的資料庫有興趣，那麼你可以選擇閱讀「**第 9 章**」或「**第 10 章**」。

好消息是，在這兩章之間有重複的內容，你會很容易地辨識出來，並專注在特有的實作方式上。

使用中介者模式

當使用中介者模式（Mediator pattern）時，所有的設計都會改變，而且測試和測試替身也會跟著改變。中介者模式是一把雙刃劍；雖然學習曲線陡峭，但一旦掌握並且實施後，它將提供更高程度的元件關注點分離（a higher level of component separation of concern）。此外，它也會改變你的單元測試的結構。中介者模式不在本書的討論範圍內，在這裡提及它是為了讓你理解，會影響你的 DI 實作和單元測試的相關模式。

希望在「**Part 2**」結束時，你能對在「更真實的情境」中實作 TDD 有更深刻的認識。

小結

我們已經看到了相當不錯的使用者需求，也看到了系統可能的設計。本章是將所有內容整合在一起的開始。

你也已經看到了以 DDD 為基礎的設計，這將在後續的章節中轉化為程式碼。我們還討論了會影響我們進行測試和使用測試替身的實作方式。

複雜且現代的專案會使用來自 DDD 的概念。現在，在分析完一個完整的專案之後，我希望你更熟悉 DDD 的專業術語了，並能夠在你建立下一個專案時提供協助，以及幫助你與專家級開發者交流。

下一章是以這一章為基礎進行實作，主要著重在 SQL Server 和 EF 上。

延伸閱讀

如果讀者想要了解更多，可以參考以下資源：

- 在 .NET 中熱門的中介者模式函式庫：https://github.com/jbogard/MediatR

9

使用Entity Framework和 關聯式資料庫建置服務預訂 應用程式

在上一章中，我們描述了「替一家名為 Heads Up Barbers 的髮廊建立服務預訂應用程式」的技術規格（technical specifications）和設計決策（design decisions）。本章是「第8章」的延續，所以我強烈建議你在繼續之前，先詳讀「第8章」的內容。

本章將採用「TDD 風格」來實作需求，並使用 **Entity Framework（EF）**和 SQL Server。這樣的實作方式也適用於其他**關聯式資料庫管理系統（Relational Database Management System，RDBMS）**，例如 Oracle DB、MySQL、PostgreSQL 等。

如果你是關聯式 DB 的偏好者，或者你在工作上有使用它，那麼本章就是為你準備的；然而，如果你使用的是文件式資料庫，你或許會想要跳過本章，直接閱讀下一章。無論是「第9章」還是「第10章」，它們的目的都是相同的，只是使用了不同類型的後端資料庫。

我假設你已經熟悉 EF，包括如何整合它和使用的方式。但如果你還不熟悉，我建議你先學習並熟悉它。

在本章中，你會學到下列這些主題：

- 規劃程式碼和專案結構
- 使用 TDD 實作 WebApi
- 回答常見問題

讀完本章，你將體驗到「使用 TDD 搭配 mock 和 fake 來實作一個端到端應用程式」的流程。此外，你也將了解「在撰寫單元測試之前所需進行的分析過程」。

技術需求

讀者可以在本書的 GitHub 儲存庫找到本章的範例程式碼：https://github.com/PacktPublishing/Pragmatic-Test-Driven-Development-in-C-Sharp-and-.NET/tree/main/ch09。

要執行此專案，你需要安裝 SQL Server 的某一個版本。可以是 Azure SQL、SQL Server Express LocalDB 或其他 SQL Server 的版本。

這個實作並未使用任何 SQL Server 的進階功能，因此你可以隨意選擇任何版本。我已經使用 SQL Server Express LocalDB 測試過此應用程式。你可以從這個網址找到更多相關資訊：https://learn.microsoft.com/en-us/sql/database-engine/configure-windows/sql-server-express-localdb?view=sql-server-ver16。

除此之外，你也可以使用其他任何 RDBMS，但是你需要在程式碼中變更 DB 提供者（provider），以便使用相應的 .NET DB 提供者。

要執行此專案，你必須在 Uqs.AppointmentBooking.WebApi/AppSettings.json 中修改連線字串，以適用於你特定的 DB 執行個體（instance）。而目前的設定是：

```
"ConnectionStrings": {
  "AppointmentBooking": "Data
    Source=(localdb)\\ProjectModels;Initial
    Catalog=AppointmentBooking;Integrated Security=True;..."
},
```

連線字串（connection string）指向本地機器，並且將連線到一個名為
AppointmentBooking 的資料庫。

如果你選擇使用其他類型的 RDBMS，那麼你需要在 Uqs.AppointmentBooking.
WebApi 安裝相關的 NuGet 套件，並將同一專案內 Program.cs 中的以下程式碼，修改
為你選擇的 RDBMS：

```
builder.Services
    .AddDbContext<ApplicationContext>(options =>
    options.UseSqlServer(
        builder.Configuration
            .GetConnectionString("AppointmentBooking")
    ));
```

上述的 DB 設定步驟並非是必要的。你可以不使用 DB 來實作本章節的需求，但是這樣
你就無法執行專案並在瀏覽器中進行互動。

規劃你的程式碼和專案結構

在「**第 8 章，設計一個服務預訂應用程式**」中，我們規劃了我們的領域，並分析了需要
完成的工作。專案結構將遵循經典的三層式應用程式，包含客戶端應用程式（網站）、
商業邏輯（Web API）以及資料庫（SQL Server）。讓我們將其轉換為 VS 的方案和
專案。

在本小節中，我們將會建立方案、建立專案，並將各個元件整合起來。

分析專案的結構

如果請一群資深開發者提出專案結構，你最後會得到好幾種不同的結構！在本節中，我
們將討論一種多年來我所研發的專案結構組織方式。

考量到我們首先要為使用者建立一個網站，之後再開發一個手機 App（本書未介
紹），將商業邏輯分離到一個 WebApi 專案中，提供給網站和手機 App 共用，是
合理的。因此，我們將建立一個以 Blazor WebAssembly 為基礎，名稱為 Uqs.
AppointmentBooking.Website 的網站專案。

領域邏輯將以 API 的形式呈現，所以我們將為 API 建立一個名稱為 Uqs.
AppointmentBooking.WebApi 的 ASP.NET API 專案。

前述的兩個專案需要以一個叫做**資料傳輸物件（DTO）**的統一結構來交換資
料，這種結構也被稱為合約（contract），因此，我將會建立一個名稱為 Uqs.
AppointmentBooking.Contracts 的 .NET 函式庫專案。此專案將被網站和 WebApi
專案參考。

WebApi 專案將 Web 請求轉換成我們可以在 C# 中理解的內容。從技術上來講，它
將會管理「RESTful 風格的 API」的 HTTP 通訊層。所以，WebApi 專案不會包含
任何商業邏輯。商業邏輯將放在我們的領域專案中。我們將會建立一個名稱為 Uqs.
AppointmentBooking.Domain 的領域專案。

你的商業邏輯將分布在兩個地方—— UI 和領域層。UI 的商業邏輯將負責管理 UI 功
能，例如切換下拉式選單、鎖定日曆天數、對拖放動作作出回應，以及開啟／關閉按鈕
等。這些邏輯將存在於網站專案中。撰寫程式碼所使用的程式語言，取決於所使用的
UI 框架，例如 Angular、React 和 Blazor。通常情況下，你不會用 TDD 來實作 UI 專
案的功能，但還是可以使用單元測試。在我們的實作當中，UI 的程式碼比較少，因此
我們不會做任何的 UI 單元測試。

複雜的商業邏輯將會存在於領域層中，我們將遵循 TDD 的概念來撰寫它。所以，我們
將建立一個專案來存放我們領域單元測試，並將其命名為 Uqs.AppointmentBooking.
Domain.Tests.Unit。

要將這些專案放置在相應的背景環境中，並將它們對應到我們的三層式架構（3-tier
architecture）上，我們可以參考**圖 9.1**：

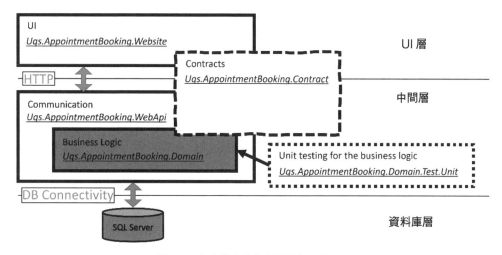

圖 9.1：專案與應用程式設計之間的關係

圖 9.1 顯示了每個專案為了建立三層式應用程式所提供的功能。現在,讓我們開始建立 VS 方案的結構吧。

建立專案和設定相依項目

這是無法避免的無趣環節,建立方案和專案並將它們關聯在一起。在下一個小節中,我們將採用命令列的方式而非 UI 方式。

> **Note**
>
> 我已經在專案的版本控制中,增加了一個名為 create-projects.bat 的文字檔,內含所有命令列指令碼,因此你不需要手動輸入。你可以將此檔案複製並貼上到你想要的目錄中,然後從你的命令列中執行該檔案。

以下是用來建立你的 VS 方案及其專案所需的指令碼清單:

- 從你的作業系統終端程式介面中,瀏覽到你想要建立新方案的目錄,並執行下面的指令來建立方案檔:

```
md UqsAppointmentBooking
cd UqsAppointmentBooking
dotnet new sln
```

- 執行下面的指令來建立專案，並注意到我們為每個專案挑選不同的專案範本：

```
dotnet new blazorwasm -n Uqs.AppointmentBooking.Website
dotnet new webapi -n Uqs.AppointmentBooking.WebApi
dotnet new classlib -n Uqs.AppointmentBooking.Contract
dotnet new classlib -n Uqs.AppointmentBooking.Domain
dotnet new xunit -n
  Uqs.AppointmentBooking.Domain.Tests.Unit
```

- 把各個專案加入到方案中：

```
dotnet sln add Uqs.AppointmentBooking.Website
dotnet sln add Uqs.AppointmentBooking.WebApi
dotnet sln add Uqs.AppointmentBooking.Contract
dotnet sln add Uqs.AppointmentBooking.Domain
dotnet sln add Uqs.AppointmentBooking.Domain.Tests.Unit
```

- 現在，讓我們來設定各個專案之間的相依關係：

```
dotnet add Uqs.AppointmentBooking.Website reference
  Uqs.AppointmentBooking.Contract
dotnet add Uqs.AppointmentBooking.WebApi reference
  Uqs.AppointmentBooking.Contract
dotnet add Uqs.AppointmentBooking.Domain reference
  Uqs.AppointmentBooking.Contract
dotnet add Uqs.AppointmentBooking.WebApi reference
  Uqs.AppointmentBooking.Domain
dotnet add Uqs.AppointmentBooking.Domain.Tests.Unit
  reference Uqs.AppointmentBooking.Domain
```

最後一個步驟是將所需的 NuGet 套件加入到專案中。領域專案會透過 EF 與 SQL Server 資料庫進行溝通。而 Microsoft.EntityFrameworkCore.SqlServer 提供「從專案連線到 SQL Server」所需要的函式庫。請執行下面的指令碼，把這個函式庫加入到 Domain 專案中：

```
dotnet add Uqs.AppointmentBooking.Domain package
    Microsoft.EntityFrameworkCore.SqlServer
```

- 單元測試專案需要使用 NSubstitute 進行 mocking（模擬），所以我們要加入相應的 NuGet 套件：

```
dotnet add Uqs.AppointmentBooking.Domain.Tests.Unit
    package NSubstitute
```

- 我們將使用 fake 來當作 EF 的測試替身。這個 fake 將建立一個記憶體式資料庫（in-memory database），讓我們撰寫測試更容易一些。稍後，我們會在本章深入討論這個部分，不過現在，讓我們先加入這個 fake 的函式庫：

```
dotnet add Uqs.AppointmentBooking.Domain.Tests.Unit
    package Microsoft.EntityFrameworkCore.InMemory
```

你可以使用 VS 打開方案檔，以視覺化的方式來進行檢查，其內容應該如下所示：

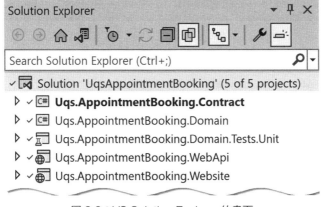

圖 9.2：VS Solution Explorer 的畫面

在這個階段，你的方案結構應該看起來像**圖 9.2** 那樣。

既然專案結構已經建立好了，接下來我們將修改程式碼。

建立領域專案

在「**第 8 章，設計一個服務預訂應用程式**」的領域分析中，我們已經建立了一份領域物件的清單。我不會再次進行說明；僅將其建立並加入到 Domain 專案的 DomainObjects 目錄下：

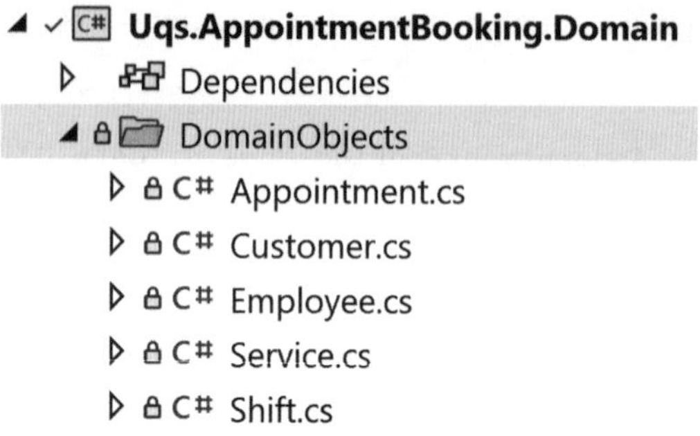

▲ ✓ C# **Uqs.AppointmentBooking.Domain**
　　▷　🕮 Dependencies
　▲ 🔒📁 DomainObjects
　　　▷ 🔒 C# Appointment.cs
　　　▷ 🔒 C# Customer.cs
　　　▷ 🔒 C# Employee.cs
　　　▷ 🔒 C# Service.cs
　　　▷ 🔒 C# Shift.cs

圖 9.3：加入的領域物件

這些僅僅是不包含商業邏輯的資料結構。下面是其中一個領域物件 Customer 的原始碼：

```
namespace Uqs.AppointmentBooking.Domain.DomainObjects;
public class Customer
{
    public int Id { get; set; }
    public string? FirstName { get; set; }
    public string? LastName { get; set; }
}
```

你可以在本章的 GitHub 儲存庫線上查看其他的檔案。

接下來，是將本章的重點，EF，給整合起來。

整合 Entity Framework

我們將使用 EF，來將每個領域物件儲存在一個資料庫的資料表中，該資料表的名稱會是領域物件名稱的複數形式，這是 EF 的預設行為。所以，Customer 領域物件在 DB 裡會有一個對應的 Customers 資料表。

我們在這一章中並不打算對 EF 做太多的客製化，因為我們把目標放在 TDD，至於在各處進行的一些小設定只是例行工作，你可以在隨附的程式碼中找到它們。

在 Domain 專案下，我新增了一個名為 Database 的資料夾，用於存放「與 EF 相關的類別」。我們需要兩個類別，分別是 ApplicationContext 類別和 SeedData 類別：

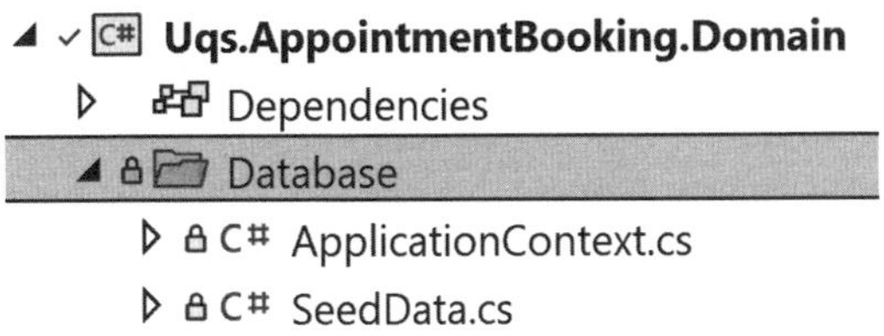

▲ ✓ C# **Uqs.AppointmentBooking.Domain**
    ▷   🗗 Dependencies
    ▲ 🔒🗀 Database
        ▷ 🔒 C# ApplicationContext.cs
        ▷ 🔒 C# SeedData.cs

圖 9.4：加入的 EF 相關檔案

在下一小節中，我們將探討它們的作用。

新增工作環境類別

在使用 EF 時，你需要加入一個工作環境類別（context class）來參考所有的領域物件。我將我的工作環境類別命名為 `ApplicationContext`，並遵循基本的 EF 做法來建立，以下是我的類別：

```
public class ApplicationContext : DbContext
{
    public ApplicationContext(
      DbContextOptions<ApplicationContext> options) :
      base(options){}
    public DbSet<Appointment>? Appointments { get; set; }
    public DbSet<Customer>? Customers { get; set; }
    public DbSet<Employee>? Employees { get; set; }
    public DbSet<Service>? Services { get; set; }
    public DbSet<Shift>? Shifts { get; set; }
}
```

這是最基本的 EF 設定，沒有做任何客製化，所有屬性都對應到資料庫中的資料表名稱。

從現在起，我們將使用 `ApplicationContext` 來執行 DB 上的操作。接著，我們要在 WebApi 中設定 EF。

將 EF 與 WebApi 專案整合起來

WebApi 會將 EF 整合到正確的 DB 提供者，也就是本範例中的 SQL Server，並且會在執行時期將連線字串傳遞給 EF。

所以，首先是將連線字串加入到 WebApi 的 AppSettings.json：

```
"ConnectionStrings": {
  "AppointmentBooking": "Data
    Source=(localdb)\\ProjectModels;Initial
    Catalog=AppointmentBooking;(...)"
},
```

很明顯地，連線字串可能會因為你的 DB 位置和設定而有所不同。

> **Note**
>
> 在本章中，我不用顧慮到多個環境的設定，但是你有可能會想為「不同的環境」建立多個 AppSettings，並根據情況修改連線字串。

下一步是將 WebApi 與 EF 整合，並提供連線字串給它。這個應該要在 Program.cs 中完成，最好直接在第一行 var CreateBuilder(args) 的後面進行：

```
var builder = WebApplication.CreateBuilder(args);
builder.Services.AddDbContext<ApplicationContext>(o =>
  o.UseSqlServer(builder.Configuration.GetConnectionString
    ("AppointmentBooking")));
```

這就是我們整合 EF 所需的內容。不過，在開發過程中，我們可能需要一些測試資料來讓頁面呈現出有意義的樣子。接下來我們將進行這一步驟。

新增初始資料

新建立的 DB 中都是空的資料表，而 seed 類別的目的是將「範例資料」預先填入這些資料表中。

由於此程式碼已經超出本章的範圍，因此我不會在這邊列出來，但你還是可以在 Domain 專案的 Database/SeedData.cs 中查看。

我們剛剛完成了 WebApi 專案的設定，該專案將會被網站使用，所以下一步是建立網站。

建立網站專案

這個實作的「第一階段」包括「建立一個網站來存取 API，為使用者提供一個 UI」，而前面我們已經透過命令列完成了這件事情。但是，網站的實作並不在本章的範圍，也不是本書的範疇，因為它與 TDD 無關，所以我不打算對程式碼進行詳細的說明。

雖然如此，我們仍然對一件事情感興趣——網站需要從 Web API 中獲取什麼資料？為了用 TDD 的方法建構 Web API 所需的功能，我們有必要了解這一點。

在本章的下一小節中，我們將逐步回答這個問題。

在這一個小節中，我們講述了專案建立和設定的相關內容，但我們還沒有完成任何受到 TDD 影響的部分。你可能已經注意到，我多次引領你去參考本書 GitHub 儲存庫上的原始碼；否則的話，我們就沒有空間來關注本章的核心內容了，那就是我們接下來要進行的 TDD 部分。

使用 TDD 實作 WebApi

為了建構 WebApi 專案，我們將參照「**第 8 章，設計一個服務預訂應用程式**」的每一個需求，並使用 TDD 的方式提供符合需求的實作。

需求都是針對網站及其功能來描述的，並沒有規定如何建構我們的 API。網站必須呼叫 WebApi 來執行任何商業邏輯，因為它無法存取 DB，並且只處理 UI 相關的商業邏輯。

這一章專門講述 EF，原因在於我們希望讓你能夠理解 fake（假物件），儘管在測試替身家族中，它們不如 mock（模擬物件）那麼有知名度。此外，這也是一個典型的 .NET 解決方案，包含 ASP.NET Core 和關聯式 DB 的實作。

在本節中，我們將介紹在 TDD 模式下工作的過程，同時還考慮到我們的持久化提供者，即 EF。

使用 EF 記憶體式提供者

為了在對系統進行單元測試時，讓我們能更輕鬆應對，我們希望以一種優雅的方式對資料庫進行抽象化。所謂的優雅，就是程式碼更少，可讀性更高。

然而，在測試含有 DB 的系統時，我們面臨的挑戰是我們不希望在單元測試中碰觸到真實的 DB，這樣做會破壞單元測試的整個目的，使其變成一種整合測試或類整合測試。反之，我們利用測試替身來對其進行抽象化。fake 這個測試替身，用一個更符合「測試目的」的等效元件來替換掉原有的元件，我將利用 fake 來替換單元測試所需的 DB。

EF 有一個能夠存取 SQL 伺服器的提供者，這是我們在系統執行時，希望在正式環境使用的，但是在單元測試，我們不能這樣做。幸運的是，EF 有一個名為「記憶體式提供者」的功能，它可以在每次單元測試執行時，建立和銷毀記憶體中的資料庫。

與「實體 DB」（physical DB）相比，單元測試期間建立和銷毀「記憶體內 DB」（in-memory DB）的成本要低得多，更不用提因「頻繁建立和刪除真實資料庫（在每次單元測試執行時）」而產生的成本和可能出現的隨機錯誤。你可以已經意識到，EF 的記憶體式提供者就是扮演著一個 fake 的角色。

在「執行時期」，我們使用 SQL Server 提供者，而在「單元測試時期」，我們使用記憶體式提供者，而我們透過「相依注入」來完成這一切換：

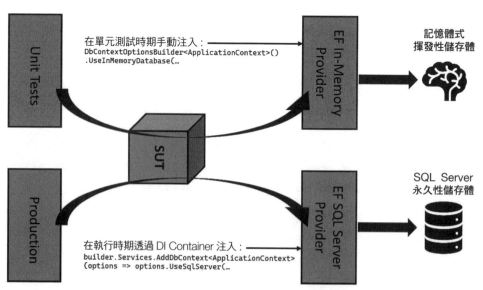

圖 9.5：EF 提供者的「執行時期」和「單元測試時期」

圖 9.5 說明了在不同專案階段注入不同的提供者。在單元測試階段,將使用 EF 的記憶體式提供者,而在上線執行階段,會使用更適合正式環境的提供者,即 EF 的 SQL Server 提供者。

設定記憶體式提供者

為了充分利用記憶體式提供者的優勢,我在單元測試專案中建立了一個名為 ApplicationContextFake.cs 的檔案,以下是程式碼:

```
public class ApplicationContextFake : ApplicationContext
{
    public ApplicationContextFake() : base(new
        DbContextOptionsBuilder<ApplicationContext>()
        .UseInMemoryDatabase(databaseName:
        $"AppointmentBookingTest-{Guid.NewGuid()}")
        .Options) {}
}
```

請注意,我們繼承了主要的 EF 物件,ApplicationContext,並將其選項設定為使用記憶體式資料庫。當我們在單元測試中需要 ApplicationContext 時,ApplicationContextFake 將會被注入。

我們每次在實體化 fake 時,都會透過附加一個 GUID 來建立一個「唯一的資料庫名稱」,AppointmentBookingTest-{Guid.NewGuid()}。這麼做的原因是為了避免記憶體式提供者擁有相同的資料庫名稱,以防單元測試呼叫的過程當中,資料被快取。

從現在開始,只要在單元測試中需要注入 ApplicationContext 時,我們就會改為注入 ApplicationContextFake。

透過建造者模式新增測試用的範例資料

我們將要實作的每一個測試都擁有狀態(state)。例如,我們可能有一位空閒的髮型設計師,或者一群有著不同班表的髮型設計師,所以如果不謹慎的話,為每個測試建立範例資料可能會變得非常混亂。有一個聰明的方法來整理我們測試用的範例資料。

我們可以使用一種被稱為建造者模式(builder pattern)的模式來實現這一點(請不要與 GoF 的建造者設計模式(Builder design pattern)混淆)。建造者模式能讓我們以清晰且易讀的方式來混合和搭配範例資料。我已經新增了一個名為

ApplicationContextFakeBuilder.cs 的檔案，裡面包含了使用建造者模式產生的範例資料及狀態。為了簡潔起見，這裡只列出這個類別的一部分，但是你可以在隨附的原始碼中查看完整的類別：

```csharp
public class ApplicationContextFakeBuilder
{
    private readonly ApplicationContextFake _ctx = new();
    private EntityEntry<Employee> _tomEmp;
    private EntityEntry<Employee> _janeEmp;
    ...

    private EntityEntry<Customer> _paulCust;
    private EntityEntry<Service> _mensCut;
    private EntityEntry<Appointment> _aptPaulWithTom;
    ...
    public ApplicationContextFakeBuilder WithSingleEmpTom()
    {
        _tomEmp = _ctx.Add(new Employee {
            Name = "Thomas Fringe" });
        return this;
    }
    ...
    public ApplicationContextFake Build()
    {
        _ctx.SaveChanges();
        return _ctx;
    }
}
```

這個類別將準備「要存放在記憶體中的範例資料」。要使用到這個類別的單元測試，將會呼叫它的不同方法，來設定正確的資料狀態。下面是這個類別有趣的地方：

- 使用 With 這個命名慣例來表示我們正在新增範例資料。稍後你將會看到如何使用 With 方法的範例。
- With 方法會回傳 this，乍看之下可能有點奇怪。這裡的目的是想實作一種被稱為串聯式（chaining）的程式碼編寫慣例，如此一來，你就能像這樣撰寫程式碼：_ctxBldr.WithSingleService(30).WithSingleEmpTom()。
- Build() 方法會將所有內容儲存到持久性的媒介（persisting media，在本範例中是記憶體），然後回傳工作環境物件。

嘗試設定某個元件的狀態時，建造者模式經常被使用。你可以隨時查看本書 GitHub 儲存庫的完整原始碼。在「**第 6 章，TDD 的 FIRSTHAND 準則**」中有另一個使用了建造者模式的類別；你可能會想要看一下它來強化你的理解。

實作第 1 個故事

我們需求中的「第 1 個故事」非常簡單。網站將顯示我們提供的所有可用服務。由於網站將透過呼叫 RESTful API 向 WebApi 請求這些資料，所以領域層將會有一個回傳此清單的服務。讓我們假設這是 UI 的輸出：

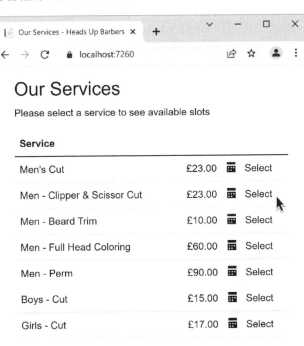

圖 9.6：故事 1 需求的 UI

位於瀏覽器中的 UI 層，將需要對 WebApi 發出 RESTful 請求，如下所示：

```
GET https://webapidomain/services
```

這個 UI 需要一些由這個 API 回傳的資料屬性。因此，取得的 JSON 可能是像這樣的物件陣列：

```
{
    "ServiceId": 2,
    "Name": "Men - Clipper & Scissor Cut",
    "Duration": 30,
    "Price": 23.0
}
```

你可以看到頁面上每個部分的使用情況，但是 ServiceId 的用途可能不太明確。它將被用來建構 select 這個超連結的 URL。所以，我們現在可以開始設計「會產生此 JSON 的合約類型」，它看起來可能像這樣：

```
namespace Uqs.AppointmentBooking.Contract;
public record Service(int ServiceId, string Name,
    int Duration, float Price);
```

這個 record 類型的合約將產生「剛剛提到的 JSON 程式碼」。而完整的回傳陣列的合約，可能看起來像這樣：

```
namespace Uqs.AppointmentBooking.Contract;
public record AvailableServices(Service[] Services);
```

你可以在 Contract 專案中，找到這些合約類型以及所有其他的合約。

透過 TDD 新增第一個單元測試

按照 DDD 的思路，我們將會有一個名為 ServicesService 的領域服務，該服務將負責獲取所有可用的服務。因此，讓我們看一下這個服務的結構。我們將在 Domain 專案的 Services 資料夾中建立它。以下是程式碼：

```
public class ServicesService
{
}
```

這裡沒有什麼特別之處。我只是讓 VS 知道，當我輸入 ServicesService 時，它應該引導我到這個類別。

> **Note**
>
> 我手動新增了 `ServicesService` 類別。一些 TDD 實踐者會在撰寫單元測試時才產生這個檔案,而不是事先撰寫。只要你能提高效率,任何方法都沒問題。我選擇先建立檔案,是因為有時候 VS 會將這個檔案建立在「與我預期不同的目錄」中。

我將建立我的單元測試類別,名稱是 `ServicesServiceTests`,其程式碼如下:

```
public class ServicesServiceTests : IDisposable
{
    private readonly ApplicationContextFakeBuilder _ctxBldr
        = new();
    private ServicesService? _sut;
    public void Dispose()
    {
        _ctxBldr.Dispose();
    }
}
```

由於我知道我將在單元測試中使用範例資料,所以我立即加入了 `ApplicationContextFakeBuilder`。

現在,我需要思考「我的服務需要什麼」,並依此建立單元測試。最直接的方法是從最簡單的情境開始。如果我們沒有髮型設計服務,就不會回傳任何的服務:

```
[Fact]
public async Task
GetActiveServices_NoServiceInTheSystem_NoServices()
{
    // Arrange
    var ctx = _ctxBldr.Build();
    _sut = new ServicesService(ctx);

    // Act
    var actual = await _sut.GetActiveServices();

    // Assert
    Assert.True(!actual.Any());
}
```

在測試裡面，我決定會有一個名為 GetActiveServices 的方法，當這個方法被呼叫時，它將回傳一組可使用的服務。在這個階段，程式碼無法編譯；因為這樣的方法不存在。我們已經成功地獲得了 TDD 的失敗！

現在，我們可以讓 VS 產生這個方法，然後我們就可以來實作它：

```
public class ServicesService
{
    private readonly ApplicationContext _context;

    public ServicesService(ApplicationContext context)
    {
        _context = context;
    }

    public async Task<IEnumerable<Service>>
        GetActiveServices()
          => await _context.Services!.ToArrayAsync();
}
```

這是透過 EF 來取得所有可用的服務，但是因為我們在範例資料中沒有儲存任何服務，因此不會有任何資料回傳。

如果你再次執行測試，它將會通過。這就是我們 TDD 的測試成功。由於這是一個簡單的實作，所以不需要進行重構。恭喜你完成了第一個測試！

> **Note**
>
> 這個測試很簡單，看似在浪費時間。但事實上，這是一個有效的測試案例，並且也幫助我們建立了領域類別和注入正確的相依元件。從簡單的測試開始，可讓我們逐步穩定地前進。

透過 TDD 新增第二個單元測試

接下來要加入的第二個功能是只取得可用的服務，而不是那些不再提供的服務，因為髮型設計師沒有提供這些服務。因此，讓我們從下面這個單元測試開始：

```
[Fact]
public async Task
```

```
  GetActiveServices_TwoActiveOneInactiveService_TwoServices()
{
    // Arrange
    var ctx = _ctxBldr
        .WithSingleService(true)
        .WithSingleService(true)
        .WithSingleService(false)
        .Build();
    _sut = new ServicesService(ctx);
    var expected = 2;

    // Act
    var actual = await _sut.GetActiveServices();

    // Assert
    Assert.Equal(expected, actual.Count());
}
```

我們的 Arrange 將加入三個服務——其中兩個是可用的，一個是不可用的。讓我們來看一下 WithSingleService 的程式碼：

```
public ApplicationContextFakeBuilder WithSingleService
    (bool isActive)
{
    _context.Add(new Service{ IsActive = isActive });
    return this;
}
```

如果我們執行測試，當然，它會失敗，因為我們還沒有在服務中加入任何過濾（filtration）的功能。現在，讓我們來為服務加入過濾功能：

```
public async Task<IEnumerable<Service>> GetActiveServices()
    => await _context.Services!.Where(x => x.IsActive)
                                .ToArrayAsync();
```

我們已經加入了一個 Where 的 LINQ 陳述式，這樣就能達到目的。再次執行測試，這次測試應該會通過。

這是一個簡單的需求。事實上，除了「故事 5」之外，其他的故事都非常單純。我們不會在這裡列出其他故事，因為它們都很類似，但是你可以在隨附的原始碼中找到它們。

反而，我們將會聚焦在「故事 5」，因為它的複雜程度與現實生活中的產品程式碼相當，也顯示出 TDD 的好處。

實作第 5 個故事（時間管理）

這個故事是關於時間管理系統（time management system）。它試圖要公平地管理髮型設計師的工作時間，同時還要考慮到休息時間。如果你稍微思考一下，會發現這個故事的情境相當複雜，且包含許多特殊情況。

這個故事顯示了 TDD 的強大之處，它可以協助你找到切入點，並且以小步驟的方式進行需求的建構。當你完成的時候，你會發現，你已經在單元測試中自動對故事做好「文件化」的工作。

在接下來的小節中，我們將從「較容易實作的情境」開始，然後逐步提升到更複雜的測試情境。

驗證資料庫中的資料記錄

我們可以透過一種溫和的方式開始我們的實作，那就是從確認參數著手，這會讓我們思考方法的簽章。

從邏輯上來講，要確定員工的空閒狀態，我們需要透過使用 employeeId 知道這個員工是誰，以及所需要的時間長度。這個時間長度可以透過 serviceId 從服務中取得。這個方法的一個合理名稱可以是 GetAvailableSlotsForEmployee。我們的第一個單元測試如下：

```
[Fact]
public async Task
  GetAvailableSlotsForEmployee_ServiceIdNoFound_
    ArgumentException()
{
    // Arrange
    var ctx = _contextBuilder
        .Build();
    _sut = new SlotsService(ctx, _nowService, _settings);

    // Act
    var exception = await
```

```
        Assert.ThrowsAsync<ArgumentException>(
        () => _sut.GetAvailableSlotsForEmployee(-1));


    // Assert
    Assert.IsType<ArgumentException>(exception);
}
```

目前無法編譯；這算是一個失敗的情況。所以，我們要在 SlotsService 中建立該方法：

```
public async Task<Slots> GetAvailableSlotsForEmployee(
    int serviceId)
{
    var service = await _context.Services!
        .SingleOrDefaultAsync(x => x.Id == serviceId);
    if (service is null)
    {
        throw new ArgumentException("Record not found",
        nameof(serviceId));
    }
    return null;
}
```

現在你已經完成了實作，再次執行測試，它們將會通過。你可以對 employeeId 也採用相同的做法，就像我們對 serviceId 所做的那樣。

從最簡單的情境開始

讓我們從加入最簡單的商業邏輯開始。假設系統中有一名叫 Tom 的員工。Tom 在系統中沒有空閒的班次。而且，系統只提供一項服務：

```
[Fact]
public async Task GetAvailableSlotsForEmployee_
  NoShiftsForTomAndNoAppointmentsInSystem_NoSlots()
{
    // Arrange
    var appointmentFrom =
        new DateTime(2022, 10, 3, 7, 0, 0);
    _nowService.Now.Returns(appointmentFrom);
    var ctx = _contextBuilder
        .WithSingleService(30)
```

```
        .WithSingleEmployeeTom()
        .Build();
    _sut = new SlotsService(ctx, _nowService, _settings);
    var tom = context.Employees!.Single();
    var mensCut30Min = context.Services!.Single();

    // Act
    var slots = await
        _sut.GetAvailableSlotsForEmployee(
        mensCut30Min.Id, tom.Id);

    // Assert
    var times = slots.DaysSlots.SelectMany(x => x.Times);
    Assert.Empty(times);
}
```

這個測試將會失敗，因為無論輸入什麼，該方法都會回傳 null。我們需要繼續往解決方案中加入一些程式碼。可以先從下面的程式碼開始：

```
...
var shifts = _context.Shifts!.Where(
    x => x.EmployeeId == employeeId);
if (!shifts.Any())
{
    return new Slots(Array.Empty<DaySlots>());
}
return null;
```

上面的程式碼正好是通過測試所需的。現在測試是綠燈了。

提升情境的複雜度

其他的單元測試也遵循同樣的方式，來逐步提高測試情境的複雜度。下面是你可能會想要增加的其他情境：

```
[Theory]
[InlineData(5, 0)]
[InlineData(25, 0)]
[InlineData(30, 1, "2022-10-03 09:00:00")]
[InlineData(35, 2, "2022-10-03 09:00:00",
  "2022-10-03 09:05:00")]
```

```
public async Task GetAvailableSlotsForEmployee_
OneShiftAndNoExistingAppointments_VaryingSlots(
    int serviceDuration, int totalSlots,
        params string[] expectedTimes)
{
...
```

事實上，上面的這個測試包含了多個測試（因為我們使用了 Theory），每個 InlineData 都提高了複雜度。像往常一樣，在增加另一組測試之前，先讓測試從紅燈變為綠燈，表示通過：

```
public async Task GetAvailableSlotsForEmployee_
  OneShiftWithVaryingAppointments_VaryingSlots(
    string appointmentStartStr, string appointmentEndStr,
    int totalSlots, params string[] expectedTimes)
{
...
```

這同樣是一個包含了多個 InlineData 的測試。很顯然地，我們無法將所有的程式碼都放在這裡，所以請參考 SlotsServiceTests.cs 來查看完整的單元測試。

隨著你不斷增加測試案例，無論是使用內嵌了 InlineData 的 Theory 或是使用 Fact，你將會發現「實作中的程式碼」變得越來越複雜。這是正常的！但是，你是否感覺「可讀性」受到影響？那麼，是時候進行重構了。

現在，你已經有了「利用單元測試保護程式碼不會被破壞」的優勢。當方法按照你的期望運作時進行重構，是「紅綠燈重構法」口訣的一部分。事實上，如果你仔細觀察 SlotsService.cs，你會發現，我透過建立許多私有方法（private method）來進行重構，以提高可讀性。

我承認，這個故事確實複雜。我原本可以選擇一個較簡單的範例來讓大家感到愉快，但是現實生活中的程式碼是會有變化的，並且複雜程度各不相同，因此我想在本書的實用前提下，介紹一個較為複雜的情境。

讀完本小節之後，你可能會產生一些疑問。我希望我能在下面解答其中一些問題。

回答常見問題

現在我們已經撰寫了單元測試和相關的實作,讓我來說明這整個流程。

這些單元測試足夠嗎?

這個問題的答案取決於你的涵蓋率目標,以及你對所有情況都已經考慮到的信心。有時候,增加更多的單元測試會增加未來的維護成本,因此隨著經驗的累積,你將能找到合適的平衡點。

為什麼我們沒有對 Controller 進行單元測試?

Controller 不應該包含商業邏輯。我們將所有的邏輯移到服務層,並對服務進行測試。Controller 中僅剩下一些最基本的程式碼,用於將不同類別相互對應(mapping,映射)。你可以參考 Uqs.AppointmentBooking.WebApi/Controllers 中的 Controller,來了解我所說的意思。

單元測試擅長測試的範疇是「商業邏輯」,或是「那些具有條件和邏輯分支的地方」。在我們所選擇的程式碼撰寫風格中,Controller 並不具有這些特點。

Controller 確實應該進行測試,但需要透過不同類型的測試。

我們對系統進行了足夠的測試嗎?

不,我們沒有!我們只完成了單元測試的部分。我們還沒有對 Controller 或系統啟動程序(Program.cs 中的內容)以及其他一些程式碼進行測試。

我們沒有用單元測試來測試它們,因為它們不是商業邏輯。但是,它們確實需要測試,不過,單元測試並不是確保這些程式品質的最佳選擇。你可以透過其他類型的測試來對這些區域進行測試,例如整合測試、類整合測試和系統測試。

我們忽略了某些部分的測試，要如何實現高涵蓋率？

某些部分的程式碼，例如 `Program.cs` 和 Controller，並未進行單元測試。如果你想要達到高涵蓋率，例如 90%，光靠單元測試可能無法達成，因為本章中仍有相當多的程式碼未被測試。

單靠單元測試來實現涵蓋率是不合理的，因為你要提高涵蓋率，需要的是其他類型的測試，否則開發人員可能會開始欺騙（作弊），藉由增加「無意義的測試」來提高涵蓋率。這些測試反而會帶來更多的損害，因為它們會增加維護成本。

涵蓋率的計算應該包括其他類型的測試，而不是只單靠單元測試。在這種情況下，90% 是一個實際可行的目標，能夠產生高品質的產品。

然而有時候，要設定一個涵蓋率度量工具（a coverage meter tool），來測量多種測試類型的統計數據，可能比較困難，所以這時候，將程式碼涵蓋率目標降低到大約 80% 是合理的。

小結

我們見證了如何實作現實生活中的案例，首先使用 EF 和 SQL Server 建立系統，然後透過逐步增加單元測試，並在每次加入單元測試時增加複雜度，來實作需求。

我們看到了一個實際的 fake 測試替身，以及一個具體的建造者（builder），用來建立我們的範例資料。

我們只能選擇幾個關鍵的情境來鼓勵你查看完整的原始碼，不然整本書的內容都會被程式碼填滿。

如果你已經讀過並理解這些程式碼了，那麼我可以向你保證，這是最複雜的部分了，其他章節閱讀起來會相對容易一些。所以，恭喜你已經度過了本書最困難的部分！我相信，你現在能夠著手開始使用 EF 和關聯式 DB，來開發以 TDD 為基礎的專案了。

希望本章可以成為你的指引，讓你能夠開始使用 EF 和 SQL Server 進行新專案的開發。下一章將實作相同的功能，但重點放在文件式 DB 上，並使用與本章不同的模式。

10

使用資源庫和文件式資料庫
建置服務預訂應用程式

在「第 8 章」中，我們描述了「替一家名為 Heads Up Barbers 的髮廊建立服務預訂應用程式」的技術規格（technical specifications）和設計決策（design decisions）。本章是「第 8 章」的延續，所以我強烈建議你在繼續之前，先詳讀「第 8 章」的內容。

本章將採用「TDD 風格」來實作需求，並使用 Azure Cosmos DB 的資源庫模式（repository pattern）。這樣的實作方式也適用於其他**文件式資料庫（document database）**，又稱為 **NoSQL**，例如 **MongoDB、Amazon DynamoDB、GCP Firestore** 等。

如果你是文件式 DB 的愛好者，或者你在工作上有使用它，那麼本章將非常適合你；然而，如果你使用的是關聯式資料庫，你或許會想要跳過本章，回到「第 9 章」。「第 9 章」和「第 10 章」的目標是相同的，但它們使用了不同類型的後端 DB。

本章假設你熟悉文件式 DB 服務和文件式 DB 背後的概念，不一定是 Cosmos DB，因為從 TDD 的角度來看，不同 DB 產品之間的實作幾乎是相同的。

在本章中,你會學到下列這些主題:

- 規劃程式碼和專案結構
- 使用 TDD 實作 WebApi
- 回答常見問題

讀完本章,你將體驗到「使用 TDD、mock 和後端的文件式 DB 來實作一個端到端應用程式」的流程。此外,你也將了解「在撰寫單元測試之前所需進行的分析過程」。

技術需求

讀者可以在本書的 GitHub 儲存庫找到本章的範例程式碼:`https://github.com/PacktPublishing/Pragmatic-Test-Driven-Development-in-C-Sharp-and-.NET/tree/main/ch10`。

要執行此專案,你需要安裝一個 Cosmos DB 執行個體(instance)。可以選擇以下兩種方法其中之一:

- Azure 帳戶下雲端的 Azure Cosmos DB
- **Azure Cosmos DB 模擬器**,可以在 Windows、Linux 和 macOS 的本機上安裝,而且可以在 Docker 上執行

我們實作的過程沒有使用任何進階的 Cosmos 功能,所以你可以隨意選擇任何的 Cosmos 版本。我已經在本機的 Windows 上使用 Azure Cosmos DB 模擬器測試了應用程式。你可以在下面網址找到更多相關資訊:`https://learn.microsoft.com/en-us/azure/cosmos-db/local-emulator?tabs=ssl-netstd21`。

在安裝了本機模擬器(local emulator)之後,你需要取得連線字串(connection string),你可以瀏覽 `https://localhost:8081/_explorer/index.html`,然後從 **Primary Connection String** 欄位中複製連線字串:

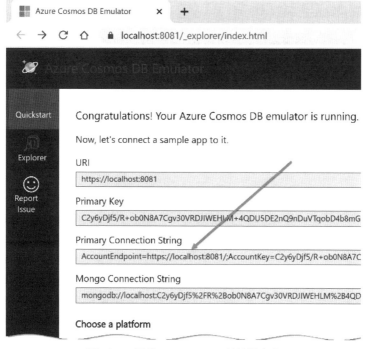

圖 10.1：尋找 Cosmos DB 的連線字串

要執行這個專案，你需要在 `Uqs.AppointmentBooking.WebApi/AppSettings.json`
中，將連線字串設定為你指定的 DB 執行個體，如下所示：

```
"ConnectionStrings": {
  "AppointmentBooking": "[The primary connection string]"
},
```

連線字串指向本地機器，並且將連線到一個名為 `AppointmentBooking` 的資料庫。

> **Note**
>
> 在本章中，我不用顧慮到多個環境的設定，但是你有可能會想為「不同的
> 環境」建立多個 `AppSettings`，並根據情況修改連線字串。

上述的 DB 設定步驟並非是必要的。你可以不使用 DB 來實作本章節的需求，但是這樣
你就無法執行專案並在瀏覽器中進行互動。

規劃你的程式碼和專案結構

在「第 8 章，設計一個服務預訂應用程式」中，我們規劃了我們的領域，並分析了需要完成的工作。專案結構將遵循經典的三層式應用程式，包含客戶端應用（網站）、商業邏輯（Web API）以及資料庫（Cosmos DB）。讓我們將其轉換為 VS 的方案和專案。

在本小節中，我們將會建立方案、建立專案，並將各個元件整合起來。

分析專案的結構

讓一群資深開發者就一個專案結構達成共識，你最後會得到好幾種不同的結構！在本節中，我們將討論一種多年來我所研發的專案結構組織方式。

考量到我們首先要為使用者建立一個網站，之後再開發一個手機 App（本書未介紹），將商業邏輯分離到一個 WebApi 專案中，提供給網站和手機 App 共用，是合理的。因此，我們將建立一個以 Blazor WebAssembly 為基礎，名稱為 Uqs. AppointmentBooking.Website 的網站專案。

領域邏輯將以 API 的形式呈現，所以我們將為 API 建立一個名稱為 Uqs. AppointmentBooking.WebApi 的 ASP.NET API 專案。

前述的兩個專案需要以一個叫做**資料傳輸物件（DTO）**的統一結構來交換資料，這種結構也被稱為合約（contract），因此，我將會建立一個名稱為 Uqs. AppointmentBooking.Contracts 的 .NET 函式庫專案。此專案將被網站和 WebApi 專案參考。

WebApi 專案將 Web 請求轉換成我們可以在 C# 中理解的內容。從技術上來講，它將會管理「RESTful 風格的 API」的 HTTP 通訊層。所以，WebApi 專案不會包含任何商業邏輯。商業邏輯將放在我們的領域專案中。我們將會建立一個名稱為 Uqs. AppointmentBooking.Domain 的領域專案。

你的商業邏輯將分布在兩個地方——UI 和領域層。UI 的商業邏輯將負責管理 UI 功能，例如切換下拉式選單、鎖定日曆天數、對拖放動作作出回應，以及開啟／關閉按鈕等。這些邏輯將存在於網站專案中。

> **Note**
>
> 像是 Blazor 和 Angular 這樣的 UI 框架，就當它們是獨立的應用程式。這些框架在設計上使用了一種被稱為 **MVVM（Model View View-Model）** 的設計模式，這讓相依注入以及單元測試變得容易。但是，若要針對 UI 特定元素（Blazor 中的 razor 檔案）進行單元測試，就會需要例如 **bUnit** 這種更專門的框架。

撰寫程式碼所使用的程式語言，取決於所使用的 UI 框架，例如 Angular、React 和 Blazor。在我們的實作當中，UI 的程式碼比較少，因此我們不會做任何的 UI 單元測試。

複雜的商業邏輯將會存在於領域層中，我們將遵循 TDD 的概念來撰寫它。所以，我們將建立一個專案來存放我們領域單元測試，並將其命名為 Uqs.AppointmentBooking. Domain.Tests.Unit。

要將這些專案放置在相應的背景環境中，並將它們對應到我們的三層式架構（3-tier architecture）上，我們可以參考**圖 10.2**：

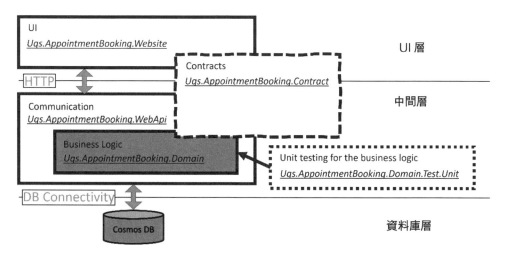

圖 10.2：專案與應用程式設計之間的關係

圖 10.2 顯示了每個專案為了建立三層式應用程式所提供的功能。現在，讓我們開始建立 VS 方案的結構吧。

建立專案和設定相依項目

這是無法避免的無趣環節，建立方案和專案並將它們關聯在一起。在下一個小節中，我們將採用命令列的方式而非 UI 方式。

> **Note**
>
> 我已經在專案的版本控制中，增加了一個名為 `create-projects.bat` 的文字檔，內含所有命令列指令碼，因此你不需要手動輸入。你可以將此檔案複製並貼上到你想要的目錄中，然後從你的命令列中執行該檔案。

以下是用來建立你的 VS 方案及其專案所需的指令碼清單：

1. 從你的作業系統終端程式介面中，瀏覽到你想要建立新方案的目錄，並執行下面的指令來建立方案檔：

```
md UqsAppointmentBooking
cd UqsAppointmentBooking
dotnet new sln
```

2. 執行下面的指令來建立專案，並注意到我們為每個專案挑選不同的專案範本：

```
dotnet new blazorwasm -n
  Uqs.AppointmentBooking.Website
dotnet new webapi -n Uqs.AppointmentBooking.WebApi
dotnet new classlib -n Uqs.AppointmentBooking.Contract
dotnet new classlib -n Uqs.AppointmentBooking.Domain
dotnet new xunit -n
  Uqs.AppointmentBooking.Domain.Tests.Unit
```

3. 把各個專案加入到方案中：

```
dotnet sln add Uqs.AppointmentBooking.Website
dotnet sln add Uqs.AppointmentBooking.WebApi
dotnet sln add Uqs.AppointmentBooking.Contract
dotnet sln add Uqs.AppointmentBooking.Domain
dotnet sln add Uqs.AppointmentBooking.Domain
  .Tests.Unit
```

4. 現在，讓我們來設定各個專案之間的相依關係：

```
dotnet add Uqs.AppointmentBooking.Website reference
   Uqs.AppointmentBooking.Contract
dotnet add Uqs.AppointmentBooking.WebApi reference
   Uqs.AppointmentBooking.Contract
dotnet add Uqs.AppointmentBooking.Domain reference
   Uqs.AppointmentBooking.Contract
dotnet add Uqs.AppointmentBooking.WebApi reference
   Uqs.AppointmentBooking.Domain
dotnet add Uqs.AppointmentBooking.Domain.Tests.Unit
   reference Uqs.AppointmentBooking.Domain
```

最後一個步驟是將所需的 NuGet 套件加入到專案中。領域專案會透過 `Microsoft.Azure.Cosmos` 套件中的 Cosmos SDK 與 Cosmos DB 進行溝通。執行下面的指令碼，把這個函式庫加入到 Domain 專案中：

```
dotnet add Uqs.AppointmentBooking.Domain package
   Microsoft.Azure.Cosmos
```

5. 單元測試專案需要使用 NSubstitute 進行 mocking（模擬），所以我們要加入相應的 NuGet 套件：

```
dotnet add Uqs.AppointmentBooking.Domain.Tests.Unit
   package NSubstitute
```

你可以使用 VS 打開方案檔，以視覺化的方式來進行檢查，其內容應該如下所示：

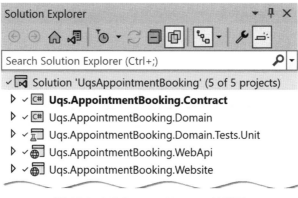

圖 10.3：VS Solution Explorer 的畫面

在這個階段，你的方案結構應該看起來像圖 **10.3** 那樣。

既然專案結構已經建立好了，接下來我們將修改程式碼。

建立領域專案

在「**第 8 章，設計一個服務預訂應用程式**」的領域分析中，我們已經建立了一份領域物件的清單。我不會再次進行說明；僅將其建立並加入到 Domain 專案的 DomainObjects 目錄下：

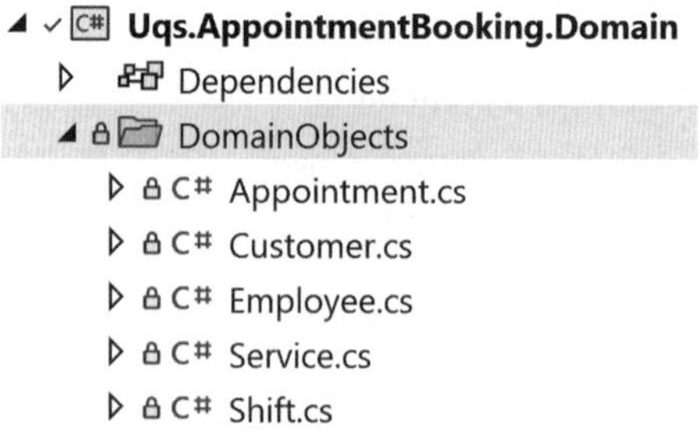

▲ ✓ C# **Uqs.AppointmentBooking.Domain**
    ▷   Dependencies
  ▲ 🔒📁 DomainObjects
      ▷ 🔒 C# Appointment.cs
      ▷ 🔒 C# Customer.cs
      ▷ 🔒 C# Employee.cs
      ▷ 🔒 C# Service.cs
      ▷ 🔒 C# Shift.cs

圖 10.4：加入的領域物件

這些僅僅是不包含商業邏輯的資料結構。下面是其中一個領域物件 Customer 的原始碼：

```
namespace Uqs.AppointmentBooking.Domain.DomainObjects;
public class Customer : IEntity
{
    public string? Id { get; set; }
    public string? FirstName { get; set; }
    public string? LastName { get; set; }
}
```

你可以在本章的 GitHub 儲存庫線上查看其他的檔案。下面是上面類別所實作的介面：

```
public interface IEntity
{
    public string? Id { get; set; }
}
```

IEntity 是一個介面,用來確保每一個要被儲存到文件容器的領域物件,都有 Id。

> **Note**
> Id 是一個字串,這是文件式 DB 所需要的,通常是 GUID,但不是絕對。

所以,我們的文件容器(document container)與我們的領域物件之間有什麼關係呢?

設計你的容器

我假設你已經熟悉文件式 DB 的基礎知識,所以我不會深入更多的細節。首先,讓我定義一下**容器(container)**是什麼,以便我們在本章中有相同的理解。容器是一個存放相似文件類型的儲存單元(storage unit)。「文件式 DB 中的容器」與「關聯式 DB 中的資料表」有類似的特性。

關於容器的設計以及需要考慮的因素,有很多學派和觀點,但本書的重點是 TDD,所以我們會保持簡單扼要,並直接切入重點。顯然,以 DDD 進行設計時,雖然有一些指導原則可以參考,但是它仍然是偏向主觀的一個過程。我們的聚合路由(aggregate routes),如 Service、Employee、Customer 和 Appointment,看起來是成為「容器」最直接的候選者,因此我們會將它們都設定為容器。

接下來,我們需要一種方法,讓我們的領域服務與資料庫互動。這可以透過資源庫模式來實現。

探索資源庫模式

現在我們已經定義好容器。我們只需要與這些容器互動的機制。為此目的,DDD 採用了資源庫模式(repository pattern)。讓我們來探討一下這個模式的角色,以及它在我們應用程式中的定位。

了解資源庫模式

資源層(repository layer)是知道如何與資料庫互動的程式碼,底層資料庫的類型並不重要(不管是 Cosmos、SQL Server、文字檔案或其他),無論是文件式、關聯式或其他類型。該層的目的是將「領域層」與「資料庫的具體細節」給隔離開來。相反地,領域服務只需關注「要持久化的資料」,而不是「如何持久化」。

圖 10.5 顯示了資源庫（repository）作為領域層的底層（the bottom layer）：

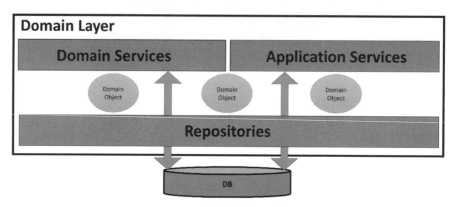

圖 10.5：DDD 中的資源庫

你可以從**圖 10.5** 中看到，任何要儲存到資料庫的領域物件，都需要經過資源層。

建立資源庫的常見做法是每個容器建立一個資源庫。所以，在我們的應用程式中，將會有四個資源庫：

- `ServiceRepository`
- `CustomerRepository`
- `AppointmentRepository`
- `EmployeeRepository`

因為我們必須對實作進行單元測試，所以我們的資源庫需要做好單元測試的準備。

資源庫與單元測試

在一個關於 TDD 的章節裡，我們突然開始討論資源庫。原因是，當你想到單元測試時，最先想到的是相依關係以及如何隔離資料庫。

資源庫是解決這個問題的答案，因為它們應該要提供必要的抽象，將資料庫轉化為可注入的相依物件。在本章接下來的討論中，你將會更清楚地看到這一點。

> **Note**
>
> 如果你曾經使用過**物件關係對映（ORM）**工具，例如 **Entity Framework**
> 或 **NHibernate**，來操作關聯式資料庫，那麼你可能還沒有直接使用過資
> 源庫模式，因為 ORM 框架已經省去了使用它的必要。

你將會看到，我們的資源庫會有使它們能夠被注入的介面。理論的部分講解完畢，現在
讓我們來看看程式碼。

實作資源庫模式

現在你已對資源庫有所了解，讓我們從一個範例開始。我們需要的其中一個資源庫是
ServiceRepository，它將與服務（Service）相關的資源庫進行互動：

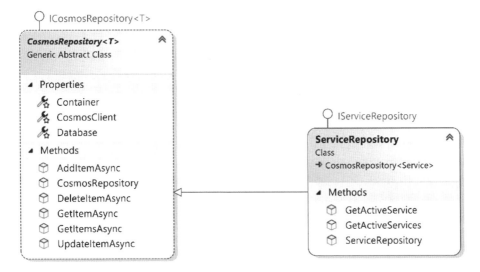

圖 10.6：服務資源庫

ServiceRepository 類別包含了「新增服務」、「刪除服務」和「搜尋特定服務」等
方法。讓我們從 GetActiveService 資源庫類別中隨機挑選一個方法：

```
public async Task<Service?> GetActiveService(string id)
{
  var queryDefinition = new QueryDefinition(
  "SELECT * FROM c WHERE c.id = @id AND c.isActive = true")
          .WithParameter("@id", id);
  return (await GetItemsAsync(queryDefinition))
```

```
        .SingleOrDefault();
    }
```

上面的方法採用 Cosmos DB 專用的程式碼來存取資料庫，並根據 ID 回傳一個服務。

請注意，此資源庫實作了 IServiceRepository 介面，這在之後進行單元測試時將派上用場。

在資源庫與容器的互動之中，有許多重複之處。它儲存文件、讀取文件、刪除文件、搜尋文件等。因此，我們可以建立一個小型框架來封裝（embed，內嵌）這些行為，以減少重複的程式碼。

使用資源庫模式框架

每次我看到一個專案存取「文式件 DB」時，我都會注意到，開發者會事先建立一個小型的「資源庫框架」（repository framework），用以簡化程式碼。以下是我為了存取 Cosmos DB 而建立的一個框架的一部分，名為 CosmosRepository<T> 的類別，所有資源庫都繼承它：

```
using Microsoft.Azure.Cosmos;
using Microsoft.Extensions.Options;
using System.Net;
namespace Uqs.AppointmentBooking.Domain.Repository;
public abstract class CosmosRepository<T> :
    ICosmosRepository<T> where T : IEntity
{
    protected CosmosClient CosmosClient { get; }
    protected Database Database { get; }
    protected Container Container { get; }

    public CosmosRepository(string containerId,
    CosmosClient cosmosClient,
    IOptions<ApplicationSettings> settings)
    {
        CosmosClient = cosmosClient;
        Database = cosmosClient.GetDatabase(
            settings.Value.DatabaseId);
        Container = Database.GetContainer(containerId);
```

```
    }

    public Task AddItemAsync(T item)
    {
        return Container.CreateItemAsync(item,
            new PartitionKey(item.Id));
    }
...
```

上述的程式碼為「資源庫」提供了與資料庫互動所需要的基本方法，例如 `AddItemAsync`。

深入了解 Cosmos DB 的具體細節，這項任務超出了本書的範圍，但這段程式碼很容易閱讀，你可以在原始碼的 `Uqs.AppointmentBooking.Domain/Repository` 目錄找到完整的實作。

現在我們已經建立了資源庫，不過，在開發過程中，我們可能需要一些測試資料來讓頁面呈現出有意義的樣子。接下來我們將進行這一步驟。

新增初始資料

新建立的 DB 中都是空的容器，而 `seed` 類別的目的是將「範例資料」預先填入這些容器中。

由於此程式碼已經超出本章的範圍，因此我不會在這邊列出來，但你還是可以在 Domain 專案的 `Database/SeedData.cs` 中查看。

我們剛剛完成了 WebApi 專案的設定，該專案將會被網站使用，所以下一步是建立網站。

建立網站專案

這個實作的「第一階段」包括「建立一個網站來存取 API，為使用者提供一個 UI」，而前面我們已經透過命令列完成了這件事情。但是，網站的實作並不在本章的範圍，也不是本書的範疇，因為它與 TDD 無關，所以我不打算對程式碼進行詳細的說明。

雖然如此，我們仍然對一件事情感興趣──網站需要從 Web API 中獲取什麼資料？為了用 TDD 的方法建構 Web API 所需的功能，我們有必要了解這一點。

在本章的下一小節中，我們將逐步回答這個問題。

在這一個小節中，我們進行了專案建立和設定的相關內容，但我們還沒有完成任何受到 TDD 影響的部分。你可能已經注意到，我多次引領你去參考本書 GitHub 儲存庫上的原始碼，這是因為我希望專注於接下來的討論，同時仍然提供原始碼給各位讀者。

使用 TDD 實作 WebApi

為了建構 WebApi 專案，我們將參照「**第 8 章，設計一個服務預訂應用程式**」的每一個需求，並使用 TDD 的方式提供符合需求的實作。

需求都是針對網站及其功能來描述的，並沒有規定如何建構我們的 API。網站必須呼叫 WebApi 來執行任何商業邏輯，因為它無法存取 DB，並且只處理 UI 相關的商業邏輯。

在本節中，我們將介紹在 TDD 模式下工作的過程，同時還考慮到我們的持久化提供者，即資源庫。

實作第 1 個故事

我們需求中的「第 1 個故事」非常簡單。網站將顯示我們提供的所有可用服務。由於網站將透過呼叫 RESTful API 向 WebApi 請求這些資料，所以領域層將會有一個回傳此清單的服務。假如網站要呈現這些內容的話，接下來，就讓我們繼續深入了解做法：

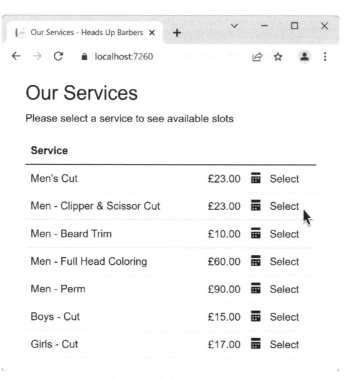

圖 10.7：故事 1 需求的 UI

這需要對 WebApi 發出 RESTful 請求，如下所示：

```
GET https://webapidomain/services
```

這個 UI 需要一些由這個 API 回傳的資料屬性。因此，取得的 JSON 可能是像這樣的物件陣列：

```
{
    "ServiceId": "e4c9d508-89d7-49cd-86c2-835cde94472a",
    "Name": "Men - Clipper & Scissor Cut",
    "Duration": 30,
    "Price": 23.0
}
```

你可以看到頁面上每個部分的使用情況，但是 ServiceId 的用途可能不太明確。它將被用來建構 Select 這個超連結的 URL。所以，我們現在可以開始設計「會產生此 JSON 的合約類型」，它看起來可能像這樣：

```
namespace Uqs.AppointmentBooking.Contract;
public record Service(string ServiceId, string Name,
    int Duration, float Price);
```

這個 record 類型的合約將產生「剛剛提到的 JSON 程式碼」，而完整的回傳陣列的合約，可能看起來像這樣：

```
namespace Uqs.AppointmentBooking.Contract;
  public record AvailableServices(Service[] Services);
```

你可以在 Contract 專案中，找到這些合約類型以及所有其他的合約。

透過 TDD 新增第一個單元測試

按照 DDD 的思路，我們將會有一個名為 ServicesService 的領域服務，該服務將負責獲取所有可用的服務。因此，讓我們看一下這個服務的結構。我們將在 Domain 專案的 Services 資料夾中建立它。以下是程式碼：

```
public class ServicesService
{
}
```

這裡沒有什麼特別之處。我只是讓 VS 知道，當我輸入 ServicesService 時，它應該引導我到這個類別。

> **Note**
>
> 我手動新增了 ServicesService 類別。一些 TDD 實踐者會在撰寫單元測試時才產生這個檔案，而不是事先撰寫。只要你能提高效率，任何方法都沒問題。我選擇先建立檔案，因為有時候 VS 會將這個檔案建立在「與我預期不同的目錄」中。

我將建立我的單元測試類別，名稱是 ServicesServiceTests，其程式碼如下：

```
public class ServicesServiceTests
{
    private readonly IServiceRepository _serviceRepository
        = Substitute.For<IServiceRepository>();
    private ServicesService? _sut;
}
```

由 於 我 知 道 我 將 在 單 元 測 試 中 使 用 到 資 料 庫，所 以 我 立 即 加 入 了 IServiceRepository，這個介面將作為我要 mock 的相依項目。

現在，我需要思考「我的服務需要什麼」，並依此建立單元測試。最直接的方法是從最簡單的情境開始。如果我們沒有髮型設計服務，就不會回傳任何的服務：

```
[Fact]
public async Task
  GetActiveServices_NoServiceInTheSystem_NoServices()
{
    // Arrange
    _sut = new ServicesService(_serviceRepository);

    // Act
    var actual = await _sut.GetActiveServices();

    // Assert
    Assert.True(!actual.Any());
}
```

在測試裡面，我決定會有一個名為 GetActiveServices 的方法，當這個方法被呼叫時，它將回傳一組可使用的服務。在這個階段，程式碼無法編譯；因為這樣的方法不存在。我們已經成功地獲得了 TDD 的失敗！

現在，我們可以讓 VS 產生這個方法，然後我們就可以來實作它：

```
public class ServicesService
{
    private readonly IServiceRepository _serviceRepository;

    public ServicesService(
        IServiceRepository serviceRepository)
    {
        _serviceRepository = serviceRepository;
    }
    public async Task<IEnumerable<Service>>
        GetActiveServices() =>
        await _serviceRepository.GetActiveServices();
}
```

這是透過資源庫來取得所有可用的服務，但由於資源庫並未被 mock（模擬）為「回傳任何服務」，因此結果會是一個空集合（empty collection）。

如果你再次執行測試，它將會通過。這就是我們 TDD 的測試成功。由於這是一個簡單的實作，所以不需要進行重構。恭喜你完成了第一個測試！

> **Note**
>
> 這個測試很簡單，看似在浪費時間。但事實上，這是一個有效的測試案例，並且也幫助我們建立了領域類別和注入正確的相依元件。從簡單的測試開始，可讓我們逐步穩定地前進。

透過 TDD 新增第二個單元測試

接下來要加入的第二個功能是只取得可用的服務。讓我們從下面這個單元測試開始：

```
[Fact]
public async Task
  GetActiveServices_TwoActiveServices_TwoServices()
{
    // Arrange
    _serviceRepository.GetActiveServices()
        .Returns(new Service[] {
            new Service{IsActive = true},
            new Service{IsActive = true},
        });
    _sut = new ServicesService(_serviceRepository);
    var expected = 2;

    // Act
    var actual = await _sut.GetActiveServices();

    // Assert
    Assert.Equal(expected, actual.Count());
}
```

這裡引人注目的是我們 mocking（模擬）GetActiveServices 這個資源庫方法（repository method）的方式。當服務呼叫它時，這個方法被 mock（模擬）為「回傳一個 Service 陣列」。這就是我們替換相關資料庫的方式。

如果你執行此測試，它應該一開始就會通過，而不會出現失敗。事情確實如此。在這個情境中，我會對我的程式碼進行除錯，以找出「為何在未實作程式碼的情況下，單元測試可以通過」，顯然第一個單元測試實作的程式碼足以涵蓋第二個情境。

這是一個簡單的需求。事實上，除了「故事 5」之外，其他的故事都非常單純。我們不會在這裡列出其他故事，因為它們都很類似，但是你可以在隨附的原始碼中找到它們。反而，我們將會聚焦在「故事 5」，因為它的複雜程度與現實生活中的產品程式碼相當，也顯示出 TDD 的好處。

實作第 5 個故事（時間管理）

這個故事是關於時間管理系統（time management system）。它試圖要公平地管理髮型設計師的工作時間，同時還要考慮到休息時間。如果你稍微思考一下，會發現這個故事的情境相當複雜，且包含許多特殊情況。

這個故事顯示了 TDD 的強大之處，它可以協助你找到切入點，並且以小步驟的方式進行需求的建構。當你完成的時候，你會發現，你已經在單元測試中自動對故事做好「文件化」的工作。

在接下來的小節中，我們將從「較容易實作的情境」開始，然後逐步提升到更複雜的測試情境。

驗證資料庫中的資料記錄

我們可以透過一種溫和的方式開始我們的實作，那就是從確認參數著手，這會讓我們思考方法的簽章。

從邏輯上來講，要確定員工的空閒狀態，我們需要透過使用 employeeId 知道這個員工是誰，以及所需要的時間長度。這個時間長度可以透過 serviceId 從服務中取得。這個方法的一個合理名稱可以是 GetAvailableSlotsForEmployee。我們的第一個單元測試如下：

```
[Fact]
public async Task
  GetAvailableSlotsForEmployee_ServiceIdNoFound_
    ArgumentException()
{
```

```
    // Arrange

    // Act
    var exception = await
        Assert.ThrowsAsync<ArgumentException>(() =>
        _sut.GetAvailableSlotsForEmployee("AServiceId"));

    // Assert
    Assert.IsType<ArgumentException>(exception);
}
```

目前無法編譯；這算是一個失敗的情況。現在，請在 SlotsService 中建立該方法：

```
public async Task<Slots> GetAvailableSlotsForEmployee(
    string serviceId)
{
    var service = await
        _serviceRepository.GetItemAsync(serviceId);
    if (service is null)
    {
        throw new ArgumentException("Record not found",
        nameof(serviceId));
    }
    return null;
}
```

現在你已經完成了實作，再次執行測試，它們將會通過。你可以對 employeeId 也採用相同的做法，遵循我們對 serviceId 所做的那樣。

從最簡單的情境開始

讓我們從加入最簡單的商業邏輯開始。假設系統中有一名叫 Tom 的員工。Tom 在系統中沒有空閒的班次。而且，系統只提供一項服務：

```
[Fact]
public async Task GetAvailableSlotsForEmployee_
  NoShiftsForTomAndNoAppointmentsInSystem_NoSlots()
{
    // Arrange
    var appointmentFrom = new DateTime(
      2022, 10, 3, 7, 0, 0);
```

```
_nowService.Now.Returns(appointmentFrom);
var tom = new Employee { Id = "Tom", Name =
    "Thomas Fringe", Shifts = Array.Empty<Shift>() };
var mensCut30Min = new Service { Id = "MensCut30Min",
    AppointmentTimeSpanInMin = 30 };
_serviceRepository.GetItemAsync(Arg.Any<string>())
        .Returns(Task.FromResult((Service?)mensCut30Min));
_employeeRepository.GetItemAsync(Arg.Any<string>())
        .Returns(Task.FromResult((Employee?)tom));

// Act
var slots = await
    _sut.GetAvailableSlotsForEmployee(mensCut30Min.Id,
    tom.Id);

// Assert
var times = slots.DaysSlots.SelectMany(x => x.Times);
Assert.Empty(times);
}
```

你可以看到資源庫是如何透過 mocking 的方式填入資料。這就是我們設定資料庫和進行相依注入的方式。我們之所以能夠做到這一點，是因為 SlotsService 是透過「資源庫」存取資料庫，而如果資源庫是被 mock 出來的，那麼我們就已經替換掉資料庫了。

> **Note**
> 將「資料庫」替換成「模擬的資源庫」（mocked repositories）是一個經常被問到的面試問題，像是『你如何在每個單元測試執行之後清理資料庫？』這是一個陷阱題，因為在單元測試的過程中，你不直接與資料庫進行互動，而是使用「模擬的資源庫」。這個問題有多種變化。

這個測試將會失敗，因為無論輸入什麼，該方法都會回傳 null。我們需要繼續往解決方案中加入一些程式碼。可以先從下面的程式碼開始：

```
...
if (!employee.Shifts.Any())
{
    return new Slots(Array.Empty<DaySlots>());
}
return null;
```

上面的程式碼正好是通過測試所需的。現在測試是綠燈了。

提升情境的複雜度

其他的單元測試也遵循同樣的方式，來逐步提高測試情境的複雜度。下面是你可能會想要增加的其他情境：

```
[Theory]
[InlineData(5, 0)]
[InlineData(25, 0)]
[InlineData(30, 1, "2022-10-03 09:00:00")]
[InlineData(35, 2, "2022-10-03 09:00:00",
  "2022-10-03 09:05:00")]
public async Task GetAvailableSlotsForEmployee_
  OneShiftAndNoExistingAppointments_VaryingSlots(
    int serviceDuration, int totalSlots,
      params string[] expectedTimes)
{
...
```

事實上，上面的這個測試包含了多個測試（因為我們使用了 Theory），每個 InlineData 都提高了複雜度。像往常一樣，在增加另一組測試之前，先讓測試從紅燈變為綠燈，表示通過：

```
public async Task GetAvailableSlotsForEmployee_
  OneShiftWithVaryingAppointments_VaryingSlots(
    string appointmentStartStr, string appointmentEndStr,
      int totalSlots, params string[] expectedTimes)
{
...
```

這同樣是一個包含了多個 InlineData 的測試。很顯然地，我們無法將所有的程式碼都放在這裡面，所以請參考 SlotsServiceTests.cs 來查看完整的單元測試。

隨著你不斷增加測試案例，無論是使用內嵌了 InlineData 的 Theory 或是使用 Fact，你將會發現「實作中的程式碼」變得越來越複雜。這是正常的！但是，你是否感覺「可讀性」受到影響？那麼，是時候進行重構了。

現在，你已經有了「利用單元測試保護程式碼不會被破壞」的優勢。當方法按照你的期望運作時進行重構，是「紅綠燈重構法」口訣的一部分。事實上，如果你仔細觀察 SlotsService.cs，你會發現，我透過建立許多私有方法（private method）來進行重構，以提高可讀性。

我承認，這個故事確實複雜。我原本可以選擇一個較簡單的範例來讓大家感到愉快，但是現實生活中的程式碼是會有變化的，並且複雜程度各不相同，因此我想在本書的實用前提下，介紹一個較為複雜的情境。

讀完本小節之後，你可能會產生一些疑問。我希望我能在下面解答其中一些問題。

回答常見問題

現在我們已經撰寫了單元測試和相關的實作，讓我來說明這整個流程。

這些單元測試足夠嗎？

這個問題的答案取決於你的涵蓋率目標，以及你對所有情況都已經考慮到的信心。有時候，增加更多的單元測試會增加未來的維護成本，因此隨著經驗的累積，你將能找到合適的平衡點。

為什麼我們沒有對 Controller 進行單元測試？

Controller 不應該包含商業邏輯。我們將所有的邏輯移到服務層，並對服務進行測試。Controller 中僅剩下一些最基本的程式碼，用於將不同類別相互對應（mapping，映射）。你可以參考 Uqs.AppointmentBooking.WebApi/Controllers 中的 Controller，來了解我所說的意思。

單元測試擅長測試的範疇是「商業邏輯」，或是「那些具有條件和邏輯分支的地方」。在我們所選擇的程式碼撰寫風格中，Controller 並不具有這些特點。

Controller 確實應該進行測試，但需要透過不同類型的測試。

為什麼我們沒有對資源庫的實作進行單元測試？

資源庫包含了針對 Cosmos DB 的特定程式碼，商業邏輯極少，甚至沒有。這些程式碼直接與 SDK 進行互動，對其進行測試並不能證明任何事情，因為你將對「框架的行為」進行假設（透過測試替身）。

有時候，資源庫是會包含一些商業邏輯的，例如 ServiceRepository 只挑選可用的服務（active services），而不是所有的服務。然而，由於這種邏輯被嵌入在類 SQL 的語法中，對它進行單元測試仍然相當困難。

反之，對資源庫進行單元測試，會以負面的方式擴大單元測試的涵蓋範圍，使你的程式碼變得更脆弱。

有些開發人員仍然會以達到「程式碼涵蓋率」為目標，對他們的資源庫進行單元測試，但這裡的錯誤之處在於，程式碼涵蓋率是「所有類型的測試」的總和，而不僅僅是單元測試。你應該使用「其他類型的測試」來涵蓋資源庫，例如類整合測試。

我們對系統進行了足夠的測試嗎？

不，我們沒有！我們只完成了單元測試的部分。我們還沒有對 Controller 或系統啟動程序（Program.cs 中的內容）以及其他一些程式碼進行測試。

我們沒有用單元測試來測試它們，因為它們不是商業邏輯。但是，它們確實需要測試，不過，單元測試並不是確保這些程式品質的最佳選擇。你可以依照我們在「**第 4 章**」中的討論，透過「其他類型的測試」來對這些區域進行測試，例如整合測試、類整合測試和系統測試。

我們忽略了某些部分的測試，要如何實現高涵蓋率？

某些部分的程式碼，例如 Program.cs 和 Controller，並未進行單元測試。如果你想要達到高涵蓋率，例如 90%，光靠單元測試可能無法達成，因為仍有相當多的程式碼未被測試。

單靠單元測試來實現涵蓋率是不合理的，開發人員可能會開始欺騙（作弊），藉由增加「無意義的測試」來提高涵蓋率。這些測試反而會帶來更多的損害，因為它們會增加維護成本。

涵蓋率的計算應該包括其他類型的測試，而不只是單靠單元測試。在這種情況下，90% 是一個實際可行的目標，能夠產生高品質的產品。

然而有時候，要設定一個涵蓋率度量工具（a coverage meter tool），來測量多種測試類型的統計數據，可能比較困難，所以這時候，將程式碼涵蓋率目標降低到大約 80% 是合理的。因為並非所有測試都在本機執行，一個本機的測試涵蓋率工具（例如「**第 6 章**」提到的 Fine Code Coverage）只能計算在「本機」執行的測試涵蓋率。

所以，簡單的回答是，你的涵蓋率應該要包含所有的測試類型，這需要付出一定的努力。或者，你可以將涵蓋率範圍限制在單元測試，選擇較低的涵蓋率。

小結

我們見證了如何實作現實生活中的案例，首先使用資源庫和 Cosmos DB 建立系統，然後透過逐步增加單元測試，並在每次加入單元測試時增加複雜度，來實作需求。

我們只能選擇幾個關鍵的情境來鼓勵你查看完整的原始碼，不然整本書的內容都會被程式碼填滿。

如果你已經讀過並理解這些程式碼了，那麼我可以向你保證，這是最複雜的部分了，其他章節閱讀起來會相對容易一些。所以，恭喜你已經度過了本書最困難的部分！我相信，你現在能夠著手開始使用文件式 DB，來開發以 TDD 為基礎的專案了。

本章以「TDD 為基礎的真實專案實作」告一段落。希望你在理解本書這部分的內容之後，已經具備「開發一個以 TDD 為基礎的專案，並使用關聯式 DB 或文件式 DB」的能力。

接下來的「**Part 3**」將介紹如何將單元測試應用到你的專案和組織中，解決舊有程式碼（遺留程式碼）的問題，並建立一個持續整合系統。我認為這部分相當有趣，你可以好好運用並擴展所學到的 TDD 知識。

Part 3

將TDD應用於你的專案

現在我們已經掌握如何利用 TDD 來建置應用程式,我們想要更進一步探索。在 Part 3 中,我們會討論如何將單元測試與持續整合相結合、如何處理舊有專案(legacy project,遺留專案),以及如何在你的組織中實作 TDD。Part 3 包含了以下內容:

- 第 11 章:使用 GitHub Actions 實作持續整合流程
- 第 12 章:處理棕地專案
- 第 13 章:推行 TDD 的紛雜繁擾之處

11

使用GitHub Actions
實作持續整合流程

你撰寫了單元測試與其他類型的測試，你對程式碼涵蓋率和品質都感到滿意。到目前為止一切都很好。但是，每次程式碼有變更時，誰來確保這些測試都會被執行呢？是推送新程式碼的開發者嗎？如果他們忘記了，該怎麼辦？如果版本控制中出現合併問題，可能會導致你的測試失敗，該怎麼辦？誰會負責檢查呢？

你已經明白答案了。你應該要建立一個**持續整合（continuous integration，CI）**系統。CI 是單元測試的最佳搭檔，在當今的現代專案中，很少有沒 CI 的情況。

在本章中，你會學到下列這些主題：

* 持續整合的介紹
* 使用 GitHub Actions 實作 CI 流程

讀完本章，你將能運用 GitHub Actions 從頭到尾實作一個完整的 CI 流程。

技術需求

讀者可以在本書的 GitHub 儲存庫找到本章的範例程式碼：https://github.com/PacktPublishing/Pragmatic-Test-Driven-Development-in-C-Sharp-and-.NET/tree/main/.github/workflows。

持續整合的介紹

CI 的核心思想在於將「新的程式碼」持續地與「現有程式碼」進行整合，形成一個可以在任何時候部署到正式環境的系統（或者至少這是目標）。

從「軟體開發」到「實際上線」的過程被稱為 **發行管線（release pipeline）**，在這個過程中，程式碼需要經過多個階段才能到達正式環境，例如「編譯程式碼」、「將二進位檔案部署到開發環境」、「讓 QA 把程式碼提取（pull，拉取）到指定環境」等。CI 是發行管線中不可或缺的一部分。

CI 系統需要一個寄宿主機（host）來執行各種對程式碼的作業。寄宿主機是「伺服器」和「作業系統」的組合：

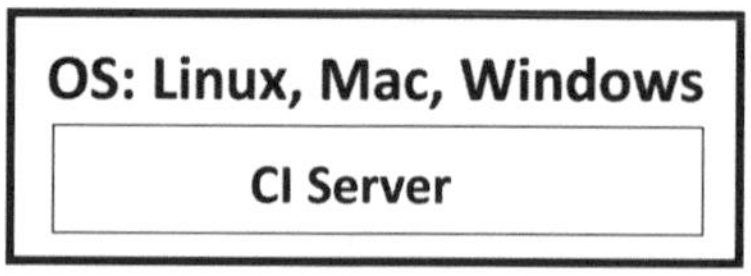

圖 11.1：OS 中的 CI 伺服器

以下是一些可以用來自建 CI 伺服器的方案：

* Cruise Control
* Team City
* **Team Foundation Server（TFS）**
* Jenkins
* Octopus Deploy

對於上述提到的系統，你也可以找到相對應的 SaaS 方案。不過，如今以下這些原生雲端方案更受到歡迎：

* GitHub Actions
* Azure DevOps
* AWS CodePipeline
* Octopus Cloud
* GitLab CI/CD

這些系統的概念都是相同的，一旦你掌握了其中一個，學習其他的就變得相對容易。現在，讓我們來看看 CI 系統是如何運作的。

CI 的工作流程

CI 系統會對你的程式碼執行一系列可自訂的動作（action），形成工作流程（workflow）。這些動作會依據各專案的需求而有所調整。以下是一個通用的 CI 系統工作流程：

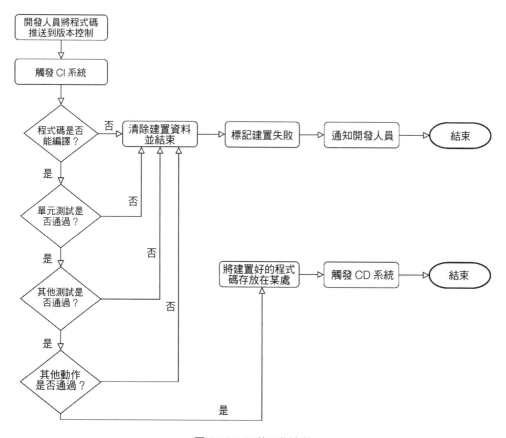

圖 11.2：CI 的工作流程

當開發人員將新的程式碼推送到版本控制時，CI 系統通常會監控這個事件。它會複製一份程式碼，並嘗試編譯，就像在你的電腦上進行編譯一樣。接著，它會試圖找出你測試專案中的所有單元測試並執行它們。

CI 系統具有極高的可自訂性，所以開發人員可以新增執行多種類型的測試和其他的維護步驟。

如果有任何步驟出錯，CI 系統將中止該建置，將其標記為失敗，並透過預設的方式，像是電子郵件，通知開發人員。

如果所有的步驟都順利完成，接著就能在流程的最後接上**持續部署（continuous deployment，CD）**系統。CD 系統會依照你的需求，將建置好的程式碼（二進位檔案）部署到伺服器上。所以，你經常會看到 CI/CD 這兩個詞彙一起出現。

接下來，我們要探討 CI 在軟體工程流程中的重要性。

CI 系統的好處

CI 系統通常在敏捷開發流程的最初階段（sprint zero）就會被整合進來。它們從開發初期就存在，並且有充分的理由。顯然，建立一個 CI 系統的流程需要耗費時間與精力，因此應該有正當理由來支持這些額外的努力。在此，我們將探討 CI 系統的重要性和好處。

隨時都能編譯的程式碼

在團隊專案中，你遇過多少次「從版本控制提取（pull）最新的程式碼，卻發現無法編譯」？CI 系統確保程式碼能隨時編譯，而最佳做法是，如果 CI 將前一個推送（push）標記為失敗，就不要提取新的程式碼，除非你自行修復程式碼或等待同事修正，否則你將無法繼續工作。

當然，如果你打算修復該問題，你仍然必須提取有問題的建置，但 CI 系統能夠提前提醒你。

通常，版本控制中出現有問題的程式碼，是因為開發人員沒有在推送自己的程式碼之前，先從版本控制提取最新版本，然後再進行編譯和執行測試。

隨時確保單元測試通過

開發人員可能在推送程式碼之前，忘記在自己的電腦上執行單元測試，但 CI 系統不會！

正如本書之前所討論的，單元測試應該是高效能的，CI 在執行所有單元測試時，應該無需花費太多時間，以便向團隊回報建置是安全的，而他們可以提取新的程式碼。

我特別提到單元測試是因為它們能夠提供快速的回饋。你可能還有其他類型的測試，這些測試可能需要較長的執行時間，你可以選擇是否要在每次推送時或是每天的特定時間進行這些測試。其他的測試通常執行速度較慢，需要花費幾分鐘的時間，你可能會想要平行執行它們，但在它們完成之前，不要阻止測試結果的回報，這個過程可能需要 10 分鐘甚至一個小時。

將程式碼編譯成準備好 CD 的狀態

假設編譯成功並通過了測試，那麼如果「手動測試」是你軟體工程流程的一部分，它就可以進行了；或者，如果你已經有產生了可以透過 CD 流程部署到相應環境的「二進位檔案」，也可以直接進行部署。

CD 流程會把「CI 的成果」部署到預先設定好的位置，例如開發環境、UAT 環境和正式環境。

從其所帶來的好處來看，在現今的軟體工程流程中，CI 不再是一個可選的選項。沒有任何藉口不去實行它。它成本低廉，而且容易實現，正如我們接下來使用 GitHub Actions 時會看到的。

使用 GitHub Actions 實作 CI 流程

最初，我在設計本書章節的大綱時，原本打算使用 Azure DevOps 作為範例，因為它的 CI 系統極具盛名。然而，GitHub Actions 迅速崛起，並很快成為開發者在裝設 CI 系統時的首選，因此我改變了想法，決定改用 GitHub Actions。

GitHub Actions 能支持多種程式語言架構；而本章所關注的 .NET Core 便是其中之一。

想當然爾，要使用 GitHub Actions 你必須擁有一個 GitHub 帳號。值得慶幸的是，免費帳號每月提供 2,000 分鐘的使用時間，對於小型獨立的專案來說應該是足夠的。

下一步，我們將在「**第 10 章**」的專案中，運用 GitHub Actions 作為 CI 系統，你不必回頭去閱讀該章節，我們只需要找到一個方案，裡面包含了專案和針對該專案的單元測試，能夠讓我們展示 GitHub Actions 的運作原理，而「**第 10 章**」剛好提供了這樣的範例。

在 GitHub 儲存庫內建立範例專案

要跟著操作，你需要有一個 GitHub 帳號，並在該帳號的 GitHub 儲存庫中託管一個 .NET 的專案。如果你還沒有帳戶，你可以免費註冊一個 GitHub 帳號。

你需要將「**第 10 章**」的程式碼存放到你的儲存庫中，最快的方式是前往本書的 GitHub 頁面，然後點擊 **Fork | Create a new fork**：

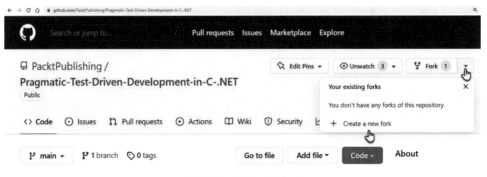

圖 11.3：建立一個 fork

或者，在儲存庫的 URL 後面增加 /fork，就像這樣：https://github.com/ PacktPublishing/Pragmatic-Test-Driven-Development-in-C-Sharp-and-.NET/ fork。然後點擊 **Create fork**：

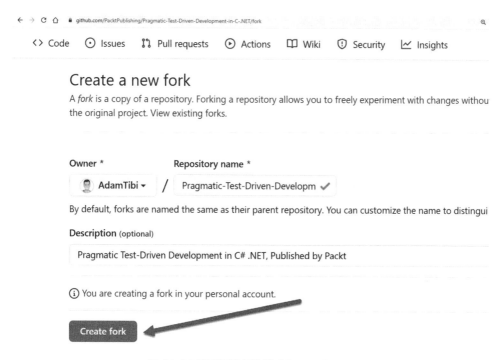

圖 11.4：填寫表單並點擊「Create fork」

fork（分叉）功能會複製一個儲存庫的內容，新建到你所擁有的儲存庫中，讓你可以在不影響原始儲存庫的情況下，改動程式碼。

雖然我們複製了所有的程式碼，但是我們只對方案中稍早的那一章（即「**第 10 章**」）感興趣，其位置如下：

`/ch10/UqsAppointmentBooking/UqsAppointmentBooking.sln`

現在你已經擁有了相同的程式碼，我們可以為這個專案建立 GitHub Actions CI 了。

建立工作流程

首先，要撰寫任何 GitHub Actions 的設定，你需要熟悉 YAML。YAML 是一種以人類可讀性為目的，用來替代 JSON 的檔案格式。在接下來的過程中，你會看到 YAML 的範例。

現在，讓我們隨著 GitHub Actions 的引導，為「**第 10 章**」的專案建立一個工作流程。從你的 GitHub 儲存庫中，點選 **Actions | New workflow**：

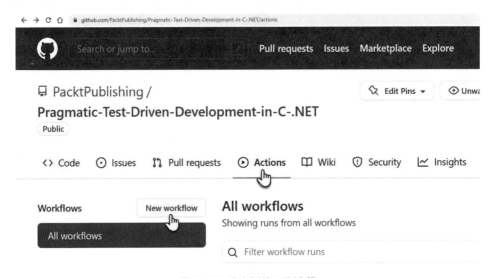

圖 11.5：建立新的工作流程

GitHub Actions 會根據你的儲存庫內容提出一些建議：

Get started with GitHub Actions

Build, test, and deploy your code. Make code reviews, branch management, and issue triaging work the way you want. Select a workflow to get started.

Skip this and set up a workflow yourself →

圖 11.6：GitHub Actions 工作流程範本的建議清單

我們的程式碼是.NET Core，因此第一個建議非常適合；接著，我們點選**Configure**。然後會出現以下頁面：

圖 11.7：建立工作流程

請注意，GitHub 已經為你的工作流程設定建議了一個檔案位置：

/.github/workflows/dotnet.yml

GitHub Actions 位於 workflows 目錄中。此外，它還提供了以下 YAML 的內容作為開始：

```
name: .NET

on:
  push:
    branches: [ "main" ]
  pull_request:
    branches: [ "main" ]

jobs:
  build:

    runs-on: ubuntu-latest

    steps:
    - uses: actions/checkout@v3
    - name: Setup .NET
      uses: actions/setup-dotnet@v2
      with:
        dotnet-version: 6.0.x
    - name: Restore dependencies
      run: dotnet restore
    - name: Build
      run: dotnet build --no-restore
```

```
- name: Test
  run: dotnet test --no-build --verbosity normal
```

這個工作流程命名為 .NET，當有人將程式碼推送到主分支（main branch）或是向主分支發起提取要求（pull request）時，將會觸發它。

CI 系統使用 GitHub Actions 提供的最新版 Ubuntu Linux，撰寫本章時為 Ubuntu 20.04。OS 將負責承載建置的過程，同時執行各種動作。Linux 通常是預設的選擇，因為它執行效率更高，比 Windows 更經濟實惠，而且很明顯地也支援 .NET Core。

接著，執行的步驟從以下這幾點開始：

1. `actions/checkout@v3`：這個動作會簽出（check out）你的儲存庫，讓你的工作流程能夠存取它。這裡要求使用此動作的第 3 版本（version 3）。
2. `actions/setup-dotnet@v2`：透過這個函式庫的第 2 版本（version 2）來取得 .NET SDK，並且將 .NET 的版本指定為 .NET Core 6。這讓我們可以在後面使用 .NET CLI。
3. `dotnet restore`：這是一個標準的**命令列介面（command-line interface，CLI）**指令，用來還原（restore）NuGet 套件。
4. `dotnet build`：編譯方案。
5. `dotnet test`：執行方案內的所有測試專案。

「步驟 1」和「步驟 2」的目的是在主機的 OS 準備好你的工作區（workspace），以便能夠像在你的本機上一樣執行 .NET CLI 指令。正如你已經發現到的，整段文字都使用 YAML 語法。

你可以放心地點擊 **Start commit** 按鈕：

圖 11.8：Start commit（開始認可作業）

完成後，點擊 **Actions** 頁籤，檢視 GitHub Actions 將如何執行這些指令：

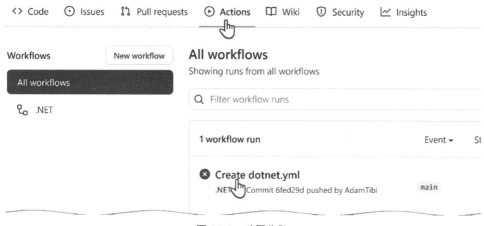

圖 11.9：建置失敗

正如你所看到的紅色標誌，建置失敗了。你可以點擊失敗的建置來獲得更多的資訊：

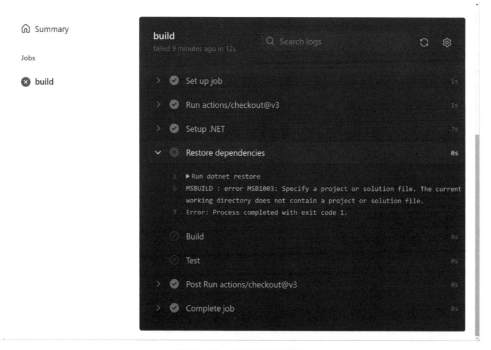

圖 11.10：建置失敗的說明

你可以看到導致失敗的原因：無法找到用來還原相依套件的方案檔（solution file）。這是一個可預期的錯誤，因為我們「第 10 章」的方案檔位於 /ch10/ UqsAppointmentBooking 目錄中，而不是在 /（根目錄）中，所以我們需要修改 YAML 檔案，以反映這個情況。

從版本控制中提取最新的內容，你會發現，有一個名為 workflows（/.github/ workflows）的新資料夾，而在這個資料夾裡面，你會找到我們剛剛建立的檔案：dotnet.yml。

你可以使用任何文字編輯器來編輯這個 YAML 檔案。我選擇使用 **Visual Studio Code** 進行編輯。我們需要修改這個檔案，告訴 Actions 在哪裡可以找到方案檔：

```
...
runs-on: ubuntu-latest
defaults:
  run:
    working-directory: ./ch10/UqsAppointmentBooking
steps:
...
```

我已經修改了上述的 YAML 檔案，加入了方案檔的位置。將此檔案推送到 GitHub，會觸發一次建置程序。你可以在 **Actions** 頁籤查看結果：

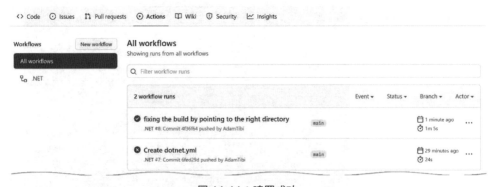

圖 11.11：建置成功

建置成功就意味著我們在 YAML 檔案中設定的所有步驟都已順利通過。你可以點擊成功的建置來檢視每個步驟的執行狀況，並確保你的步驟是確實通過，而非僅是碰巧通過。

我們已在 GitHub Actions 中為我們的專案建立了 CI 系統。從現在起，每當團隊成員修改程式碼，CI 工作流程都會啟動。

下面讓我們來更專注於測試的部分。

CI 與測試

在 YAML 步驟中的最後一行，目的是觸發方案中所有可用的測試：

```
- name: Test
  run: dotnet test --no-build --verbosity normal
```

這將針對你方案中的所有測試，可能包括了單元測試、類整合測試、整合測試和系統測試等。根據你專案的實際需求，執行所有測試可能不是最理想的做法。這會延遲回饋最近的推送，並妨礙其他團隊成員驗證該建置的結果是否能安全地被使用。

所以，你可能希望將工作流程僅限於單元測試。你可以將執行指令（run command）更改為以下內容：

```
dotnet test --filter FullyQualifiedName~Tests.Unit
    --no-build --verbosity normal
```

這將對其命名空間中含有 `Tests.Unit` 字樣的所有測試進行定位。如此一來，你不必執行全部的測試，而且能夠迅速收到回饋。

至於其他的測試，你可以撰寫另一個 YAML 檔案，其中包含一個新的工作流程，並安排它在其他事件中執行，例如「每日多次」。

接下來，讓我們來看看，當測試失敗時會發生什麼情況。

模擬失敗的測試

假如有一位同事在將程式碼推送到版本控制前，忘了執行單元測試，但願這不會真實發生。我們可以透過修改「第 10 章」的 `SlotService` 來模擬這樣的情況，我們將其中一行的 `||` 更改為 `&&`，並將程式碼推送到版本控制：

```
var employeeAppointments = await _appointmentRepository.GetAppointmentsByEmployeeIdAsync(employeeId);
var appointments = employeeAppointments.Where(x =>
    x.Ending < appointmentsMaxDay &&
    ((x.Starting <= _now && x.Ending > _now) || x.Starting > _now)).ToArray();
```

圖 11.12：修改程式碼邏輯以產生失敗的測試

這個變更將使得方案中現有的單元測試失敗，通常在推送到版本控制之前就會被發現，但如果已經推送，CI 系統將呈現以下狀況：

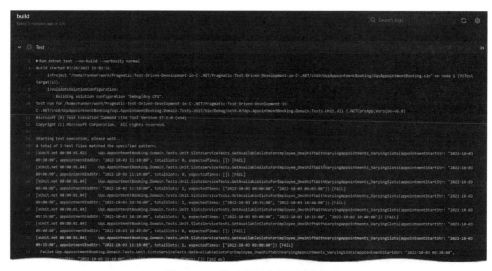

圖 11.13：版本控制中的測試失敗

在上面的畫面中，你會看到多個測試失敗的點，如果你往下捲動，可以看到更多關於測試失敗的詳細說明，包括預期的結果和實際得到的結果：

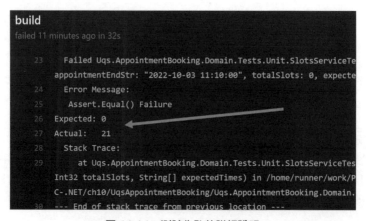

圖 11.14：測試失敗的詳細說明

你可以透過閱讀錯誤說明來判斷出問題的所在。很明顯地，我們知道這裡出了什麼問題，因為我們故意破壞了程式碼。在其他情況下，我們可以根據 GitHub Actions 上的錯誤描述來了解問題所在，或者我們應該可以在本機電腦上重新執行單元測試，並嘗試釐清問題。

你已經看到一個使用工作流程的實作例子。接下來，讓我們來探討其背後的概念。

理解工作流程

GitHub Actions 中的模組就是一個工作流程，而一個工作流程的形式如下：

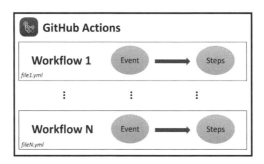

圖 11.15：工作流程

工作流程寄存在你儲存庫裡 /.github/workflows 目錄下的 YAML 檔案中。每一個工作流程會在儲存庫中的某個事件觸發時執行，或者手動觸發，又或者在排定的時間觸發。在上一個範例中，會觸發執行工作流程的事件是「推送到主分支」和「對主分支（main）發起提取要求」。

我希望這一小節能夠讓你對 GitHub Actions 有所了解。當然，還有一些更進階的選項，例如 matrix 和其他功能，但是羅馬不是一天造成的。你可以從基礎知識開始，快速進步成為專家，好讓你可以在發行管線中進行精確的控制。

小結

在現今的軟體工作流程中，CI 系統絕對是必要的，它是對 TDD 所付出的努力的延續。

本章以 GitHub Actions 作為一個好的 CI 系統範例，並使用「第 10 章」的程式碼作為實際的例子。完成本章之後，我相信你應該能把「CI 系統的設定技巧」加入到你的工具箱中。

後續的章節中，我們將討論「在棕地專案（brownfield project）中加入測試」的方式，畢竟，我們不可能每次都有機會從綠地專案（greenfield project）開始。

延伸閱讀

如果讀者想要了解更多，可以參考以下資源：

- YAML 檔案：https://yaml.org/
- GitHub Actions 工作流程：https://docs.github.com/en/actions/using-workflows/about-workflows
- Martin Fowler 談持續整合：https://martinfowler.com/articles/continuousIntegration.html

12

處理棕地專案

每當我聽到**棕地專案（brownfield project）**時，我都會感到不安，你可能也有同樣的感受。設計的決策已經決定，程式碼已經由過去的開發人員撰寫好，而且程式碼品質在各個類別之間會有所差異；對於心臟不好的人來說，棕地專案絕對是一個大考驗。

考慮到「棕地」這個詞可能有多種解釋，我想先來定義它，這樣我們才能對此有共識。從本書的觀點來看，棕地專案是指一個沒有涵蓋單元測試的專案，且可能是在一段時間之前就已經撰寫的專案。它可能已經進行過其他類型的測試，但我們還是會稱它為棕地專案。有些技術人員也把它稱為**舊有專案（legacy project，遺留專案）**。

你或許已經察覺到，我們刻意留了一整章來探討棕地專案，因為在這種專案中導入TDD 或單元測試會遇到許多挑戰。我們將討論這些挑戰以及如何解決它們。

在本章中，你會學到下列這些主題：

- 分析面臨的挑戰
- 實行 TDD 的策略
- 針對單元測試進行重構

讀完本章，你將更清楚地理解，在為你的專案實行單元測試時需要注意什麼。你也會對所需要的程式碼變更有更深的見解。

技術需求

讀者可以在本書的 GitHub 儲存庫找到本章的範例程式碼：`https://github.com/PacktPublishing/Pragmatic-Test-Driven-Development-in-C-Sharp-and-.NET/tree/main/ch12`。

分析面臨的挑戰

在之前的章節中，我們都是討論如何從單元測試開始新增功能（測試先行）。能這樣做，我們仰仗的是一個全新的功能，或是修改一個已經涵蓋單元測試的既有功能。然而，這不適用於棕地專案，因為在嘗試實行 TDD 時，你可能會遇到以下的挑戰：

- **相依注入的支援程度**：有些舊有的框架原生並不支援相依注入，但是這對單元測試來說是必要的。
- **程式碼變更的挑戰**：如果對那些沒有被「任何類型的測試」涵蓋的程式碼進行修改，可能會引入新的錯誤。
- **時間和精力的挑戰**：導入「能夠對程式碼進行單元測試」的能力，需要投入時間和精力。

讓我們逐一詳細檢視每個挑戰，讓你在適當的時候能夠全面考慮這些問題。

相依注入的支援程度

在本書中，我們在學習單元測試或 TDD 之前，我們必須先介紹 DI。DI 讓我們能把程式碼拆分成各個獨立的單元／元件，這對於單元測試來說是必要的條件。要實現相依注入，我們面臨兩大難題——框架的支援與重構的工作。讓我們詳細探討這些問題。

框架對於相依注入的支援

這是一本專門針對 .NET 的書，因此我們只會關注那些原生就不支援 DI 的傳統 .NET 框架。在 2000 年代初期，當單元測試開始流行時，Microsoft 更關注將開發者從 **Visual Basic 6（VB6）** 和 **動態伺服器網頁（Active Server Pages，ASP）** 轉移到新的平台，因此在 .NET 初期，「原生（native）的 DI」並未被列入優先考慮的名單之中。

所以說，Win Forms 和 ASP.NET Web Forms 在初期並無「原生的 DI」支援。當然，你可以對框架進行一些調整，增加對 DI 的支援。但是，當你開始違背框架的一般規範時，就可能會讓與你在同一份程式碼上共同開發的開發者感到不適，並可能在設計中引入一些隱含的錯誤和複雜性。

較現代的框架，如 WPF 和傳統 .NET Framework 的 ASP.NET MVC，都可以透過「第三方的 DI 容器」來進行相依注入。如今，搭配 ASP.NET Core，我們可以使用由 Microsoft 開發的 DI 容器，直接就原生支援 DI。

如果你的專案是建立在原生就不支援 DI 的舊有框架上，如 Win Forms 和 ASP.NET Web Forms，我認為我們會需要衡量一下，為了實行單元測試而對這些框架進行調整所付出的努力，與擁有單元測試所帶來的好處，這之間的利弊得失。也許你可以將這些努力投入在對專案進行其他類型的測試上。顯而易見的是，將專案升級到新的框架能夠解決此問題，但這同樣也有其自身的挑戰。

如果你的框架原生就支援 DI，或是只需付出少許的努力就可以支援 DI，那你真是太幸運了。但這就夠了嗎？顯然，現在你需要對所有事物進行重構，才能使用 DI。

針對支援 DI 的重構

我們已經在「**第 2 章，藉由實際例子了解相依注入**」中討論過 DI，所以我們這裡就不再深入討論。當我們打算導入單元測試或 TDD 時，我們需要確保我們是使用 DI 來注入元件。

在理想的狀況下，所有的元件都應該透過建構式注入，而變數的實體化不應該在方法或屬性的程式碼裡面完成。說到這裡，請參考下面這行不適當的程式碼：

```
MyComponent component = new MyComponent();
```

當你的程式碼沒有進行單元測試時，你可能會發現，所有的元件都在程式碼中實體化，並且沒有使用 DI 容器。在這種情形下，你必須檢視所有直接實體化（direct instantiation）的情況，並修改它們，以支援 DI。在本章的結尾，我們將會看到這樣的例子。

不是所有直接實體化的情況都需要你為了 DI 而重構它們。有一些情況是標準函式庫的一部分,雖然你可以對其進行單元測試,但你不應該這麼做。以下面這行程式碼為例:

```
var uriBuilder = new UriBuilder(url);
```

在這個例子中,我們原本就不打算注入 UriBuilder 類別,因此你可能不需要修改程式碼,因為該類別並無相依於任何外部資源。因此,對此類別進行注入並無實際益處,反而可能增加不必要的工作量。

簡而言之,要使程式碼可進行單元測試,所有元件都需要做好 DI 的準備。具體需要多少時間和努力,取決於你的專案規模,以及你計畫採取的執行方式(例如:是否使用迭代的方式)。

不僅「導入 DI」有挑戰性,「修改程式碼」同樣也會帶來新的挑戰。

程式碼變更的挑戰

當你在專案中增加非單元測試類型的測試時,你的工作範圍是在程式碼之外,其中的一些活動可能有:

- 使用像是 Selenium 或 Cypress 這類的自動化工具來測試 UI。這類測試會像一個外部使用者一樣操作應用程式。
- 進行整合測試,例如執行一個端到端的 API 端點呼叫。
- 透過建立多個應用程式執行個體來對專案進行負載測試(load testing)。
- 透過嘗試從外部駭入應用程式來進行滲透測試(penetration testing)。

進行上述的各種活動都不需要修改任何程式碼,但是單元測試卻需要我們將「產品程式碼」調整到一定的型態。

當我們為了實行單元測試而修改程式碼時,我們可能會帶來破壞它的風險。試想,有一個錯誤(bug)突然在正式環境中出現,而業務部門得知這一錯誤是因為我們增加了測試而導致的,這將是多麼諷刺啊。

> **Note**
>
> 如果我告訴你，必須要修改程式碼才能進行單元測試，那麼我就是在誤導你，因為你其實可以使用隔離測試框架（isolation testing framework），它能讓你在不改變程式碼的情況下進行單元測試。但是，這是你不得已「實在無法修改程式碼，但又真的想進行單元測試」時的最後手段。我們將在本章的後面進一步探討這個話題。

有一些方式可以在修改程式碼時降低出錯的風險，讓我們繼續看下去。

時間和精力的挑戰

實現相依注入以及將程式碼重構成可獨立運作單元的過程，需要極大的心力，並且相當耗時。

你可以考慮逐步進行這個過程，將其分解到你的 sprint（衝刺），或是迭代（iteration），或是你稱呼的任何單位中，或者專門劃出幾個迭代階段，來實施你想要的變更。

這裡的挑戰在於，你必須向業務部門證明「導入單元測試和實行 TDD 所投入的時間」是有意義的，因為從他們的角度來看，產品沒有任何改變，錯誤的數量還是一樣，並未修復任何問題，只是增加了測試。顯然，你和我都明白單元測試會對「未來的錯誤」起到防範作用，並且增加了文件說明，但挑戰在於，如何將這一點也傳達給業務部門。下一章會進一步討論，在導入 TDD 和單元測試時，如何與業務部門溝通，因此這個議題我就先到這裡暫停。

這些挑戰都有解決的辦法；畢竟，我們是在軟體產業中工作！下一小節會利用各種策略來解決這些問題。

實行 TDD 的策略

現在是時候來探討如何解決前一節中提到的問題了。一圖勝千言，所以我將提供一張工作流程圖，來說明如何在棕地專案中導入（introduce）單元測試：

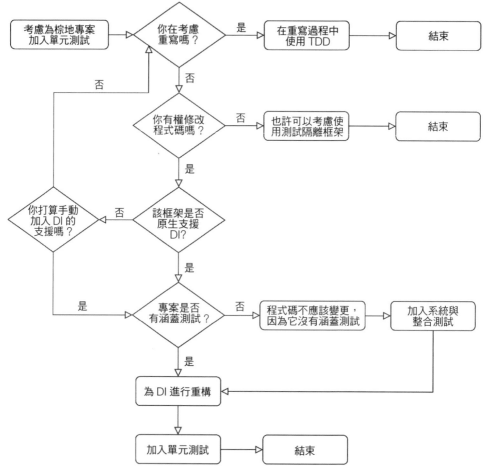

圖 12.1:在專案中實行(enabling)TDD 的流程圖

讓我們一起看看這張圖,以及我們的選擇。

考慮重寫

你可能會考慮重寫(rewriting),因為現有的專案可能建立在一個開發者稀少且支援不足的舊框架上。然而,重寫的想法並非毫無爭議。如果你告訴業務部門,該專案需要重寫,你可能會成為不受歡迎的人物。相信我,沒有人想要聽到這種話。不過,良好的重寫並不需要一次完成;它可以被分解成較小的升級(upgrade)步驟,並且可以隨著

sprint（衝刺）進行。很顯然的，選擇一個原生支援 DI 或透過第三方支援 DI 的現代框架是不可行的選擇。

有許多重寫軟體的方式，這些都超出了本書的範圍。但如果你正在進行重寫，你可以用 TDD 的方式來開始編寫新的部分，這樣就能解決問題了！

修改程式碼

在某些情境下，程式碼可能過於複雜，導致無法修改，或者有時候，出於某種原因，業務部門可能不贊成修改程式碼的建議。如果你遇到這種情況，你應該問自己，是否真的有必要加入單元測試，或是應該將這些心力投入到其他類型的測試中。毫無疑問，其他類型的測試也會有所幫助，雖然單元測試帶來的好處可能更多。

單元測試可以不需要 DI 就能進行；因此，你不需要修改程式碼。這裡，我要公開這個祕訣！但是，要達到這個效果，你需要使用一個**測試隔離框架**（**test isolation framework**）。測試隔離框架會改變元件在外部被載入的方式，但卻不會影響程式碼。

例如，請看以下的類別：

```
public class Warehouse
{
    public Dictionary<string, int> Products { get; }
    ...
}
```

請注意，這個類別並沒有實作任何介面，而且 Products 屬性也不是虛擬（virtual）的。讓我們來看看，Telerik 的 **JustMock 測試隔離框架**會如何針對「此類別相關的程式碼」進行單元測試：

```
[Fact]
public void Complete_SampleInventory_IsCompleted()
{
    // Arrange
    var order = new Order("trouser", 1);
    var warehouse = new Warehouse();
    Mock.Arrange(() => warehouse.Products)
```

```
        .Returns(new Dictionary<string, int>() {
          { "shirt", 12},
          { "trouser", 5}
    });

    // Act
    order.Complete(warehouse);

    // Assert
    Assert.True(order.IsCompleted);
}
```

在這段程式碼中，我們只需要注意被顯目顯示的那兩行。即使 Products 屬性並非虛擬的，且 warehouse 物件並未透過模擬函式庫（mock library）來實體化，但 **JustMock** 仍然成功 mock（模擬）了 Warehouse 類別的 Products 屬性。

JustMock 在此施展了一些魔法，即使 Warehouse 類別沒有介面，且 Products 也並非虛擬的，它仍然能將 Warehouse 類別 mock 出來。這完全不需要 DI。

然而，大部分的 TDD 實踐者並不贊同隔離框架的魔法，因為它會導致不良的程式設計習慣。另外，這些框架並不是免費的。當你想避免修改程式碼時，它們的確提供了一個解決方案，但這也帶來了一個問題：這樣的付出和成本值得嗎？

採用非標準的測試方式，會帶來訓練、維護和授權等額外成本，這些因素都應該在使用任何框架時進行衡量。

原生支援 DI

在 .NET 中有一些框架並不直接支援 DI —— Win Forms 和 Web Forms 就是最好的例子。你可以強制使它們支援 DI，但這就意味著你必須對框架進行一些調整，並且需要自行負責。有時，你可以嘗試分離 UI 層，對其底下的部分進行單元測試。在這種情況下，這種做法已經足夠。

我想強調的是，如果一個框架原生就不支援外掛 DI 容器，或者本身就內建，像是 ASP.NET Core 那樣，那麼這將會需要你付出更多的努力，並使你偏離常規的道路。

我會傾向於避免對這種框架進行單元測試，並透過使用其他類型的測試來提升軟體的品質。

測試涵蓋率優先於單元測試

程式碼變更將導致錯誤（bug），但如果你小心翼翼、謹慎地更動程式碼呢？嗯，是的，它仍舊會導致錯誤！無論你多麼小心謹慎，只要你改變了程式碼，錯誤就是會出現。所以，你的錯誤追蹤計畫是什麼呢？

如果你的計畫是為了單元測試而更改程式碼，那麼你的程式碼在一開始就應該透過其他類型的測試，像是自動化測試和整合測試，來獲得高涵蓋率。這些測試將有助於在程式碼推向正式環境之前，找出你可能已經破壞的程式碼。

那麼，一個邏輯性的問題是，如果我已經透過其他類型的測試達到高涵蓋率，我為何還需要進行單元測試呢？答案如下：

* 如果你的專案仍在開發中，那麼你需要單元測試。同時，最好以 TDD 的方式增加新功能。
* 當你的專案能夠支援單元測試時，你可以將所有現有的測試轉換為單元測試，因為在「**第 4 章，實際在單元測試中使用測試替身**」我們已經討論過，單元測試與其他類型的測試相比，自有其優勢。

如果你的程式碼正處於維護階段，且已經有很高的涵蓋率，那麼我會認為，加入單元測試並不是非常有用。在這種情況下，TDD 可能並不適用，因為 TDD 主要應用於「新功能」或「功能變更」的情境。

我建議，如果程式碼沒有被測試涵蓋，就不要改變它，因為你為推進專案所付出的努力，可能會被產品中的錯誤（production bugs）抵銷。也許應該將這些精力投入到其他的測試，或者重寫程式碼。

每個專案都不同，我們在此提出的策略只是供你參考的一些考量點。當你計畫在棕地專案中導入單元測試時，應將這些因素納入思考的範疇。

接下來，我們將看到一些讓舊有程式碼能夠進行單元測試的範例。

針對單元測試進行重構

當你用 TDD 撰寫程式時，你的程式碼從一開始就已經能進行單元測試。這是因為你已經考慮到了 DI 的情境。棕地專案的程式碼幾乎都沒有考慮到 DI，因此需要進行變更以適應它。

在本節中，我們將討論你必須進行變更的情境，然後我們會在本節的最後示範一個重構的範例。

在程式碼中實體化的變數

每次你在程式碼看到一個 new 關鍵字，就表示正在實體化一個函式庫或服務，那麼這個部分很可能需要重構。看看下面這段在一個方法中的程式碼範例：

```
var obj = new Foo();
obj.DoBar();
```

上述的這行程式碼，表示我們不能對 Foo 注入一個測試替身，因此需要改變程式碼來實現注入。

接下來，你需要檢查 Foo 是否對「你在這個類別中使用的方法」實作了一個介面。在此，讓我帶來一些壞消息——你最好不要抱太大期望；除非你使用的是一個設計周全且高度精緻的框架，否則你很有可能找不到該類別對「你正在使用的方法」實作了介面。

在下一小節，我們將進行讓程式碼變得可測試（testable）的步驟。

為你自己的類別建立一個介面

如果你能夠修改 Foo 中的程式碼，那就太好了！你的程式碼可以從以下的內容開始進行變更：

```
class Foo
{
    public void DoBar();
}
```

變更為下面這個類別，並新增一個介面 IFoo：

```
interface IFoo
{
    void DoBar();
}
class Foo : IFoo
{
    public void DoBar();
}
```

這很容易。但是，如果你無法存取這個類別的原始碼，或者你沒有權限修改原始碼呢？

為第三方的類別建立一個介面

你無法為一個不屬於你的類別增加一個介面。你必須透過另一種模式，通常我們稱其為包裝類別（wrapper class）。你需要建立一個新的類別和介面，如下所示：

```
interface IFooWrapper
{
    void DoBar();
}
class FooWrapper : IFooWrapper
{
    private Foo _foo = new();
    public void DoBar() => _foo.DoBar();
}
```

你可以看到，我們使用另外一個類別將 Foo 類別包裝起來，用以攔截 DoBar 方法的呼叫。這樣可以讓我們如同「新增我們自有類別的介面」一樣，新增一個介面。

這裡需要多做一點工作，但是你會慢慢習慣，並且在修改幾個類別之後，這將變得相當直覺。

現在我們已經為我們的類別建立了介面，可以來進行第二步了，即 DI。

注入你的元件

要如何進行相依注入，取決於你所使用的函式庫（ASP.NET Core、Win Forms 等等），以及你設定 DI 容器的方式。讓我們以一個 ASP.NET Core WebAPI 專案為例。要設定你新建或更新的類別，你可以在 Program.cs 中撰寫類似以下的程式碼：

```
builder.Services.AddScoped<IFoo, Foo>();
```

或者是下面這段程式碼：

```
builder.Services.AddScoped<IFooWrapper, FooWrapper>();
```

當然，生命週期範圍（即暫時性（transient）的、範圍性（scoped）的、單一性（singleton）的）將會根據 Foo 類別的不同而改變。

一旦你完成了這些修改，你就可以重構你的 Controller，以注入 FooWrapper：

```
public class MyService
{
    private readonly IFooWrapper _foo;
    public MyService(IFooWrapper foo)
    {
        _foo = foo;
    }
    public void BarIt()
    {
        _foo.DoBar();
    }
}
```

我們引入了一個包裝用的類別和一個介面，因此我們可以沿用熟悉的 DI 模式，這樣上面的程式碼才得以實現。

現在，你可以開始實行你想要實施的任何單元測試，因為你可以在測試時注入 FooWrapper 的測試替身。

建立實體的情境已經解決。現在，讓我們來看看另一種重構的方式。

靜態成員的替換

靜態方法，包含擴充方法，它們簡單、佔用的程式碼行數較少，並能產出漂亮的程式碼。但是，當提到相依注入的時候，它們就變得相當棘手；就像在「**第 2 章，藉由實際例子了解相依注入**」所解釋的，靜態方法對於單元測試並不友善。

Date.Now 看似無害，然而 Now 卻是一個唯讀的靜態屬性（a read-only static property）。如果你希望在單元測試中凍結（freeze）時間，例如，你想要測試在 2 月 29 日（閏年）會發生什麼事，你是做不到的。這個問題的解決方法就是我們先前所討論的包裝器（wrapper）。以下是你可以做的，將 Now 從靜態方法（static method）變成實體方法（instance method）的方式：

```
public interface IDateTimeWrapper
{
    DateTime Now { get; }
}
public class DateTimeWrapper : IDateTimeWrapper
{
    public DateTime Now => DateTime.Now;
}
```

實際上我們剛剛做的，就和之前我們無法控制類別時所做的一樣（就在幾個小節之前）。我們透過引入包裝器模式到 DateTime 類別，讓它支援 DI。現在，你可以在執行時期注入 DateTimeWrapper，並在單元測試中使用測試替身。

如果你能夠控制這個類別，你可能會想把靜態成員（static member）變成實體成員（非靜態的），或者是新增一個實體成員（instance member），並且保留靜態成員：

```
Interface IFoo
{
    string PropWrapper { get; }
}
class Foo : IFoo
{
    public static string Prop => ...
    public string PropWrapper => Foo.Prop;
}
```

這是一種將你的靜態屬性作為實體屬性的方式。在你程式碼的其餘部分，你還必須使用 PropWrapper 這個包裝過的屬性，而不是未包裝的 Prop。在上面的例子中，我們新增了一個額外的屬性，但如果合適的話，你也可以重構程式碼，來替換掉靜態屬性。

修改呼叫者使其相依於實體成員

呼叫了前面 Foo 類別的程式碼，可能長這樣：

```
public class Consumer
{
    public void Bar()
    {
        ...
        var baz = Foo.Prop;
        ...
    }
}
```

根據前一節對 Foo 進行重構後，這裡的實作可以變成像下面這樣，可單元測試的形式：

```
public class Consumer
{
    private readonly IFoo _foo;
    public Consumer(IFoo foo)
    {
        _foo = foo;
    }
    public void Bar()
    {
        ...
        var baz = _foo.PropWrapper;
        ...
    }
}
```

你可以看到，我們已經將 IFoo 注入到 Consumer 類別中，並使用了另一個屬性 PropWrapper。

我們可以很輕易地辨別「被實體化的類別」以及「靜態成員的呼叫」。然而，舊有程式碼的最大特點就是毫無結構可言，導致元件難以被識別及測試。因此，我們需要做出更多的變更。

改變程式碼結構

棕地專案中的程式碼可能是一種無法進行單元測試的形式。其中一種常見的結構是所有的程式碼都寫在 Controller 的 Action 方法中：

```
public void Post()
{
    // plenty of code lines
}
```

在這裡，我們需要將程式碼轉變為可進行單元測試的結構。我會選擇一種像是本書「**Part 2**」中所提到的 DDD 這種架構，我們在那裡使用了服務和領域物件。

儘管上述的範例程式碼可以正常運作，但它無法進行單元測試。你可以在 GitHub 的 `WeatherForecastController.cs` 檔案中，找到完整的程式碼清單，它就位於本章的 `WeatherForecasterBefore` 目錄中：

```
public class WeatherForecastController : ControllerBase
{
    public async Task<IEnumerable<WeatherForecast>>
    GetReal([FromQuery]decimal lat, [FromQuery]decimal lon)
    {
        var res = (await OneCallAsync(lat, lon)).ToArray();
        ...
        for (int i = 0; i < wfs.Length; i++)
        {
            ...
            wf.Summary = MapFeelToTemp(wf.TemperatureC);
        }
        return wfs;
    }
    private static async
        Task<IEnumerable<(DateTime,decimal)>> OneCallAsync(
        decimal latitude, decimal longitude)
```

```
    {
        var uriBuilder = new UriBuilder(
        "https://api.openweathermap.org/data/2.5/onecall");
        ...
        var httpClient = new HttpClient();
    }
    private static string MapFeelToTemp(int temperatureC)
    {
        ...
    }
}
```

確實，為了簡化，大部分的程式碼都被省略了。這段程式碼將會呼叫一個名為 OpenWeather 的第三方服務，並取得某特定地理座標未來 5 天的天氣預報。然後，它將分析這些溫度資料，並產生一個描述溫度感受的詞，例如寒冷的（Freezing）或溫暖宜人的（Balmy）。

上述的程式碼還同時建立了一個 HttpClient 實體，這意味著每當我們嘗試進行單元測試時，沒有簡單的方式可以避免呼叫第三方服務。

接下來，我們將花些心思，將這些程式碼轉換成可測試的元件。

分析可測試形式的程式碼變更

我們剛剛所見的程式碼可以透過多種方式進行元件化，沒有絕對的方式。這段程式碼做了兩件事情，因此我們可以考慮將其分解為兩個元件，以涵蓋所有的程式碼功能：

- 呼叫 OpenWeather 並取得天氣預報
- 取得天氣預報並對其進行分析

這裡的想法是讓 Controller 不涉及任何的商業邏輯，如果沒有商業邏輯，那麼我就不需要對 Controller 進行單元測試。一般而言，Controller 不應該包含任何商業邏輯，它應該只做一件事——將**資料傳輸物件（DTOs）**傳遞給 View（即 Model-View-Controller 的 View）。

我們將給予我們的元件下列的命名：

- `OpenWeatherService`
- `WeatherAnalysisService`

整個取得天氣預報和溫度感受分析的流程會像這樣：

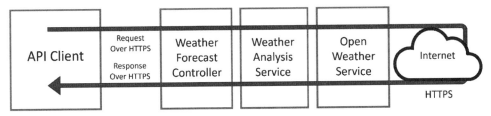

圖 12.2：由元件所組成的工作流程

客戶端會呼叫 API，來取得帶有感受的天氣預報。天氣預報的 Controller 會接收此呼叫，並將它轉交給天氣分析的服務，該服務會載入 OpenWeather 服務，並呼叫外部相依來取得天氣資訊。

接下來，我們將看看，經過我們重構後的程式碼長什麼樣子。

完成後的可測試程式碼

當你想要實行單元測試時，對程式碼的重構會有不同程度的侵入性（invasiveness）。而我選擇了較為積極的方式，但你有可能會選擇少量程式碼的重構。

你可以在 **WeatherForecasterAfter** 目錄中看到完整重構後的程式碼。

現在 Controller 看起來像這樣：

```
public class WeatherForecastController : ControllerBase
{
    private readonly IWeatherAnalysisService
        _weatherAnalysisService;
    public WeatherForecastController(
        IWeatherAnalysisService weatherAnalysisService)
    {
        _weatherAnalysisService = weatherAnalysisService;
```

```
    }
    [HttpGet]
    public async Task<IEnumerable<WeatherForecast>>
        GetReal(
        [FromQuery]decimal? lat, [FromQuery]decimal? lon)
    {
        if (lat is null || lon is null)
        {
            return await _weatherAnalysisService
                .GetForecastWeatherAnalysis();
        }
        return await _weatherAnalysisService
          .GetForecastWeatherAnalysis(lat.Value, lon.Value);
    }
}
```

與先前相比，Controller 幾乎是空的。Controller 中的 Action 方法將 API 呼叫對應到正確的服務。

以下是 WeatherAnalysisService 類別：

```
public class WeatherAnalysisService :
    IWeatherAnalysisService
{
    ...
    private readonly IopenWeatherService
        _openWeatherService;
    public WeatherAnalysisService(
        IOpenWeatherService openWeatherService)
    {
        _openWeatherService = openWeatherService;
    }
    public async Task<IEnumerable<WeatherForecast>>
        GetForecastWeatherAnalysis(decimal lat, decimal lon)
    {
        OneCallResponse res = await
            _openWeatherService.OneCallAsync(...)
        ...
    }
```

```
    private static string MapFeelToTemp(int temperatureC)
    {
        ...
    }
}
```

此類別包括了將感受與溫度對應（mapping）以及呼叫 OpenWeatherService 的邏輯。該服務不會知道如何呼叫 OpenWeather API。

最後，讓我們來看一下 OpenWeatherService：

```
public class OpenWeatherService : IOpenWeatherService
{
    ...
    public OpenWeatherService(string apiKey,
        HttpClient httpClient)
    {
        _apiKey = apiKey;
        _httpClient = httpClient;
    }
    public async Task<OneCallResponse> OneCallAsync(
        decimal latitude, decimal longitude,
        IEnumerable<Excludes> excludes, Units unit)
    {
        ...
    }
}
```

這個服務的職責是使用程式碼來包裝向網際網路上的 OpenWeather API 發送的「HTTP 呼叫」。

你可以在原始碼的目錄中找到新服務的完整單元測試，其餘服務的測試也在同一個目錄中。

請記住，我們在進行重構的同時，假設了程式碼已經進行過其他類型的測試。積極地重構程式碼需要花費大量時間，尤其是剛開始進行重構的時候，但別忘了，重構也是償還專案技術債（technical debt）的一種方式。現在，單元測試也將程式碼文件化，這無疑是往前跨了一步。

小結

在本章中,我們探討了為棕地專案實行單元測試的影響。我們已經詳細探討了所有要考量的因素,讓你可以自行決定是否值得實行,以及在這過程中必須注意的所有事項。

作為開發者,你一定會遇到一些價值提升了的棕地專案,這些專案將會從單元測試和TDD中得到好處。希望本章能夠為你提供處理這些問題所需的知識。

決定將TDD導入你的組織並不是一個簡單直接的過程。下一章將詳細介紹這個過程,並為你可能會遭遇的一些情境做好準備。

延伸閱讀

如果讀者想要了解更多,可以參考以下資源:

- JustMock(Telerik 的隔離框架):`https://docs.telerik.com/devtools/justmock`
- Microsoft Fakes(隨附於 VS Enterprise 的隔離框架):`https://learn.microsoft.com/en-us/visualstudio/test/isolating-code-under-test-with-microsoft-fakes?view=vs-2022`
- TypeMock(針對傳統 .NET Framework 的隔離框架):`https://www.typemock.com`

13

推行TDD的紛雜繁擾之處

我經常看到開發人員努力嘗試說服業務部門遵循 TDD 或採用單元測試。事實上，這也是我自己常常遇到的情況，因此，我想在這一章與你分享我的經驗。

讀完本書後，針對在你的直屬團隊或大型組織中實行 TDD，你可能感到非常有信心，期望從中獲得品質的提升。這是很好的開始。第二階段是要有組織、有結構地進行這個過程，並做好應對業務部門反對和拒絕的準備。

我們會重點闡述這些挑戰，並引導你「如何說服你的業務部門接受並採用 TDD」。

在本章中，你會學到下列這些主題：

* 技術上的挑戰
* 團隊的挑戰
* 業務面的挑戰
* 關於 TDD 爭論與誤解

讀完本章，你將能夠向你的團隊或者業務部門提出一個推進 TDD 的計畫。

技術上的挑戰

在採用 TDD 之前，一個組織必須克服許多技術上和業務面的困難。在這裡，我們將討論技術上的挑戰，而在下一節，我們會討論團隊面臨的挑戰，然後是更廣泛的組織層面的挑戰（業務面的挑戰）。我們將從這一張流程圖開始，說明在你的組織中推行 TDD 的工作流程：

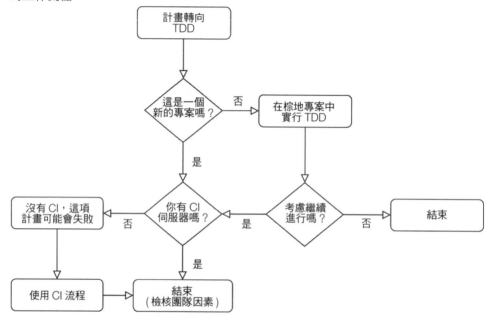

圖 13.1：計畫轉向 TDD 時，會面臨的技術挑戰

在下一個小節中，我們將詳細解釋這張圖，那就讓我們開始吧。

綠地專案或棕地專案？

如果你正在處理的是棕地專案，那麼前一章已經很好地說明了技術上的挑戰，所以我不會再深入討論這些挑戰。要導入 TDD，你需要考慮到所需的付出、適用性以及替代方案。

如果你正在著手一個新的專案（一個綠地專案），那你真是太幸運了。你可以繼續按照你的計畫進行。

工具及基礎設施

現今，隨著雲端的普及，要建立一個用於執行「你的**持續整合（CI）流程**」的基礎設施，變得既簡單又便宜。然而，有一些組織對於「使用雲端服務」有所限制，你可能會在取得 CI 伺服器上遇到困難。

如果你沒有設置 CI 伺服器，那麼雖然這樣講聽起有些悲觀，但實行 TDD 是注定會失敗的。這是因為開發人員會破壞單元測試，你將被迫讓它們停用或失效。

有些開發者也會選擇投資像是 **JetBrains ReSharper** 這樣的工具，因為它提供優質的測試執行器和重構功能，但這完全是自由選擇的。另外，你可能也會考慮使用 JetBrains Rider，因為它包含了 ReSharper 的所有功能，這在「**第 1 章**」中已經討論過了。

不過，如果你使用的是 MS 的 Visual Studio Professional 2022 或之後的版本，那麼你其實已經擁有了一個適合進行 TDD 的強大工具了。

技術上的挑戰並不是你唯一需要關注的。你還需要考慮你的團隊是否已經準備好擁抱 TDD，然後才是來自業務面的挑戰。讓我們繼續討論團隊所面臨的挑戰。

團隊的挑戰

如果你是正在獨立開發一個專案的開發者，那麼無須擔心，你可以隨意行事。但是，大多數的商業專案都是由一支團隊來完成的，因此，決定是否要投入心力實行 TDD，必須是團隊的共識。讓我們再次以一張工作流程圖開始：

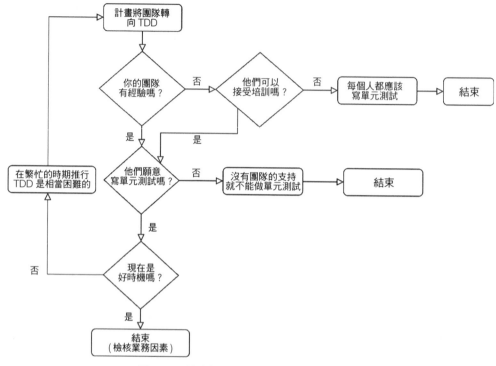

圖 13.2：計畫轉向 TDD 時，團隊所面臨的挑戰

我們會在後續的小節中逐步解析這張圖。無論你是希望影響團隊的開發人員，或者你身處在可以制定技術標準的位置，我們都將逐一詳述「你在規劃讓團隊轉向 TDD 時，需要注意的重點」。

團隊的經驗

單元測試需要 DI，而這又需要對 OOP 有經驗。你的團隊成員可能對單元測試不熟悉，或是可能把單元測試與整合測試搞混。

Note

xUnit 和 NUnit 函式庫被廣泛地用來實行整合測試。由於它們的名稱結尾有 **Unit** 字樣，開發者有時會誤以為撰寫的測試是單元測試。我見過一些團隊聲稱他們有做單元測試，但當我深入檢查他們的程式碼時，發現事實並非如此。

如果你的團隊需要進行 TDD 的培訓，那麼他們必須了解「什麼是 TDD」、「如何實行 TDD」，以及「TDD 的價值所在」。我心中有一本相當適合的書籍，推薦作為培訓使用，但我還是留給你猜猜看是哪一本。

> **Note**
>
> 我通常會要求團隊在召開相關主題的會議或連續會議之前，預先自行研讀指定的資料。培訓團隊可以採取許多方式，這更多的是與你的公司和團隊文化息息相關。我也會將約定和協議記錄在 Confluence 或組織用於文件化的其他工具上。

團隊中有一位能理解單元測試、善於解說，還能騰出一些時間的優秀開發者，是極其重要的，這個人可能就是你。因為當團隊開始實行 TDD 時，他們將會有問題需要解答，這時就需要這位開發者的幫忙。

但是因為許多的原因，對團隊進行培訓可能不是一個可行的選項。只有部分團隊成員做單元測試，而其他人不做，這種情況並不會提高工作效率，因為所有人都會使用同一份 codebase（程式庫），所以，讓所有人都接受培訓並做好實作 TDD 的準備是必要條件。

團隊的意願

有些團隊不願意實行單元測試，原因可能是因為他們覺得這個過程很困難、會增加開發時間，或是他們未察覺到其價值。

> **Note**
>
> 我曾經見過，有組織硬性規定要進行單元測試，但是團隊成員卻不情願地撰寫測試，他們只是建立了一個單元測試專案，裡面隨便產生一些毫無意義的測試，只為了在問卷調查時，在『你們有實作單元測試嗎？』的問題上打勾。

讓整個團隊與目標（objective）保持同步，並共同為一個目標（goal）合作，對於提升產品品質有極大的幫助。

如果你的團隊出於各種原因不願意採用 TDD，但是可以接受單元測試，那就去做吧！你可以在這之後慢慢導入 TDD。這並不需要一次就做到位或是完全不做。同時值得注意的是，有些成員可以做 TDD，而其他人則可以做單元測試。

單元測試無用

我從不少開發者那裡聽到這種觀點。他們可能是在單元測試的實作上有不好的經驗，或是因為其他理由，而有了這種看法。無可否認，單元測試確實有一些不足之處，但這也是大部分的技術所面臨的問題。

你最好的方式就是理解這種誤解背後的原因，並看看你是否能找出可以解答的方法。

TDD 無用，我會做單元測試

TDD 具有爭議性，而有時候開發人員會根據自己的經驗認為 TDD 是不實用的。只要他們對單元測試感到滿意，這是完全可以接受的，因為並不是每一位團隊成員都必須實行 TDD。

如果那些不認同單元測試的開發者，其看法是來自於他們目睹了不良的實踐方式，那麼你的工作可能就是要推廣良好的實踐方式。

團隊遵循 TDD 的意願，對於專案的成功有決定性的影響，因此讓每個人對此達成共識是非常重要的。

實行的時機

TDD 需要一些前期準備和額外付出才能獲得基本的品質，這遵循著天道酬勤（no pain, no gain）的道理。選對時機非常重要，絕對不能在靠近產品的發佈時間或團隊正處於壓力大的時候。

理想的時機是在專案剛開始的時候，不過晚一點點導入也無傷大雅。

當你成功克服了前兩項挑戰之後，接下來，你將會面臨業務面的挑戰，這往往是最具挑戰性的。

業務面的挑戰

這裡所說的業務（business），是指團隊以外更高層級的技術決策者，他們具有制定規則的權力。此外，這也可能指的是專案經理或是產品負責人。

我深信，TDD 或單元測試的成功，需要由上至下推動，從管理階層來進行。可以從以下幾個角色開始實施：

- 開發部門的最高主管
- 開發部門的經理
- 團隊的主管
- 技術總監
- IT 稽核

如果這是由個人或是團隊主導的行動，團隊在交付壓力下可能會考慮放棄。但是，如果他們有責任，需要提供單元測試作為交付的一部分，包括一定程度的涵蓋率，那麼就不會忽視。

讓我們從業務的角度來思考 TDD，如此一來，我們在論述自己的觀點時將會有更充足的準備，且能更明確地表達。

從業務的角度來看 TDD 的好處

我們都已經清楚，從技術的角度來看，TDD 的好處是什麼。但是，從業務的角度看待的好處，對業務來說可能會更有說服力，所以讓我們來深入了解一下。

減少錯誤

這無疑是最大的賣點，因為沒有人喜歡錯誤（bug）。有些企業的產品中存在大量的缺陷（defect），而減少這些缺陷無疑是一個令人期待的承諾。

唯一的問題是，我們很難透過統計數據證明錯誤數量的減少——專案從一開始就有單元測試，所以我們無法比較出前後的差異。

專案的活文件

企業常憂心的一件事就是文件，這與開發人員的流動性有著密切的關係。風險在於，若一名開發人員離職，一部分的商業知識（business knowledge）可能就會遺失。為了避免這種狀況，對業務規則（business rules）進行充實的文件記錄是非常重要的，老實說，我無法想到有什麼工具比單元測試更適合。

專案的文件中包含了一些單元測試無法涵蓋到的內容，例如專案架構。然而，單元測試所涵蓋的內容，是那些幾個月後可能會被遺忘的業務規則的細節，並且在每次開發人員推送程式碼到版本控制時進行監控。

將單元測試視為一種文件化工具，對於推廣是有強大影響力的，並將吸引業務方面的注意。

減少測試所需的資源

在過去，手動測試佔據了**軟體開發生命週期（software development life cycle，SDLC）**大部分的時間。但是現在，有了單元測試和其他類型的自動化測試，手動測試的比重已大幅減少，所需要的手動測試人員也跟著有所減少。有些組織甚至完全棄用了手動測試，全面採用自動化測試（包括單元測試）。

所以，單元測試的承諾是，用更少的測試人員，就能涵蓋大量的邊緣情況（edge case，邊界案例）和業務規則，幾乎不需要進行回歸測試，省下大量時間。

> **Note**
> **回歸測試（regression testing）**的目的是確保現有的功能依然正常運作。這通常會在新版本發佈前進行。

毫無疑問，更少的測試資源，代表著更低的成本，而更少的時間則意味著更快地交付新功能，這自然引導我們接續下一個議題的討論。

在短週期內發佈的能力

如今，在更敏捷的組織中，開發模型已經改變，不時地會交付一些新功能。

隨著每次變更，都有對程式碼進行回歸的單元測試，並且設有 CI/CD 系統，這意味著你的軟體可以隨時準備發佈。

沒有一位精明的商業人士會認為所有這些我們先前提到的好處都不需要任何成本，所以接下來，我們要來討論單元測試的缺點。

從業務的角度來看缺點

一般來說，追求更高的品質需要更多的努力，而 TDD 也不例外，但幸運的是，缺點微乎其微。

第一次發佈會稍微延遲

我們已經討論過，一開始並未使用 TDD 的團隊，在初期往往交付速度會更快；我們在「**第 5 章，解說測試驅動開發**」中有提到這一點。以下是一個快速的回顧：

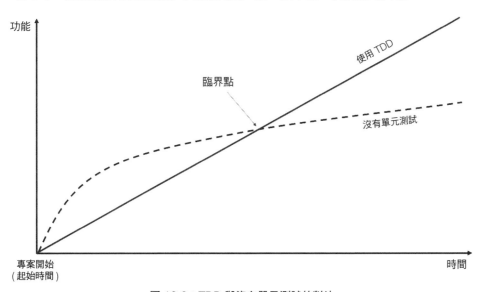

圖 13.3：TDD 與沒有單元測試的對比

這裡的觀點是，撰寫單元測試的工作在短期內會增加開發時間，但在中長期來看，速度會變得更快。

這是為了品質付出的小小代價，但仍需要對此保持警覺。

無法接受第一次發佈的延遲

在某些情況下，業務希望儘快取得第一個版本，並不願意考慮其他事情。以下是幾種可能的情況：

- 產品經理希望第一個版本能儘快推出，因為這可能讓他們獲得更豐厚的獎金或更大的升遷機會。

- 儘快發佈會帶來競爭優勢，就先不考慮未來。這是正在努生求生存的新創公司的思維方式。
- 該專案是為了第三方進行的，而公司並未因提供額外的品質保證而獲得額外的報酬。他們的意圖是在最短的時間內完成此專案。

如果業務單位對此並不感興趣，這種情況會相當明確，只要你對公司的商業模式有所了解，你就能提前察覺到。這並不是對 TDD 的批評，但是在這樣的情境下，它就變成了一個缺點。

現在我們已經全面了解 TDD 的各種挑戰及優勢，接下來，讓我們制定導入 TDD 的計畫。

關於 TDD 的爭論與誤解

在這裡，讓我提供一些「根據我自己的經驗」所得到的提示和建議，這些在與業務部門或你的同事的對話中，會一再出現。

談單元測試，不要談 TDD

當與業務部門進行討論時，為了簡化談話的複雜度，特別是他們對技術不太了解時，應該使用「單元測試」這個詞彙，而非 TDD。TDD 是一種由個人實行的技術流程（technical process），並不直接與業務相關，既然如此，為何要把它加入討論，讓整個討論變得更複雜呢？不過有時候，業務部門可能聽過 TDD，並對它感興趣，那麼這時候就適合使用 TDD 這個詞彙了！

除非業務部門特別偏好使用 TDD 這個詞彙，否則我的建議是在對話中使用「單元測試」這個詞彙就好。

單元測試並非由測試人員負責

對於非技術人員來說，單元測試中的「測試」這個詞可能會讓人誤以為是「測試人員」負責進行手動測試。我曾經與許多商業人士討論過這個問題。

重要的是，我們必須明確地指出，單元測試不只是用來進行測試，它還有其他的功用，如下：

- 形塑專案的程式碼設計架構（code design architecture）
- 程式碼的活文件（Living Documentation）
- 在開發過程中違反業務規則時，提供即時的回饋

此外，單元測試是用 C#（或任何其他你正在使用的語言）所撰寫，並且由編寫該程式碼的開發人員來實作。一位手動測試人員，很可能既沒有意願也沒有專業能力來撰寫這些測試。

當業務部門懷疑，為何你要將工程師寶貴的時間用在單元測試上，而不是（如他們最初理解的那樣）讓測試人員來做單元測試時，這裡可能會引發爭議。

撰寫和維護文件的方式

我相信，擁有豐富經驗的商業人士絕對會理解缺乏文件和文件過期的困擾。

如你所知，透過單元測試對程式碼進行文件化，能提供最新的文件，而與過期的純文字文件相比，後者往往一寫就忘，或只涵蓋了系統的一部分（有時有效、有時無效）。這裡的關鍵之處是最新的、新鮮的活文件。當然，我們談論的只是文件的其中一部分，並非全部，而你可能必須說明清楚。這裡是只針對「業務規則」細節的部分。

我們有能力不足的開發人員

有時候，業務部門可能會覺得他們的開發人員能力不足，才因此導致大量的錯誤。在談論他們的團隊時，我曾聽過業務部門多次私下這樣評論。

當我聽到這樣的看法時，我會立即深入了解，並且發現，該企業並未建立起敏捷開發流程的結構，而且開發人員是根據他們完成功能的速度來獲得獎勵的。我們都知道，有一些人，他們總是採取最快的方式完成功能，然後向公司吹噓！

開發人員是具有高度邏輯思考能力的個體，他們喜歡有結構和有秩序。實行 TDD 的開發流程絕對能減少錯誤，並讓事情維持在正軌上。

你面臨的挑戰是要展示 TDD 流程與測試，如何對解決問題產生正面的影響。

小結

本章結合了本書提供的所有知識，並展示了在你的組織中推行 TDD 的挑戰。我希望我給予你足夠的理由，來說服團隊和業務單位贊同 TDD 的觀點。

除了這一章之外，你的簡報技巧及對該主題的熟悉程度，都會在你計畫推動 TDD 時有很大的幫助。

在本書中，我盡力提供我曾經使用過的框架和工具的實際範例，而不是使用抽象或過於簡化的範例來講解。出於對這個主題的熱愛和熱情，我寫下了這本書，我努力地保持實事求是的態度，希望我已經成功達到我原本設定的目標。

雖然這本書的標題是 TDD，但書中包含了許多 OOP 和良好程式設計實踐的實用範例，在讀完這本書後，我相信你已經踏入了進階的軟體工程領域。

祝你一切順利，我很樂意知道，這本書如何對你或你的團隊在實行 TDD 上有所貢獻。

單元測試相關的常用函式庫

在整本書中，我們主要利用了兩大單元測試的函式庫：

- xUnit
- NSubstitute

你的團隊可能正在使用這些函式庫。或者，你可能對單元測試已有一些經驗，並且想要探索更多的函式庫。雖然這些函式庫都很流行，但還有其他函式庫可以取代它們，或者與它們一起使用。本附錄將快速簡單地介紹以下的函式庫：

- MSTest
- NUnit
- Moq
- Fluent Assertions
- AutoFixture

所有這些函式庫都採用 MIT 授權，這是最寬容的授權方式（permissive license），你可以透過 NuGet 來安裝它們。

讀完本附錄，你將對 .NET 單元測試生態系統的這些函式庫有深入的認識。

技術需求

讀者可以在本書的 GitHub 儲存庫找到本附錄的範例程式碼：`https://github.com/PacktPublishing/Pragmatic-Test-Driven-Development-in-C-Sharp-and-.NET/tree/main/appendix1`。

單元測試框架

我們已經看過 xUnit，並且也簡短地介紹過 MSTest 和 NUnit。這一節將讓你對這些其他的測試框架有初步的認識。

MSTest

MSTest 在過去一直很受歡迎，原因是它曾經是舊版 **Visual Studio**（**VS**）內建的一部分。在 NuGet 出現之前，與「加入並使用像是 NUnit 這樣的其他框架」相比，「使用內建的函式庫」可以節省設定和部署的時間。

在 NuGet 出現之前，安裝新的函式庫會需要手動複製 DLL 檔案，把它們放到正確的位置，調整一些設定，並將它們推送到版本控制中，讓團隊可以共享相同的檔案。所以，像 MSTest 這樣內建且不需要額外設定的函式庫，真是一大福音。從那個時候到現在，這段時間以來，我們已經取得了很大的進步。

要將 MSTest 專案加入到你的方案中，可以透過 UI 來完成這件事：

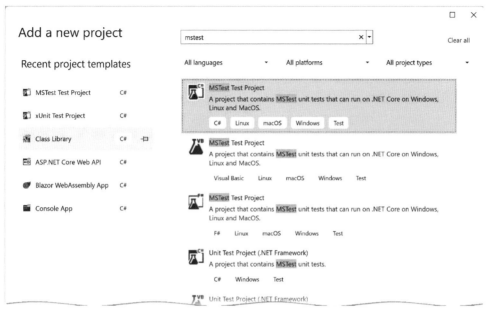

圖 A1.1：透過 UI 新增 MSTest 專案

你會發現 C# 版本有兩個。最底下的是針對傳統的 .NET Framework，最上面的是我們要搭配 .NET Core 一起使用。

你可以透過 dotnet CLI 來新增 MSTest 專案：

```
dotnet new mstest
```

MSTest 和 xUnit 有著相似的語法，所以我會先向你展示 xUnit 的程式碼，然後再用相同的程式碼邏輯展示 MSTest 的部分。我先從 xUnit 開始，如下所示：

```
public class WeatherAnalysisServiceTests
{
    ...
    public WeatherAnalysisServiceTests()
    {
        _sut = new (_openWeatherServiceMock);
    }

    [Fact]
    public async Task GetForecastWeatherAnalysis_
```

```
        LatAndLonPassed_ReceivedByOpenWeatherAccurately()
        ...
        // Assert
        Assert.Equal(LAT, actualLat);
        Assert.Equal(LON, actualLon);
    }
    ...
```

相對應的 MSTest 程式碼，如下所示：

```
[TestClass]
public class WeatherAnalysisServiceTests
{
    ...
    [TestInitialize]
    public void TestInitialize()
    {
        _sut = new(_openWeatherServiceMock);
    }

    [TestMethod]
    public async Task GetForecastWeatherAnalysis_
        LatAndLonPassed_ReceivedByOpenWeatherAccurately()
    {
        ...
        // Assert
        Assert.AreEqual(LAT, actualLat);
        Assert.AreEqual(LON, actualLon);
    }
    ...
```

你可以直接觀察到這兩個程式碼片段中的幾個差異：

- MSTest 中的單元測試類別必須標記為 TestClass。
- MSTest 中的建構式雖然會執行，但是初始化的標準做法是透過 TestInitialize 標記一個方法。
- 兩個函式庫都使用了 Assert 這個類別名稱，但在這個類別中的方法名稱卻不同；例如 xUnit 使用的是 Equal 和 True，而 MSTest 使用的是 AreEqual 和 IsTrue。

進行多個測試的時候，xUnit 和 MSTest 使用不同的標記。以下是 xUnit 的程式碼：

```
[Theory]
[InlineData("Freezing", -1)]
[InlineData("Scorching", 46)]
public async Task GetForecastWeatherAnalysis_
    Summary_MatchesTemp(string summary, double temp)
{
...
```

在 MSTest 中，相對應的程式碼看起來會像這樣：

```
[DataTestMethod]
[DataRow("Freezing", -1)]
[DataRow("Scorching", 46)]
public async Task GetForecastWeatherAnalysis_
    Summary_MatchesTemp(string summary, double temp)
{
...
```

在這裡，你可以發現兩點不同之處：

- Theory 變成了 DataTestMethod。
- InlineData 變成了 DataRow。

如你所見，這兩個函式庫之間並無太大的差異。此外，無論是執行測試、開啟 Test Explorer（測試總管），以及除了程式碼以外的其他測試活動，都保持不變。

NUnit

在 2000 年代的頭 10 年中，**NUnit** 曾經是最主流的函式庫；即使 xUnit 的普及率正在提高，但 NUnit 仍然被使用著。

要將 NUnit 專案加入到你的方案中，可以透過 UI 來完成這件事：

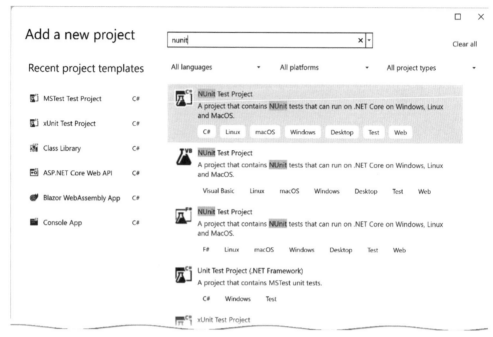

圖 A1.2：透過 UI 新增 NUnit 專案

就像 MSTest 一樣，NUnit 也有兩個 .NET 的版本。最底下的是針對傳統的 .NET Framework，最上面的是我們要搭配 .NET Core 一起使用。

你可以透過 dotnet CLI 來新增 NUnit 專案：

```
dotnet new nunit
```

NUnit 和 xUnit 有著相似的語法，所以讓我先展示 xUnit 中的程式碼，然後再用相同的程式碼邏輯展示 NUnit 的部分。我從 xUnit 開始，如下所示：

```
public class WeatherAnalysisServiceTests
{
    ...
    public WeatherAnalysisServiceTests()
    {
        _sut = new (_openWeatherServiceMock);
    }
```

```
    [Fact]
    public async Task GetForecastWeatherAnalysis_
        LatAndLonPassed_ReceivedByOpenWeatherAccurately()
        ...
        // Assert
        Assert.Equal(LAT, actualLat);
        Assert.Equal(LON, actualLon);
    }
    ..
```

相對應的 NUnit 程式碼，如下所示：

```
  public class WeatherAnalysisServiceTests
  {
      ...
      [Setup]
      public void Setup()
      {
          _sut = new(_openWeatherServiceMock);
      }

      [Test]
      public async Task GetForecastWeatherAnalysis_
        LatAndLonPassed_ReceivedByOpenWeatherAccurately()
      {
          ...
          // Assert
          Assert.That(actualLat, Is.EqualTo(LAT));
          Assert.That(actualLon, Is.EqualTo(LON));
      }
      ...
```

你可以直接觀察到這兩個程式碼片段中的幾個差異：

- NUnit 中的建構式雖然會執行，但是初始化的標準做法是透過 Setup 標記一個方法。
- 兩個函式庫都使用了 Assert 這個類別名稱，但在這個類別中的方法名稱卻不同；例如 xUnit 使用的是 Equal，而 NUnit 使用的是 AreEqual。
- NUnit 採用的是流暢介面（fluent interface）的設計，並建議使用 That 和 Is.EqualTo 來進行等值（equality）測試。

進行多個測試的時候，xUnit 和 NUnit 使用不同的類別名稱。以下是 xUnit 的程式碼：

```
[Theory]
[InlineData("Freezing", -1)]
[InlineData("Scorching", 46)]
public async Task GetForecastWeatherAnalysis_
    Summary_MatchesTemp(string summary, double temp)
{
...
```

在 NUnit 中，相對應的程式碼看起來會像這樣：

```
[Theory]
[TestCase("Freezing", -1)]
[TestCase("Scorching", 46)]
public async Task GetForecastWeatherAnalysis_
    Summary_MatchesTemp(string summary, double temp)
{
...
```

在這裡，你會發現 `InlineData` 變成了 `TestCase`。除此之外，這兩個函式庫之間並無太大的差異，他們的專案範本都包含在 VS 2022 的預設安裝之中。

這三種函式庫是可以互換使用的，且語法變化極小。只要你熟悉了一種，切換到其他的就會很快。

模擬函式庫

在 .NET 中，並不缺乏模擬函式庫（mocking library）；不過，使用最廣泛的兩個函式庫是 NSubstitute 和 Moq。我們已經提供了許多 NSubstitute 的範例，所以讓我們來看看 Moq 的運作方式。

Moq

Moq 的角色和功能，大致上與 NSubstitute 相同。既然本書使用的是 NSubstitute，介紹 Moq 最快的方式就是將這兩個函式庫進行比較。讓我們從 NSubstitute 的一段程式碼開始：

```
private IOpenWeatherService _openWeatherServiceMock =
    Substitute.For<IOpenWeatherService>();
private WeatherAnalysisService _sut;
private const decimal LAT = 2.2m;
private const decimal LON = 1.1m;
public WeatherAnalysisServiceTests()
{
    _sut = new (_openWeatherServiceMock);
}
[Fact]
public async Task GetForecastWeatherAnalysis_
    LatAndLonPassed_ReceivedByOpenWeatherAccurately()
{
    // Arrange
    decimal actualLat = 0;
    decimal actualLon = 0;
    _openWeatherServiceMock.OneCallAsync(
        Arg.Do<decimal>(x => actualLat = x),
        Arg.Do<decimal>(x => actualLon = x),
        Arg.Any<IEnumerable<Excludes>>(),
        Arg.Any<Units>())
        .Returns(Task.FromResult(GetSample(_defaultTemps)));

    // Act
    await _sut.GetForecastWeatherAnalysis(LAT, LON);

    // Assert
    Assert.Equal(LAT, actualLat);
    Assert.Equal(LON, actualLon);
}
```

這段程式碼從 IOpenWeatherService 建立並實體化了一個 mock（模擬）物件，然後對 OneCallAsync 方法的 lat 和 lon 參數進行情蒐（spying）。其目的是要確保傳遞到 GetForecastWeatherAnalysis 的兩個參數，在傳送到 OneCallAsync 方法時沒有任何變動。

讓我們來看看使用 Moq 的相對應程式碼：

```
private IOpenWeatherService _openWeatherServiceMock =
    Mock.Of<IOpenWeatherService>();
```

```
private WeatherAnalysisService _sut;
private const decimal LAT = 2.2m;
private const decimal LON = 1.1m;
public WeatherAnalysisServiceTests()
{
    _sut = new (_openWeatherServiceMock);
}
[Fact]
public async Task GetForecastWeatherAnalysis_
    LatAndLonPassed_ReceivedByOpenWeatherAccurately()
{
    // Arrange
    decimal actualLat = 0;
    decimal actualLon = 0;
    Mock.Get(_openWeatherServiceMock)
        .Setup(x => x.OneCallAsync(It.IsAny<decimal>(),
        It.IsAny<decimal>(),
        It.IsAny<IEnumerable<Excludes>>(),
        It.IsAny<Units>()))
        .Callback<decimal, decimal,
        IEnumerable<Excludes>, Units>((lat, lon, _, _) => {
            actualLat = lat; actualLon = lon; })
        .Returns(Task.FromResult(GetSample(_defaultTemps)));

    // Act
    await _sut.GetForecastWeatherAnalysis(LAT, LON);

    // Assert
    Assert.Equal(LAT, actualLat);
    Assert.Equal(LON, actualLon);
}
```

這段 Moq 的程式碼看起來與 NSubstitute 的並沒有太大的差別。讓我們來分析一下其中的差異：

- NSubstitute 使用 Substitute.For 方法實體化一個 mock 物件，而 Moq 則是使用 Mock.Of。
- NSubstitute 使用擴充方法（例如 Returns）來設定 mock 物件，而 Moq 不採用擴充方法。
- NSubstitute 使用 Args.Any 來傳遞參數，而 Moq 則使用 It.IsAny。

一般來說，Moq 較偏好使用 Lambda 運算式的語法，而 NSubstitute 則採用了另一種方式，使用擴充方法（extension method）。NSubstitute 力求使程式碼看起來盡可能自然，並透過更簡潔的語法來達成這個目的，而 Moq 則完全依靠 Lambda 的強大威力。

Note

Moq 有另一種建立 mock 的方式。在這裡，我選擇展示的是更現代的版本。

在我看來，選擇使用哪一個函式庫，主要取決於個人的風格和語法偏好。

單元測試的輔助函式庫

我看到有些開發者會在他們的單元測試專案中加入這兩個函式庫，目的是為了增強程式碼的語法和可讀性：**Fluent Assertions** 和 **AutoFixture**。

Fluent Assertions

所謂流暢式的實作方式，也被稱為流暢介面（fluent interface），其目的是使程式碼讀起來像是英文句子。舉個例子：

```
Is.Equal.To(...);
```

有些開發者喜歡用這種方式撰寫測試，因為它提供了一種更自然的測試閱讀方式。而有些人則是因為自己個人的理由而喜歡它。

FluentAssertions 是一個知名的函式庫，它能與 MSTest、NUnit、和 xUnit 等主流的測試框架進行整合，實現流暢介面。你可以透過在 NuGet 上使用 FluentAssertions 這個名稱，將它加入到你的單元測試專案中。

讓我們看看我們的程式碼，在「有」和「沒有」這個函式庫的情況下，會如何變化：

```
// Without
Assert.Equal(LAT, actualLat);
// With
actualLat.Should().Be(LAT);
```

但是上述的程式碼片段並未顯示出這個函式庫的真正實力,所以讓我們操作一些其他的範例:

```
// Arrange
string actual = "Hi Madam, I am Adam";
// Assert
actual.Should().StartWith("Hi")
    .And.EndWith("Adam")
    .And.Contain("Madam")
    .And.HaveLength(19);
```

上述的程式碼片段是一個流暢語法的例子,且程式碼具有很好的自我解釋性(self-explanatory)。而在使用 FluentAssertions 之前,若要測試這段程式碼,你會需要一些標準的 Assert 語法。

下面是另一個例子:

```
// Arrange
var integers = new int[] { 1, 2, 3 };

// Assert
integers.Should().OnlyContain(x => x >= 0);
integers.Should().HaveCount(10,
  "The set does not contain the right number of elements");
```

同樣的,上述的程式碼也具有很好的自我解釋性。

> **Note**
>
> 雖然這些程式碼片段展示了 FluentAssertions 的強大,但並不建議在單元測試中推斷(assert)過多無關的元素。這些範例只是為了說明,並未著重在單元測試的最佳實踐。

這兩段程式碼片段足以顯示,為何有些開發者喜歡這種語法的風格。現在你已經知道了,使用這種語法的選擇權在你。

AutoFixture

有些時候，你需要產生資料來填入（populate）一個物件（即提供數據給它）。該物件可能與你的單元測試直接相關。或者，你可能只是為了讓其餘的單元測試能夠執行而塞資料給它，但它並不是主要的測試對象。這就是 **AutoFixture** 發揮作用的地方。

你可以自己撰寫瑣碎的程式碼來產生一個物件，或者你可以使用 AutoFixture。讓我們透過一個例子來說明。請看下面這一個 record 類別：

```
public record OneCallResponse
{
    public double Lat { get; set; }
    public double Lon { get; set; }
    ...
    public Daily[] Daily { get; set; }
}
public record Daily
{
    public DateTime Dt { get; set; }
    public Temp Temp { get; set; }
    ...
}
// More classes
```

在你單元測試的 Arrange 部分，替這樣的物件填入資料，會增加你單元測試程式碼的數量，並且讓測試偏離它真正的目標。

AutoFixture 可以用最少量的程式碼，建立一個這樣的類別的實體：

```
var oneCallResponse = _fixture.Create<OneCallResponse>();
```

這將建立這個類別的物件，並且替它填入隨機值。以下是其中一部分填入的值：

```
{OneCallResponse { Lat = 186, Lon = 231, Timezone =
Timezone9d27503a-a90d-40a6-a9ac-99873284edef, TimezoneOffset =
177, Daily = Uqs.WeatherForecaster.Daily[] }}
    Daily: {Uqs.WeatherForecaster.Daily[3]}
    EqualityContract: {Name = "OneCallResponse" FullName =
        "Uqs.WeatherForecaster.OneCallResponse"}
    Lat: 186
```

```
Lon: 231
Timezone: "Timezone9d27503a-a90d-40a6-a9ac-99873284edef"
TimezoneOffset: 177
```

上面這個輸出結果展示了 OneCallResponse 類別的第一層（first level）屬性，但是後面層次的屬性也都被賦值。

不過，如果你想要對「產生的資料」有更細微的控制呢？例如，我們想要產生這個類別的資料，但是希望 Daily 屬性的陣列長度是 8，而不是一個隨機值：

```
var oneCallResponse = _fixture.Build<OneCallResponse>()
  .With(x => x.Daily,_fixture.CreateMany<Daily>(8).ToArray())
  .Create();
```

這樣子就能隨機產生所有內容，但是只有 Daily 屬性會擁有 8 個隨機值的陣列元素。

這個函式庫還有許多方法跟客製化功能；這一小節只是粗淺地介紹一下。

本附錄簡要地介紹了幾個用於單元測試，或與單元測試相關的函式庫。目的在於讓你知道這些函式庫的存在，並引起你的興趣，如果有需要的話，再去深入探索。

延伸閱讀

如果讀者想要了解更多，可以參考以下資源：

- xUnit：https://xunit.net
- MSTest：https://learn.microsoft.com/en-us/dotnet/core/testing/unit-testing-with-mstest
- NUnit：https://nunit.org
- Moq：https://github.com/moq/moq4
- Fluent Assertions：https://fluentassertions.com
- AutoFixture：https://github.com/AutoFixture

進階的Mocking使用情境

這本書中，包含了許多簡單的 mocking（模擬）情境。更棒的是，在一個 clean code 的環境（整潔程式碼的環境）中，實作大多數的 mocking 需求是非常容易的。

然而，有些時候你會需要做出一點變化，才能夠模擬出你想要的類別。在本書結束之前，我想展示一個情境給你看，所以讓我們開始吧。

在本附錄中，我們將學習如何結合 fake 與 mock 來處理一個名為 `HttpMessageHandler` 的 .NET 類別。讀完本附錄後，你將會對 NSubstitute 的各項功能有更深入的理解，並且能應對更進階的 mocking 案例。

技術需求

讀者可以在本書的 GitHub 儲存庫找到本附錄的範例程式碼：https://github.com/PacktPublishing/Pragmatic-Test-Driven-Development-in-C-Sharp-and-.NET/tree/main/appendix2。

撰寫一個 OpenWeather 客戶端函式庫

我們在這本書中經常使用 OpenWeather 的服務，所以我在這邊做一個快速的回顧 —— OpenWeather 提供了一組 RESTful API，能讓你取得天氣和預報資訊。

要在 C# 應用程式中使用這項服務，擁有一個「能將 RESTful API 的呼叫轉換為 C#，並隔絕開發者遠離處理 HTTP 細節」的函式庫，是十分方便的。我們稱這種函式庫為 **RESTful 客戶端函式庫（RESTful client library）**，或者有時也稱為**軟體開發套件（software development kit，SDK）**。

我們將使用 TDD（理所當然！）來為這個服務建構 SDK，而在這個過程中，我們將會遇到更進階的 mocking 需求。

One Call API

OpenWeather 有一個叫做 **One Call** 的 API，它可以為你提供今天的天氣資訊以及未來幾天的預報。想要了解其運作方式，用一個「取得倫敦格林威治（Greenwich）的天氣和未來預報」的例子來說明是最好的方式。

第一步，先發出一個 RESTful GET 的請求。你可以用瀏覽器來完成這件事：

```
https://api.openweathermap.org/data/2.5/onecall?
   lat=51.4810&lon=0.0052&appid=[yourapikey]
```

請注意，查詢字串的前兩個參數分別是格林威治的緯度和經度，最後一個是你的 API 金鑰（此處省略）。你會得到類似下面的回應：

```
{
    "lat":51.481,
    "lon":0.0052,
    "timezone":"Europe/London",
    "timezone_offset":3600,
    "current":{
        "dt":1660732533,
        "sunrise":1660711716,
        "sunset":1660763992,
        "temp":295.63,
        "feels_like":295.76,
        "pressure":1011,
        "humidity":70,
    ...
```

這是一個非常長的 JSON 輸出；大約有 21,129 個字。

建立方案結構

我們在這之前已經建立過一個函式庫,並且經常進行測試,所以我們要在這裡做同樣的事情:

1. 建立一個函式庫專案,命名為 `Uqs.OpenWeather`,並刪除範例類別。
2. 建立一個 xUnit 專案,命名為 `Uqs.OpenWeather.Test.Unit`。
3. 在測試專案中新增對函式庫專案的參考。
4. 在測試專案中從 NuGet 安裝 NSubstitute。
5. 把單元測試中的類別名稱和檔案名稱更名為 `ClientTests.cs`。

你的 VS 方案會像這樣:

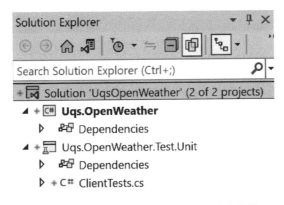

圖 A2.1:Solution Explorer 呈現出的專案結構

我們現在已經做好準備,能以 TDD 的方式來撰寫第一個單元測試。

以 TDD 的方式開始實作

此時此刻,你可以開啟你的 `ClientTests.cs`,並開始撰寫你的第一個測試,這個測試將會驅動函式庫的架構設計。

我們希望將 `lat` 和 `lon` 這兩個必要的參數,傳遞給一個我們稱之為 `OneCallAsync` 的 C# 方法。然後這會產生一個帶有正確查詢字串(query string)的 URL。因此,我們的單元測試類別和第一個單元測試的程式碼將開始成形,如以下程式碼所示:

```
public class ClientTests
{
    private const string ONECALL_BASE_URL =
      "https://api.openweathermap.org/data/2.5/onecall";
    private const string FAKE_KEY = "thisisafakeapikey";
    private const decimal GREENWICH_LATITUDE = 51.4769m;
    private const decimal GREENWICH_LONGITUDE = 0.0005m;
    [Fact]
    public async Task
    OneCallAsync_LatAndLonPassed_UrlIsFormattedAsExpected()
    {
        // Arrange
        var httpClient = new HttpClient();
        var client = new Client(FAKE_KEY, httpClient);

        // Act
        var oneCallResponse = await
        client.OneCallAsync(GREENWICH_LATITUDE,
        GREENWICH_LONGITUDE);

        // Assert
        // will need access to the generated URL
    }
}
```

考慮到 API 在每次呼叫時都需要攜帶 API 金鑰，因此 API 金鑰應該放在建構式（constructor）中，而不是作為方法參數（method parameters）的一部分。

> **Note**
>
> 將 API 金鑰放在建構式中，能讓類別的使用者無需取得 API 金鑰就能呼叫方法。換句話說，取得金鑰將變成「相依注入設定」的職責，這樣更合理。

我們是絕對需要 HttpClient 類別的，因為你的客戶端會使用到 REST，而這是在 .NET Core 中進行 RESTful 呼叫時，通常會使用的類別。但是，使用這個類別時，我們可能會面臨以下的挑戰：

- HttpClient 是一個具象類別（concrete class），只要呼叫它的任何方法，都會導致 HttpClient 向目的地發送呼叫——這是預設的行為，但是可以調整。

- HttpClient 不讓我們存取由它內部所產生的 URL，而這個是我們在目前的測試中所需要的。

我們需要找出一種方法，在 HttpClient 向目的地（即真實的第三方服務）發送呼叫之前，攔截該呼叫，並取得產生的 URL，以便進行檢查。當然，我們也希望可以取消此次的外部呼叫，因為這是一個單元測試，我們並不希望真的呼叫第三方服務。

我們可以在 HttpClient 的建構式中傳入一個 HttpMessageHandler 的實體，然後透過監視 HttpMessageHandler.SendAsync 方法，我們可以取得產生的 URL，並且停止實際的呼叫動作。然而 HttpMessageHandler 是一個抽象類別，我們無法實體化它；我們需要一個繼承自它的類別。

所以，讓我們在單元測試專案中，建立一個繼承自 HttpMessageHandler 的子類別，並命名為 FakeHttpMessageHandler，如下所示：

```
public class FakeHttpMessageHandler : HttpMessageHandler
{
    private HttpResponseMessage _fakeHttpResponseMessage;
    public FakeHttpMessageHandler(
        HttpResponseMessage responseMessage)
    {
        _fakeHttpResponseMessage = responseMessage;
    }
    protected override Task<HttpResponseMessage>
        SendAsync(HttpRequestMessage request,
        CancellationToken cancellationToken)
    => SendSpyAsync(request, cancellationToken);

    public virtual Task<HttpResponseMessage>
        SendSpyAsync(HttpRequestMessage request,
        CancellationToken cancellationToken)
    => Task.FromResult(_fakeHttpResponseMessage);
}
```

我們已經建立了一個假類別（fake class），可以讓我們存取到 HttpRequestMessage。現在，我們的 Arrange 區塊看起來會像這樣：

```
// Arrange
var httpResponseMessage = new HttpResponseMessage()
{
    StatusCode = HttpStatusCode.OK,
    Content = new StringContent("{}")
};
var fakeHttpMessageHandler = Substitute.ForPartsOf
    <FakeHttpMessageHandler>(httpResponseMessage);
HttpRequestMessage? actualReqMessage = null;
fakeHttpMessageHandler.SendSpyAsync(
    Arg.Do<HttpRequestMessage>(x => actualReqMessage = x),
    Arg.Any<CancellationToken>())
    .Returns(Task.FromResult(httpResponseMessage));
var fakeHttpClient = new
  HttpClient(fakeHttpMessageHandler);
var client = new Client(FAKE_KEY, fakeHttpClient);
```

首先，我們建立了一個回應訊息（response message），所以任何方法的呼叫都會回傳這個空物件（empty object）。當我們執行真實的程式碼時，就會改回傳包含了「第三方服務回應訊息」的物件。

> **Note**
>
> 我們已經為 HttpMessageHandler 建立了一個 fake；我們也可以用 mock 來處理。兩者都可以，這主要取決於哪一種更具有可讀性。在這裡，我感覺使用一個假（fake）的 HttpMessageHandler 更容易閱讀。
>
> 另外要注意的是，上述的實作也可以被稱為是一個 stub（而不是一個 fake），但我選擇視它為 fake，因為它包含了一些真實的實作。有時候，stub 與 fake 之間的界線是很模糊的。

我們用了 NSubstitute 來建立了一個 fake 的 mock。我們的目的是，我們希望能夠存取含有最終 URL 的 HttpRequestMessage。

這是我們在本書中第一次使用 Substitute.ForPartsOf 而不是 Substitute.For，因為 For 並不適用於具象類別；雖然程式碼能編譯，但你會在執行時期遇到錯誤。

> **Note**
>
> 我們一直都是使用 `Substitute.For<ISomeInterface>`，在約莫 95% 的情況下，我們會這樣做。我們並沒有建立一個具象類別的實體。而對於沒有介面的具象類別，你要使用 `ForPartsOf<SomeClass>`。

我們的 `Assert` 區塊現在是這個樣子：

```
string actualUrl = actualHttpRequestMessage!.RequestUri!
    .AbsoluteUri.ToString();
Assert.Contains(ONECALL_BASE_URL, actualUrl);
Assert.Contains($"lat={GREENWICH_LATITUDE}", actualUrl);
Assert.Contains($"lon={GREENWICH_LONGITUDE}", actualUrl);
```

現在，我們已經準備好開始撰寫產品程式碼了。

先失敗再讓它通過

這份程式碼將會失敗，甚至無法編譯，因為我們還沒有撰寫產品程式碼，這正是我們在 TDD 中所期望的失敗結果。接下來，我們將進行讓測試剛剛好通過的最小實作：

```
public class Client
{
    ...
    public async Task<OneCallResponse> OneCallAsync(
        decimal latitude, decimal longitude)
    {
        const string ONECALL_URL_TEMPLATE = "/onecall";
        var uriBuilder = new UriBuilder(
          BASE_URL + ONECALL_URL_TEMPLATE);
        var query = HttpUtility.ParseQueryString("");
        query["lat"] = latitude.ToString();
        query["lon"] = longitude.ToString();
        query["appid"] = _apiKey;

        uriBuilder.Query = query.ToString();

        var _ = await _httpClient
            .GetStringAsync(uriBuilder.Uri.AbsoluteUri);
```

```
        return new OneCallResponse();
    }
}
```

再次執行你的測試，它將會通過。

我們為了這個測試投入了不少努力，而其餘的測試會相對輕鬆，因為它們都會使用我們所建立的同一個 fake。讓我們來回顧一下我們做了什麼。

回顧

以下是我們所有關鍵步驟的回顧，我們已經進行了一切必要的工作，使第一個測試通過：

- 我們想要撰寫一個測試，用來檢查 URL 的組成是否正確。
- 我們必須深入 HttpClient 的內部以取得 URL。
- HttpClient 沒有提供合適的方法來追蹤產生的 URL。
- 我 們 建 立 了 一 個 假（fake）的 FakeHttpMessageHandler，它 繼 承 自 HttpMessageHandler，並 將 其 傳 給 HttpClient，這 樣 我 們 就 能 深 入 到 HttpClient 的內部。
- 我們模擬（mock）了我們的假（fake）FakeHttpMessageHandler，並且對 URL 進行追蹤。
- 我們利用 NSubstitute 一個較少被使用的方法 Substitute.ForPartsOf，來建立一個 mock，它讓我們可以 mock 一個具象類別。
- 我們遵循了標準的 TDD 流程，先讓測試失敗，然後撰寫能讓測試通過的產品程式碼。

我希望這樣可以使這些步驟更清晰。如果還是不清楚的話，你可以查看完整的原始碼。未來你將會遇到類似的、進階的 mocking 使用情境，那麼你會如何應對它們呢？

研究複雜的 mocking 使用情境

就像開發者日常生活中的每件事情一樣，你總是能找到其他人，他們遇到過類似的 mocking 使用情境，就像你現在面臨的一樣。上網搜尋 access url HttpClient NSubstitute 的資訊，能為你提供迅速解決問題的線索。

好消息是，大多數複雜的 mocking 使用情境問題都已經被解決了，且解決方案也已經被公開（感謝所有開發者的辛勤付出）。你只需要掌握這些概念，並將其融入到你的解決方案之中。

在本附錄中，我們探討了一個更進階、但是不常見的 mocking 使用情境。它需要更多細心的操作和額外的努力，但隨著 mocking 使用經驗的累積，你會對這些情境得心應手，並能在極短的時間內成功克服。

延伸閱讀

如果讀者想要了解更多本附錄探討的主題，可以參考 OpenWeather 的官方網站：`https://openweathermap.org`。

Memo

Memo